高等职业教育园林园艺类专业教材

蔬菜生产技术与应用

陈光蓉　邹瑞昌　主编

U0255150

中国轻工业出版社

图书在版编目（CIP）数据

蔬菜生产技术与应用/陈光蓉，邹瑞昌主编. —北京：中国轻工业出版社，2023.1

高等职业教育"十三五"规划教材

ISBN 978-7-5184-2404-7

Ⅰ. ①蔬…　Ⅱ. ①陈…②邹…　Ⅲ. ①蔬菜园艺—高等职业教育—教材　Ⅳ. ①S63

中国版本图书馆 CIP 数据核字（2019）第 044296 号

责任编辑：贾　磊　　责任终审：张乃东　　封面设计：锋尚设计
版式设计：砚祥志远　　责任监印：张　可

出版发行：中国轻工业出版社（北京东长安街 6 号，邮编：100740）
印　　刷：三河市国英印务有限公司
经　　销：各地新华书店
版　　次：2023 年 1 月第 1 版第 3 次印刷
开　　本：787×1092　1/16　　印张：14.75
字　　数：368 千字
书　　号：ISBN 978-7-5184-2404-7　　定价：39.00 元
邮购电话：010 – 65241695
发行电话：010 – 85119835　　传真：85113293
网　　址：http：//www. chlip. com. cn
Email：club@ chlip. com. cn
如发现图书残缺请与我社邮购联系调换
221624J2C103ZBW

本书编写人员

主　编：

　　　陈光蓉（重庆三峡职业学院）

　　　邹瑞昌（重庆万州区多种经营技术推广站）

副主编：

　　　陈吉裕（重庆三峡职业学院）

　　　王　东（重庆三峡职业学院）

　　　崔俊林（重庆三峡职业学院）

参　编：

　　　聂青玉（重庆三峡职业学院）

　　　刘　丹（重庆三峡职业学院）

　　　樊建霞（重庆三峡职业学院）

根据《国务院关于加快发展现代职业教育的决定》（国发〔2014〕19号）和《中共重庆市委重庆市人民政府关于大力发展职业技术教育的决定》（渝委〔2012〕11号）的要求，为了提升高等职业院校办学水平和人才培养质量，增强服务产业发展的能力，重庆三峡职业学院组织编写了本教材。

本教材以蔬菜产业和蔬菜生产过程为导向，以工作任务为依托，按生产要求、农时季节，序化组织教学内容，采取"行动导向"教学模式，教学过程与生产过程有机结合，由原来片面注重栽培过程与技术拓展到产前蔬菜生产资料的准备和产后质量检测、采后处理、加工，使技术开发及技术评估并重，与学生的专业和将来的工作联系更加紧密。本书对编排结构进行了优化，以生产季节为主线进行编排，同一生长季节学习不同蔬菜的同一生产内容，边学边做，体现职业教育的特色。

本教材共分为七个项目。内容包括：项目一蔬菜的种类与安全生产体系，要求初步掌握各种蔬菜的生物学特性以及无公害蔬菜、绿色蔬菜和有机蔬菜的概念与区别；项目二蔬菜生产计划的制订，要求掌握蔬菜生产环境、蔬菜生产基地建设规划和产业状况，并据此制订蔬菜生产计划；项目三蔬菜生产方案的制订，要求学会制订蔬菜生产的技术方案，并根据制订的技术方案生产各种蔬菜；项目四蔬菜生产基本技能，要求能识别常见的蔬菜种子，掌握种子萌发的条件，学会蔬菜种子的浸种、催芽和消毒处理，学习土壤耕作、菜畦的类型及施肥方法，蔬菜育苗中要学习苗床育苗、营养钵育苗、穴盘育苗、嫁接育苗技术，蔬菜定植方法中要掌握蔬菜生产中田间管理的各种技术及蔬菜产量测定的方法；项目五蔬菜采后商品化处理与贮藏，学习不同蔬菜的采后处理方法与贮藏保鲜措施；项目六蔬菜加工技术，学习典型蔬菜制品的生产加工技术；项目七蔬菜生产技术开发与评估，学习蔬菜的田间试验设计和试验数据处理。

具体安排教学时应考虑季节特征，建议开设三个学期：第一学期学习蔬菜基本知识，为后面的学习夯实基础；第二学期学习喜温和耐热蔬菜生产及采后处理、贮藏、加工；第三学期学习耐寒和半耐寒蔬菜生产及采后处理、贮藏、加工。对于引进的新品种、新技术要进行技术开发和技术评估，一般与蔬菜生产同步进行。教学应与生产季节紧密结合，边学边做，多次重复训练，注重实践，让学生在训练过程中总结经验。

本教材实用性强，项目内容明确具体，实训内容可操作性强，注重学生生产能力的培养，适用于高职高专院校园艺技术等专业的"蔬菜栽培技术"

和"蔬菜生产技术"课程教学。

　　本教材为重庆市高等职业院校专业能力提升项目优质核心课程系列教材之一，由重庆三峡职业学院一线教师和相关行业、企业技术人员共同完成。在编写过程中，参考、借鉴了许多专家的研究成果与资料，得到部分兄弟单位的支持，在此一并致谢。

　　由于编写时间仓促，编者学识、水平所限，教材中难免有疏漏与不足，敬请各位专家、学者和读者朋友提出宝贵意见。

编者
2019 年 1 月

目录 / CONTENTS

项目五 蔬菜采后商品化处理与贮藏

项目六 蔬菜加工技术

项目七 蔬菜生产技术开发与评估

附 录 试验设计相关统计表

项目一
蔬菜的种类与安全生产体系

【教学目标】

知识：掌握蔬菜的主要分类方法，明确其分类地位；了解蔬菜三个安全体系（无公害蔬菜、绿色蔬菜、有机蔬菜）的概念和标识。

技能：能正确识别常见蔬菜。

态度：培养学生热爱蔬菜的专业情感和全局整体观念。

【教学任务与实施】

教学任务：识别常见的蔬菜并按不同方法进行分类；查询无公害蔬菜、绿色蔬菜、有机蔬菜的生产要求。

教学实施：实习基地、蔬菜市场、图片、标本、多媒体、互联网等。

【成果】

制作蔬菜识别表和幻灯片；形成蔬菜安全生产体系查询报告。

一、 蔬菜的分类

蔬菜是指以柔嫩多汁的器官作为副食品的一二年生及多年生草本植物、少数木本植物、菌类、藻类、蕨类和调料植物等，其中栽培较多的是一二年生草本植物。蔬菜营养丰富，富含维生素、矿质元素、膳食纤维和一些特殊成分，是人们日常生活的必需品。

蔬菜种类繁多，据不完全统计，世界范围内的蔬菜共有200多种，我国普遍栽培的有60~70种，同一种类中又有很多变种，每一变种中还有许多品种。为便于学习、研究和利用，需对蔬菜进行系统分类。常用的分类方法有植物学分类法、食用器官分类法、农业生物学分类法、生态因子分类法。其中，从生产上讲，以生态因子分类法中的温度分类较为适宜。

（一） 植物学分类法

根据植物学形态特征，按照界、门、纲、目、科、属、种、变种的分类体系进行分类，蔬菜的拉丁学名由属名、种名和命名人人名构成。书写时属名和种名用斜体，属名第一个字母大写；命名人人名可缩写，用正体，可省略。我国的蔬菜植物总共有 20 多个科，其中绝大多数属于被子植物门的双子叶植物纲和单子叶植物纲。在双子叶植物纲中，以十字花科、豆科、茄科、葫芦科、伞形科、菊科为主；单子叶植物纲中，以百合科、禾本科为主。具体分类见表 1-1。

表 1-1　　　　　　　　　　常见蔬菜的植物学分类表

所属门	所属纲	所属科	拉丁名	代表蔬菜
	单子叶植物纲	禾本科	*Gramineae*	毛竹笋、麻竹、甜玉米、茭白
		百合科	*Liliaceae*	韭菜、洋葱、大葱、分葱、大蒜、金针菜（黄花菜）、石刁柏（芦笋）、卷丹百合、兰州百合、白花百合
		天南星科	*Araceae*	芋、魔芋
		薯蓣科	*Dioscoreaceae*	山药、田薯
		姜科	*Zingiberaceae*	生姜
子叶植物门	双子叶植物纲	藜科	*Chenopodiaceae*	根甜菜、叶甜菜、菠菜
		落葵科	*Basellaceae*	红落葵、白落葵
		苋科	*Amaranthaceae*	苋菜
		睡莲科	*Nymphaeaceae*	莲藕、芡实
		伞形科	*Umbelliferae*	芹菜、根芹、水芹、香菜、胡萝卜、小茴香、美国防风
		十字花科	*Cruciferae*	萝卜、芜菁、芜菁甘蓝、芥蓝、结球甘蓝、抱子甘蓝、羽衣甘蓝、菜花、青花菜、球茎甘蓝、小白菜、结球白菜、叶用芥菜、茎用芥菜、芽用芥菜、根用芥菜、辣根、豆瓣菜、荠菜
		豆科	*Leguminosae*	豆薯、菜豆、豌豆、蚕豆、豇豆、菜用大豆、扁豆、刀豆、矮刀豆
		旋花科	*Convolvulaceae*	蕹菜
		唇形科	*Labiatae*	薄荷、荆芥、罗勒、草石蚕
		茄科	*Solanaceae*	马铃薯、茄子、番茄、辣椒、香艳茄、酸浆
		锦葵科	*Malvaceae*	黄秋葵、冬寒菜
		楝科	*Meliaceae*	香椿
		葫芦科	*Cucurbitaceae*	黄瓜、甜瓜、南瓜（中国南瓜）、笋瓜（印度南瓜）、西葫芦（美洲南瓜）、西瓜、冬瓜、瓠瓜（葫芦）、普通丝瓜（有棱丝瓜）、苦瓜、佛手瓜、蛇瓜
		菊科	*Compositae*	莴苣（莴笋、长叶莴苣、皱叶莴苣、结球莴苣）、茼蒿、菊芋、苦苣、紫背天葵、牛蒡、朝鲜蓟

续表

所属门	所属纲	所属科	拉丁名	代表蔬菜
真菌门	担子菌纲	伞菌科	*Agaricaceae*	蘑菇、香菇、平菇、草菇
		木耳科	*Auriculariaceae*	木耳、银耳

采用植物学分类，可以明确科、属、种间在形态、生理、遗传、系统进化上的亲缘关系。如结球甘蓝与菜花，虽然对前者利用它的叶球，对后者利用它的花球，但它们都同属于一个种，彼此容易杂交；又如番茄、茄子及辣椒都同属于茄科；西瓜、甜瓜、南瓜、黄瓜都属于葫芦科，它们在生物学特性及栽培技术上都有共同的地方，对蔬菜的轮作倒茬、病虫防治、种子繁育和栽培管理等都有较好的指导作用。而且每种蔬菜的学名采用双命名，全世界通用，不易混淆。不过，有些蔬菜虽属同一科，但它们的食用器官及栽培技术却大不相同，如番茄和马铃薯，在生产中要特别留意。

（二） 食用器官分类法

按照食用部分的器官形态，蔬菜可分为根、茎、叶、花、果五类，而不管它们在植物分类学上及栽培上的关系（这里指种子植物而言，不包括食用菌等特殊的种类）。

1. 根菜类

根菜类以肥大的根部为产品，可分为：

（1）直根类 以由种子发生的肥大主根为产品，如萝卜、芜菁、胡萝卜、根用芥菜等。

（2）块根类 以肥大的侧根或不定根为产品，如甘薯、豆薯和山药等。

2. 茎菜类

茎菜类以肥大的茎部为产品，包括一些食用假茎的蔬菜。可分为：

（1）肥茎类 以肥大的地上茎为产品，如莴笋、茭白、茎用芥菜、球茎甘蓝等。

（2）嫩茎类 以萌发的嫩茎为产品，如芦笋、竹笋等。

（3）块茎类 以肥大的地下块茎为产品，如马铃薯、菊芋、草石蚕等。

（4）根茎类 以肥大的地下根状茎为产品，如姜、莲藕等。

（5）球茎类 以地下的球状茎为产品，如慈姑、芋、荸荠等。

（6）鳞茎类 以肥大的鳞茎为产品，如大蒜、百合、洋葱等。

3. 叶菜类

叶菜类以叶、叶丛或叶球为产品，可分为：

（1）普通叶菜类 以鲜嫩脆绿叶片或叶丛为产品，如白菜、乌塌菜、叶用芥菜、菠菜、茼蒿、苋菜等。

（2）结球叶菜类 以肥大的叶球为产品，如结球白菜、结球甘蓝、结球莴苣、抱子甘蓝等。

（3）香辛叶菜类 有香辛味的叶菜，如大葱、分葱、韭菜、芹菜、香菜、茴香等。

4. 花菜类

花菜类指以花器或肥嫩的花枝为产品的蔬菜，可分为：

（1）花器类 如金针菜、朝鲜蓟等。

（2）花枝类 如菜花、青花菜、菜薹等。

5. 果菜类

果菜类指以果实或种子为产品的蔬菜。可分为：

（1）瓠果类　以下位子房和花托发育成的果实为产品，如南瓜、黄瓜、西瓜、甜瓜、冬瓜、丝瓜、瓠瓜等。

（2）浆果类　以胎座发达而充满汁液的果实为产品，如茄子、番茄、辣椒等。

（3）荚果类　以脆嫩荚果或其豆粒为产品的豆类蔬菜，如菜豆、豇豆、扁豆、菜用大豆、豌豆、蚕豆等。

（4）杂果类　除以上三种果菜类外以果实和种子为产品的菜玉米、菱角等。

这种分类方法不能反映同类蔬菜在系统发生上的亲缘关系，但食用器官相同，其栽培方法及生物学特性也大体相同，如根菜类中的萝卜、大头菜（根用芥菜）、胡萝卜等，虽然它们分属于十字花科及伞形科，但它们对于外界环境及土壤要求都很相似，因此该分类方法对蔬菜的土壤管理、肥水管理等有较好的指导作用。注意，有的食用器官相同，而生长习性及栽培技术未必相同，如根茎类的藕和姜、花菜类中的菜花和金针菜，它们的栽培方法相差很远。还有一些蔬菜，在栽培方法上虽然很相似，但食用器官大不相同，如甘蓝、菜花、球茎甘蓝，三者要求的外界环境都相似，但分属于叶菜、花菜和茎菜。

（三）　农业与生物学分类法

这个方法系以蔬菜的农业生物学的特性作为分类依据，集合了植物学分类和食用器官分类的优点，同一类蔬菜具有相似的生物学特性，要求相似的生产环境、生产季节、生产方式及管理技术，因此该分类方法最适应蔬菜生产的要求。但分类体系不严密，有的种类难以归类；食用器官和亲缘关系不明确。具体分类如下。

1. 根菜类

根菜类包括萝卜、胡萝卜、大头菜、芜菁甘蓝、芜菁、根用甜菜等，以其膨大的直根为食用部分，生长期中爱好冷凉的气候。在生长的第一年形成肉质根，贮藏大量的水分和糖分，到第二年开花结实。在低温下通过春化阶段，长日照通过光照阶段。均用种子繁殖。要求疏松而深厚的土壤。

2. 白菜类

白菜类包括白菜、芥菜及甘蓝等，均用种子繁殖，以柔嫩的叶丛或叶球为食用部分。生长期间需要湿润及冷凉的气候，如果温度过高，气候干燥，则生长不良，为二年生植物。在生长的第一年形成叶丛或叶球，到第二年才抽薹开花。在栽培上，除采收花球及菜薹（花薹）者外，要避免先期抽薹。

3. 绿叶蔬菜

这是一群在分类上比较复杂，而都是以其幼嫩的绿叶或嫩茎为食用的蔬菜，如莴苣、芹菜、菠菜、茼蒿、苋菜、蕹菜等。它们生长迅速，其中蕹菜、落葵等能耐炎热，而莴苣、芹菜则好冷凉。由于它们植株矮小，常作为高秆蔬菜的间作或套作作物，要求有充足的水分和氮肥。

4. 葱蒜类

葱蒜类包括洋葱、大蒜、大葱、韭菜等，经低温春化，长日照条件下叶鞘基部可膨大形成鳞茎，其中洋葱、大蒜膨大明显，韭菜、大葱、分葱等膨大不明显。葱蒜类蔬菜耐寒，除了韭菜、大葱、丝香葱外，到了炎热的夏天地上部枯萎。可用种子繁殖，也可用营养繁殖。以秋季及春季栽培为主。

5. 茄果类

茄果类包括茄子、番茄及辣椒。这三种蔬菜不论在生物学特性上还是在栽培技术上都很接近，要求有肥沃的土壤及较高的温度，不耐寒冷，对日照长短要求不严格。

6. 瓜类

瓜类包括南瓜、黄瓜、西瓜、甜瓜、瓠瓜、冬瓜、丝瓜、苦瓜等。茎为蔓性，雌雄同株异花，有一定的开花结果习性，要求有较高的温度及充足的阳光，尤其是西瓜和甜瓜。适于昼热夜凉的大陆性气候及排水好的土壤。在栽培上，可利用施肥及整蔓等措施来控制其营养生长与结果的关系。

7. 豆类

豆类包括菜豆、豇豆、毛豆、刀豆、扁豆、豌豆及蚕豆。除豌豆及蚕豆要求冷凉气候以外，其他的都要求温暖的环境，为夏季主要蔬菜。大都食用其新鲜的种子及嫩豆荚。

8. 薯芋类

薯芋类包括一些地下根及地下茎的蔬菜，如马铃薯、山药、芋、姜等。富含淀粉，耐贮藏。均用营养繁殖。除马铃薯生长期较短、不耐过高的温度外，其他的薯芋类都能耐热，生长期也较长。

9. 水生蔬菜

这是一些生长在沼泽地区的蔬菜，主要有藕、茭白、慈姑、荸荠和水芹菜等。在分类学上很不相同，但在生态上要求在浅水中生长。除菱和芡实以外，都用营养繁殖。生长期间，要求较热的气候及肥沃的土壤。

10. 多年生蔬菜

多年生蔬菜如竹笋、金针菜、石刁柏、食用大黄、百合等。一次繁殖以后，可以连续采收数年。除竹笋以外，地上部每年枯死，以地下根或茎越冬。

11. 食用菌类

食用菌类指人工栽培或野生的适宜食用的菌类蔬菜，包括蘑菇、草菇、香菇、木耳等。

（四）生态因子分类法

该分类方法是根据蔬菜对温度、光照和湿度等的要求不同进行的分类，具体如下。

1. 温度分类法

每一种蔬菜的生长发育，都需要一定的温度条件。蔬菜对温度的要求及温度与生长发育的关系，是安排生产季节、确定播种期及设施蔬菜温度管理的重要依据。根据各种蔬菜对温度的不同要求，可以分为以下五类。

（1）耐寒性蔬菜　包括除大白菜、菜花以外的白菜类，除苋菜和蕹菜以外的绿叶菜类。它们的耐寒性很强，但不耐热，生长适温为 $17 \sim 20℃$。生长期内能忍受较长时期 $-2 \sim -1℃$ 的低温，对 $-5 \sim -3℃$ 的低温也有短期的抵抗力，个别的可忍受 $-10℃$ 的暂时低温。

（2）半耐寒性蔬菜　包括根菜类、大白菜、菜花、结球莴苣、马铃薯、蚕豆、豌豆等。它们的生长适温也是 $17 \sim 20℃$，但耐寒力稍差，其中大部分能耐 $-2 \sim -1℃$ 的低温，在产品器官形成期，温度超过 $21℃$ 时生长不良，它们所适宜和能适应的温度范围较小。

（3）耐寒而适应性广的蔬菜　包括葱蒜类和多年生菜类。它们生长的适温范围较广，为 $12 \sim 24℃$，耐寒力和耐热力都较强。其御寒能力比耐寒性蔬菜强，并可耐 $26℃$ 以上高温。

（4）喜温性蔬菜　包括茄果类、大部分瓜类（除丝瓜、冬瓜），大部分豆类（除蚕豆、豌豆），大部分薯芋类（除马铃薯）和水生蔬菜等。生长适温为 $20 \sim 30℃$，温度达到 $40℃$ 时同化作用小于呼吸作用。它们都不耐低温，在 $15℃$ 以下开花结果不良，$10℃$ 以下停止生长。$0℃$ 以下生命终止。

（5）耐热性蔬菜　包括冬瓜、南瓜、丝瓜、甜瓜、豇豆等蔬菜。它们有较强的耐热力，生育期间要求高温，$30℃$ 左右时同化作用旺盛，有的在 $40℃$ 时仍能照常生长。

2. 光照分类法

光是绿色植物生长发育的必要条件之一。蔬菜生产的实质，就是借助光合作用，制造有机营养并形成产品器官的过程。在生育过程中，蔬菜植物对光照时间的长短，光线的强弱，光质的变化等都很敏感，它直接影响蔬菜的产量、品质和成熟的迟早。

（1）光照强度　根据蔬菜对光照强度要求不同，可分为：

①强光性蔬菜：瓜类、茄果类、豆类、薯芋类。

②中光性蔬菜：大蒜、大葱、结球甘蓝、大白菜、菜花。

③弱光性蔬菜：姜、绿叶菜类等。

④喜阴性蔬菜：菌类等。

（2）光照时间长短　蔬菜作物生长和发育对昼夜相对长度的反应称为"光周期现象"。根据蔬菜作物花芽分化对日照长度的要求不同，可分为：

①长日性蔬菜：$12 \sim 14h$ 以上的日照促进植株开花，短日照条件下延迟开花或不开花。代表蔬菜有胡萝卜、萝卜、豌豆、白菜、芥菜、芹菜、菠菜、大葱、大蒜等。

②短日性蔬菜：$12 \sim 14h$ 以下的日照促进植株开花，长日照下延迟开花或不开花。代表蔬菜有丝瓜、豇豆、扁豆、大豆、苋菜、蕹菜、落葵、茼蒿等。

③中光性蔬菜：开花对光照时间要求不严，较长或较短日照下均能开花。代表蔬菜有黄瓜、番茄、菜豆、辣椒等。

光照分类法主要用于指导蔬菜的间套作安排、合理密植等，在植株调整方面也有一定的指导作用。

3. 湿度分类法

根据蔬菜对水分的需要程度不同，可分为：

（1）水生蔬菜　茎叶柔嫩，叶面积大，根系不发达、根毛退化，蒸腾作用强，此类蔬菜大部分或全部植株需浸在水中或沼泽地才能生活，如莲藕、茭白等水生蔬菜。

（2）湿润性蔬菜　组织柔软，叶面积大，浅根系，吸收能力弱，蒸腾面积大，消耗水分多。此类蔬菜需较高的土壤湿度和空气湿度，如黄瓜、白菜、甘蓝和许多绿叶蔬菜等。

（3）半湿润性蔬菜　组织粗硬，叶面积较小，叶面常有茸毛，水分蒸腾量较少，根系较为发达，有一定的抗旱能力。此类蔬菜对空气湿度和土壤湿度要求不高，如茄果类、豆类、根菜类等。

（4）半耐旱性蔬菜　叶多呈管状或带状，叶面积小，叶表面常覆有蜡粉（质），蒸腾速度缓慢，消耗水分少，但根系的分布范围小，入土浅，几乎没有根毛，吸收水分的能力弱，此类蔬菜能忍耐较低的空气湿度，但要求较高的土壤湿度，如葱蒜类和石刁柏等。

（5）耐旱性蔬菜　叶片大，叶片上有裂刻及茸毛，水分的蒸腾少，根系发达，分布范围大，入土深，吸收水分的能力强，此类蔬菜抗旱能力强，如西瓜、甜瓜、南瓜、西葫芦、胡萝卜等。

湿度分类法用于蔬菜播种及生长发育期间的土壤湿度、空气湿度的调控。

二、 耐寒性蔬菜

（一） 茎用芥菜

茎用芥菜主要有茎瘤芥、笋子芥、芽芥菜三个变种，其中以茎瘤芥最为重要。茎瘤芥又名青菜头、菜头，属十字花科芸薹属芥菜种一二年生草本植物，其茎基部膨大，叶子着生的基部突起，形成瘤状的肉质茎供食用，其加工成品称为榨菜，能健脾开胃、补气添精、增食助神，为我国特产蔬菜之一。榨菜的成分主要是蛋白质、胡萝卜素、膳食纤维、矿物质等，它有"天然味精"之称，富含产生鲜味的化学成分，经腌制发酵后，其味更浓；近年来由于榨菜的市场需求量剧增，其栽培面积和产区不断扩大。

1. 茎用芥菜的形态特征

（1）根　根系发达，吸收能力较强。

（2）茎　主茎膨大，主要叶片着生的基部有瘤状突起，形成肥大的肉质茎，不同品种突起的形状、多少及棱沟的深浅不同。

（3）叶　叶着生于短缩茎上，因品种的不同，形状有椭圆、卵圆、倒卵圆等几种；叶片的颜色有绿等颜色。

（4）花　完全花，黄色，复总状花序，异花授粉。

（5）果实和种子　长角果。种子圆形或椭圆形，红色或暗褐色，千粒重为1g左右。

2. 茎瘤芥对环境条件的要求

（1）温度　茎瘤芥喜冷凉与湿润的气候，发芽期温度范围为13～25℃，最适温度为22℃。幼苗期适应温度范围为9～26℃，在这个温度范围内，温度较高生长较快，温度较低生长较慢。气温降至旬平均温度16℃以下，茎即开始膨大，而适于茎膨大的旬平均温度为8～13.6℃。早播，有利于叶片的生长，茎叶形成后植株能耐轻霜。

（2）湿度　茎瘤芥喜湿润的气候条件，空气相对湿度在80%以上、土壤湿度为田间持水量的80%左右最适宜茎膨大。

（3）光照　茎瘤芥属于长日照植物，但对日照长短的要求不是很严格。在温度低、日照少，特别是昼夜温差大的环境下，有利于养分转运贮藏而形成肥大的肉质茎。

（4）土壤及营养　茎瘤芥对土壤的适应范围较广，但以壤土和黏壤土栽培较好，叶片生长期间需要充足的氮素营养，茎膨大期间足够的磷、钾肥，有利于营养素的运输和积累。

（二） 结球甘蓝

结球甘蓝原产欧洲地中海沿岸，又名包心菜、洋白菜、卷心菜等，属十字花科芸薹属甘蓝种一二年生的草本植物。以其肥大的顶芽活动，形成充实的叶球作为产品器官。每100g 结球甘蓝含蛋白质 1.50g、脂肪 0.10g、碳水化合物 3.20g、膳食纤维 0.80g、维生素 A 20.00μg、维生素 C 31.00mg、维生素 E 0.76mg，同时含有丰富的矿物质，其中含有天然多酚类化合物中的吲哚类化合物，具有一定的医疗保健作用。

1. 结球甘蓝的形态特征

（1）根　主根不发达，须根多，根系入土不深，主要分布在 30cm 深的土层中，不耐干旱；易发生侧根和不定根，根系的再生能力较强，生产上可进行扦插繁殖和培育大苗移栽。

（2）茎　营养生长期茎为短缩茎，短缩茎的长度因品种熟性不同而差异较大；生殖生长期抽生花茎，花茎高度 100cm，花茎的分枝能力较强。

（3）叶　子叶肾形，对生；基生叶较小，对生，与子叶相互垂直，有明显的叶柄；以后发生的叶片卵圆形或圆形，从莲座叶开始叶柄逐渐缩短而有明显的叶翅，互生在短缩茎上，叶片光滑无毛而宽厚，上覆厚重的白色蜡粉；叶色因品种不同而有所不同，目前生产上常见的叶色有深蓝、深绿、黄绿、紫红等几种。一般基生叶以后再生长 8 片叶后完成幼苗阶段，俗称团棵；幼苗叶后早熟品种再生长 16 片叶、中晚熟品种生长 24 片叶完成莲座期的生长。幼苗叶和莲座叶向外开张生长，称为外叶，莲座叶形成以后新发生的叶片则向内抱合，形成叶球，称为球叶，随着顶芽不断地分化球叶以及球叶的不断增大，形成肥大充实而紧密的叶球，叶球的结构基本上同结球白菜相似。

（4）花　完全花，黄色，复总状花序，含有蜜腺，可吸引昆虫，异花授粉。

（5）果实和种子　果实为长角果。种子为圆球形，红褐色或黑褐色，千粒重一般为3.5～4.5g。

2. 结球甘蓝对环境条件的要求

（1）温度　结球甘蓝性喜温和凉爽的气候，不耐炎热，较耐低温，属耐寒性蔬菜。生长的适宜温度为 15～25℃，但不同生育期对温度的适应范围不同，种子发芽的最低温度为 2～3℃，但发芽极为缓慢。发芽的适温为 18～25℃，在 35℃ 的高温下也能正常发芽出苗；幼苗期对温度的适应范围最广，能忍耐 −2～−1℃ 的地温，短期内能忍受 −5～−3℃ 的低温，经过锻炼的幼苗甚至能忍受短期的 −12～−8℃ 的低温，但在 35℃ 的高温环境中也能正常生长；外叶生长的适宜温度为 20～25℃；叶球生长的适宜温度为 15～20℃，超过 25℃ 对叶球生长不利，不仅品质差而且叶球的紧实度也相对较差。其抗寒性和耐热性均较结球白菜强，因此播种期范围相对比大白菜更大一些。

（2）光照　结球甘蓝为长日照植物，生长过程中要求较强的光照，光饱和点为 30～50klx，但耐阴性较好；生长外叶的时期即幼苗期和莲座期一般要求较强的光照，幼苗期光照不足，一般会导致下胚轴生长较快而表现为高脚苗，莲座期光照不足会导致莲座叶的老叶不断黄萎而提早脱落，心叶继续扩张生长最终结球延迟；结球期一般要求中等光照强度。

（3）水分　结球甘蓝因根系的吸收能力不是很强而叶面蒸腾作用较强，要求在较湿润的环境，不耐干旱。生长期间适宜的湿度条件为：空气相对湿度 80%～90%，土壤湿度 70%～80%。喜湿不耐涝，土壤渍水或排水不良等导致土壤湿度过大，影响根系生长，生产上要深沟高畦、注意排水。

（4）土壤及营养　结球甘蓝生长过程中要求肥沃的土壤，喜肥耐肥，每 1000kg 的鲜菜吸收氮 4.1 ~ 4.8kg、磷 1.2 ~ 1.3kg、钾 4.9 ~ 5.4kg；要求三要素氮、磷、钾的比例约为 3:1:4；同时对钙需求较多，缺钙会导致叶球干烧心，根据土壤酸碱性的具体情况可适当地施用一定量的石灰或氯化钙。

3. 结球甘蓝的生长发育周期

结球甘蓝营养生长期大致可分为以下 4 个时期。

（1）发芽期 种子萌动至子叶平展，两片基生叶展开为发芽期，夏季 6 ~ 10d，春季约 15d。

（2）幼苗期 从两片基生叶展到再生长 8 片真叶完成团棵为幼苗期，夏秋季需 25 ~ 30d，冬春季需 40 ~ 60d。

（3）莲座期 从团棵到再生长两个叶环（早熟品种）或三个叶环（中晚熟品种）为莲座期，莲座期所经历的时间因品种不同而有一定的差异，早熟品种 20 ~ 25d，中晚熟品种 30 ~ 40d。

（4）结球期 从开始包心到形成充实肥大的叶球而采收为结球期，结球期的长短不同品种差异也较大，一般早熟品种 20 ~ 25d，中晚熟品种 30 ~ 50d。

从抽薹开花到种子成熟采收为生殖生长时期，生殖生长时期一般分为抽薹期、开花期和结荚期三个阶段；一般第一年秋季完成营养生长，到第二年的春夏季节完成生殖生长。

结球甘蓝属于绿体春化植物，以一定大小的营养体接受一定低温条件才能顺利完成春化阶段，即通过春化阶段时幼苗必须具有一定数目的叶片和茎粗（一般 4 ~ 8 片叶，茎粗 0.6 ~ 1.6cm，依品种不同而异）、较低的温度（0 ~ 15℃或以下）并且经历一定的时间（依品种不同而不同）。凡需较大营养体、较低温度、较长时间才能通过春化作用的品种称为冬性强的品种，绝大多数春季栽培的品种属于冬性强的品种，如春雷、春眠、春丰、黄苗等；凡在较小的营养体、较高的温度、较短的时间通过春化作用的品种属于春性弱的品种或春性品种，大多数夏季和秋季栽培的品种如夏光、中甘 11 号、鲁甘 1 号等属于此类型。

（三）莴苣

莴苣原产地中海沿岸，属菊科莴苣属一二年生蔬菜。莴苣营养丰富，富含糖类、蛋白质、多种矿物质、维生素等。含有莴苣素，略带苦味。莴苣喜冷凉湿润气候，我国南北各地普遍栽培。

1. 莴苣的形态特征

（1）根 莴苣的根为直根系，直播的主根可长达 150cm，经育苗移栽以后主根多分布在 20 ~ 30cm 的土层内，侧根发生多，须根发达。

（2）茎 莴苣的茎为短缩茎，但莴笋的茎在植株莲坐叶形成后，伸长肥大为笋状，其外表为绿色、绿白色、紫绿色、紫色等，内部肉质，有绿、黄绿、绿白等色。

（3）叶 叶用莴苣的叶互生、全缘或有锯齿，倒卵形，绿色或紫色。皱叶莴苣叶具深裂，叶面皱缩，有松散的叶球或不结球。结球莴苣叶全缘，叶面平滑或皱缩，外叶开展，心叶抱合成叶球，呈圆球形至扁球形。茎用莴苣茎出叶绿色或紫色，叶全缘或缺裂，倒卵形或披针形，叶面平滑或皱缩。

（4）花 莴苣花为圆锥形头状花序，淡黄色，自花授粉，开花后 11 ~ 15d 种子成熟。

（5）种子 种子为植物学上的瘦果，小而细长，为灰黑色或黄褐色，成熟后顶端有伞状冠毛，可随风飞散，种子千粒重 0.8 ~ 1.2g。

2. 莴苣对环境条件的要求

（1）温度　莴苣喜冷凉，忌高温，稍耐霜冻，在南方可露地越冬。种子在 4℃ 即可发芽，但发芽慢，发芽最适温度为 15 ~ 20℃，30℃ 以上发芽受阻；茎叶生长最适温度为 15 ~ 20℃，高于 25℃ 易引起先期抽薹；结球莴苣生长最适温度 17 ~ 18℃，高于 21℃ 结球不良。

（2）光照　莴苣为长日照作物，喜中等强度光照。光照充足，生长健壮，叶片肥厚，嫩茎粗大。长日照下发育速度随温度升高加快，秋季栽培在连续高温时易抽薹。种子为需光种子，适当的散射光可促进发芽。

（3）水分　根系吸水能力弱，叶面积大，耗水量大，栽培中应根据不同的生育时期进行水分管理。幼苗期，勿过干过湿，以免形成老僵苗和徒长苗。发棵期应适时控制水分，进行蹲苗，促进根系向纵深生长，这样莲座叶得以充分发育。在莴笋茎部肥大或莴苣结球期，应保持土壤湿润。若此时缺水，莴笋茎部肥大或莴苣结球受阻，茎叶小而味苦。水分过多时，茎用莴苣易裂茎，结球莴苣易裂球。

（4）土壤及营养　对土壤适应性强，以有机质丰富、保水、保肥力强、pH6 的壤土或沙壤土为宜。对土壤营养的要求较高，尤其是氮素，否则会抑制叶片分化，叶数减少。缺磷则株小、低产，叶色暗绿，长势差。缺钾虽不影响叶序的分化，但影响叶的生长发育和叶片的重量。在莴苣结球和莴笋肥茎期，在供给氮、磷的同时，也须维持氮、钾营养的平衡。

3. 莴苣的生长发育周期

（1）发芽期　从播种至真叶出现（露心），需 8 ~ 10d。

（2）幼苗期　从露心至第一叶环的叶片全部展开（团棵），直播需 17 ~ 27d，育苗移栽需 30d。

（3）发棵期　从团棵至开始包心或茎开始肥大，需 15 ~ 30d。叶面积扩大是产品器官生长的基础。

（4）产品器官形成期　结球莴苣从卷抱心叶至采收，莴笋从短缩茎开始肥大、伸长到采收，需 20 ~ 30d。

（5）开花结果期　莴苣一般经 22 ~ 23℃ 高温后很快花芽分化，秋莴笋进入发棵期后花芽分化，越冬莴笋在茎肥大期花芽分化，以后迅速抽薹开花，花后 10 ~ 15d 种子成熟。

三、 半耐寒性蔬菜

（一）大白菜

大白菜，别名结球白菜、黄芽白、包心白等，属十字花科芸薹属白菜种一二年生草本植物。大白菜营养丰富，味道清鲜适口，耐贮运，食用方法多样，是秋冬和春季供应的主要蔬菜之一，南方大部分地区以秋、冬季节栽培为主。

1. 大白菜的形态特征

（1）根　主根纤细，侧根发达，主要分布于 30cm 的土层中，横向扩展的直径为 60cm 左右。易发生侧根、不定根；根系的再生能力一般，耐移植性一般。

（2）茎　营养生长期中，茎部短缩，越近顶端节间越短。每节发生根出叶一枚，腋芽不发达，不分枝。茎的心髓部发达，由薄壁细胞组成，储藏大量水分和营养素。进入生殖生长期由短缩茎的顶端发生花茎，花茎伸长迅速，形成高度为 60~100cm 的植株。花茎上发生分枝，分枝可达 1~3 次，依生长条件而定。植株基部的分枝较长而上部的分枝较短，使植株呈圆锥形的株型。花茎淡绿至绿色，表面有蜡粉。

（3）叶　白菜在营养生长期叶部发达，密集而成为莲座。叶单生，叶片阔大，叶缘全缘或波状，色淡绿至墨绿，表面无明显蜡粉。主脉宽厚，肥嫩多汁，叶被脉上有毛或无毛；到生殖生长期花茎或花枝上发生"茎生叶"，茎生叶小于根出叶。

①异态叶：全株的叶由下而上分为下列异态叶形：

a. 子叶。着生于子叶节，两枚，对生，肾形至倒心脏形，叶柄明显。

b. 基生叶。着生于短缩茎的基部，两枚，对生，与子叶垂直排列成十字。各种大白菜的基生叶均相似，叶片长椭圆形，长度大于宽度 3 倍，有明显的叶柄，无叶翅，长 8~15cm。

c. 中生叶。着生于短缩茎的中部，多枚，互生。每株有 2~5 叶环构成植株的莲座。每一个叶环的叶序因种类和品种不同而不同，或为 2/5 的叶序，5 片叶绕短缩茎 2 周而成一叶环，各叶间成 144°角；或为 3/8 的叶序，8 片叶绕短缩茎 3 周而成一叶环，各叶间成 135°角；或为 5/13 的叶序，各叶间成 138.5°角。叶片倒阔卵形至倒披针形。叶柄不明显、有叶翅，长 10~90cm。

d. 顶生叶。着生于短缩茎的顶端，互生，构成顶芽；多枚，叶序排列如中生叶，但常因拥挤而角度错列；无明显叶柄；外层也长，内层渐短。

e. 茎生叶。着生于花茎或花枝上，多枚，互生；三角形，无明显叶柄；花茎下部的叶片宽大，上部的叶片渐小；表面有明显的蜡粉。

②叶球：随着大白菜的生长，球叶以一定的方式相互抱合，抱合方式有叠抱、褶抱和拧抱，形成叶球。根据构成叶球的球叶的叶数和单叶重的关系，可分为叶重型、叶数型、数 - 重型三类。

a. 叶重型。每一个叶球的球叶数较少，一般为 37~45 片，但单叶较大，尤其是最外层的十几片叶的重量大。

b. 叶数型。每一个叶球的叶数较多，一般为 60 片以上，但单叶重较小，构成叶球重量主要依靠叶数多。

c. 数 - 重型。一般构成叶球的球叶数和单叶重均介于叶重型和叶数型之间。

（4）花　花序为总状花序，未开花前短缩，开花结果时不断伸长，花集中于花序顶端；两性花，黄色；花瓣基部有蜜腺，能引诱昆虫，虫媒花。

（5）果实和种子　果实为长角果，细圆筒形，长 3~6cm，有柄，成熟时纵裂为两瓣，种子着生于两侧膜胎座上；果实先端有细瘦果喙，以横隔膜与果实本身分开，果喙中无种子。

种子圆形，直径小于 2mm，红褐色至深褐色；子叶肥厚，其中贮藏营养素；两枚子叶折叠，上面一枚较大。

2. 大白菜对环境条件的要求

（1）温度　大白菜喜温和的气候，耐寒性和耐热性均较差。不同时期对温度的要求不同。大白菜种子在 8~10℃ 即能发芽，但发芽速度慢，发芽势弱，种子发芽的适宜温度为

20～25℃，当温度为25～30℃时发芽迅速，但幼芽生长较弱，当温度高于30℃时幼芽出土后易死亡，因此各地一般掌握在温度降至26℃时进行播种，此时气温虽然略高，但土温略低于气温，如土壤湿润则温度更低些；幼苗对温度的适应范围更广一些，在20～28℃的范围内能正常生长，能在26～28℃的月均温度生长，也能长期忍耐−2℃的低温，不过如果温度过高或高温时间过长，则幼苗生长不良且易发生病毒病；莲座期是大白菜长成主要同化器官的时期，因此要求较严格的适宜温度，一般月均温降到17～22℃，在这一温度范围内大白菜能迅速长成莲座，温度过高莲座叶徒长而孱弱且易发生病害，温度过低则莲座叶生长缓慢、延迟结球；结球期是大白菜产品形成期，对温度要求最为严格，这一时期一般在12～22℃的范围内可生长良好，结球前期和中期一般在12～16℃，这是形成叶球的适宜气候；休眠期要求低温，以0～2℃最为适宜，这一温度能强迫大白菜休眠，抑制呼吸作用和蒸腾作用，低于0℃发生冻害，高于5℃使贮藏中营养素损耗，并且容易引起腐烂。此外，大白菜在整个生长时期和各个分期还要求一定的积温，在适宜的温度范围内，温度较高能在较少的日数内得到足够的积温，因此生长迅速；温度较低则需较多的日数才能得到足够的积温，因此生长缓慢。一般说来早熟品种所需的积温少于晚熟品种，寒冷地区原产的品种所需积温也较少，每个品种常需要一定的积温才能完成其生长，在温度较高的季节则生长期短，在温度较低的季节则生长期长。

（2）光照　大白菜的光合作用与光照强度有密切的关系。光合作用补偿点约为750lx，光合作用饱和点约为15klx，光照强度由750lx增强至10000lx，光合作用迅速增强，光照强度由10000lx增强至15000lx，为光合作用饱和带，光合作用增加表现不明显，光照强度为500lx时，光合作用十分微弱且低于呼吸强度，照度为750lx时，光合作用已明显，且略高于呼吸强度；光照强度在7500lx升至15000lx左右的范围内，光合作用均随光照强度的增强而增强，其中尤以1000lx升至10000lx的范围内光合作用加强最快，由10000lx升至15000lx则光合作用加强趋缓，光照强度达到15000lx以上，光合作用即趋稳定。当然光照强度受到温度的影响，不同品种的影响程度虽然有所不同，但一般为：10℃为光合作用的起始温度，10～15℃为光合作用的微弱范围；15～22℃为光合作用的适温范围；22～32℃为光合作用的最高范围；32℃为有效光合作用的上限；32℃以上呼吸强度超过光合强度。

（3）水分　水分是大白菜生长发育的重要基础，大白菜叶片数很多，叶面积很大，加之叶面角质层很薄，因此蒸腾量很大。大白菜需水量因其生育期、栽培方法和栽培水平、不同季节、不同自然条件而有差异，从其整个生育期的需水情况来看：从播种到出苗：由于大白菜种子小，播种后覆土较薄，播种层的温度变化异常激烈，因此，播种出苗阶段要求有较高的土壤湿度，以保证出苗整齐，防止天气干旱、烈日暴晒造成干芽死苗、出苗不齐、严重缺株现象；从出苗到幼苗期结束：此阶段大白菜幼叶少，叶面积小，但叶片蒸腾量较大，同时此期田间叶片的覆盖面小，加之地面温度很高，土壤水分散发迅速，所以幼苗期虽然叶面积小，植株本身耗水量不大，但为补充土壤水分的散失和降低地面、叶面温度，仍需要有足够的水分供应，但水分又不宜过多，否则会影响根系往纵深发展，一般应掌握小水勤灌的原则；从莲座期开始到植株开始结球：此阶段大白菜叶片分化数多，叶面积迅速扩大，根系向纵深方向发展，也是霜霉病发生和蔓延的时期，此期要求土壤疏松、含水量稳定，土壤湿度保持在70%～80%有利于植株生长和控制病害的发生；结球期：这是球叶迅速生长期，也是需水量最大的时期，缺水会造成大量减产，但浇水量过大也会造成软腐病和其他病害的为害，这在春大白菜和夏大白菜栽培中尤为突出，所以此阶段要防止大水漫灌，应采用沟灌，灌水量以不淹没地面为宜，速灌、速排。

（4）土壤及营养　大白菜以叶为产品，叶对氮的要求最为敏感，氮素供应充足，则叶绿素含量高，叶色深绿，光合作用增强，叶子长得快，叶面积迅速增加；但是氮素过多而磷钾不足时，大白菜植株徒长、叶大而薄，结球不紧，而且含水量很多，品质下降，抗病力也有所减弱。

磷是形成核蛋白的重要成分，能促进细胞分裂和碳水化合物的合成。充足的磷肥，能使大白菜的根系发达，心叶加速生长，对结球有促进作用，且能使叶球品质好，净菜率高；如果磷肥不足，植株发育不良，叶色暗绿，植株矮小；严重缺磷，叶背的叶脉呈紫色。

钾是形成和运输碳水化合物的重要元素，它能促使外叶制造的营养素迅速向球叶输送。钾肥充足，植株生长健壮，包心快而紧实，并且能提高大白菜的品质；缺钾会引起外叶边缘发黄，焦脆易碎，制造营养素减少，产量下降。

大白菜对氮、磷、钾三要素的吸收量较多，每亩（1 亩 ≈667m^2）需要吸收氮 13.3kg、磷 4.0kg、钾 16.7kg。但三要素之间应有一个合理的比例才能使植株生长健壮，形成品质优良的叶球，从而获得高产。大白菜对氮、磷、钾三要素需要量的比例大体为2∶1∶3。另外，大白菜在不同生长时期的需肥种类也不一样，结球期以前以吸收氮为最多，其次是钾和磷。进入结球期，钾的吸收量大增，并且吸收最多，氮次之，磷较少。此外，土壤中缺钙或因其他盐类浓度增高或水分不足，还会引起叶球中心小叶枯黄，称为干烧心。大白菜对硼的需要量随生长而增加，在生长盛期缺硼，常在叶柄内侧出现木栓化组织，由褐色变为黑褐色，叶片周边枯死，结球不良。

大白菜适宜在土层深厚、肥沃、松软而含有丰富有机质的沙壤土、壤土和黏壤土上生长。在疏松的沙土及沙壤土中根系发展快，因此幼苗及莲座期生长迅速，但往往因为保肥力和保水力弱，到结球时营养素和水分供应不上时生长不良，结球不坚实，产量低。在黏重的土壤中根系发展缓慢，幼苗及莲座期生长较慢，但到结球期因为土壤天然肥沃及保肥、保水力强，叶球往往高产；不过产品的含水量大，品质较差，而且往往软腐病严重。

大白菜对土壤酸碱度的要求是微酸性到中性，pH 以 6.5～7.0 为宜。过于酸性的土壤易发生根肿病，而过于碱性的土壤又易产生盐碱为害和发生干烧心病。

3. 大白菜的生长发育周期

（1）发芽期　从种子萌动到两片基生叶展开为发芽期。播种后，种子在温度、水分、空气适宜的条件下，约需 2d，胚轴伸出土面；播种后 3d，子叶可完全展开。播种后 7～8d，2 片基生叶展开，子叶与基生叶互相垂直交叉排列呈十字形，俗称拉十字，是发芽期结束的临界特征。发芽期管理重点是通过浇水造墒、精细播种，为种子发芽创造适宜的条件。

（2）幼苗期　从拉十字幼苗长出第一个叶环为幼苗期。早熟品种此期可长出 5 片叶子，需要 12～13d；中、晚熟品种长出 8 片叶子，需要 17～18d。第一叶环的叶片长出后，形成圆盘状的叶丛称为"团棵"，是幼苗期结束的临界特征。幼苗期植株的生长量仍较小，生长速度快，幼苗期植株的根系弱，要根据天气情况加强管理，创造良好的生长环境，预防各种病害发生，奠定防病、丰产的基础。

（3）莲座期　从"团棵"到再长出 2 个叶环，形成发达的叶丛时称为"莲座期"。早熟品种需要 20～21d，中晚熟品种需要 27～28d。进入莲座期后生长量很大，生长速度很快，形成大白菜主要的同化面积。结球期制造营养素的叶片在莲座期基本长成，莲座期的后期，植株中心幼小的球叶出现相邻两个叶片的叶缘连接在一起的现象，俗称"勾手"或"交叶"，这是开始包心的特征，也是莲座期结束的临界特征。管理上，莲座期的前期要通过追肥、浇水，促进莲座叶生长和球叶的分化；莲座期的后期需要适当控制浇水，避免莲座叶过分生长。

（4）结球期　从植株开始包心到形成充实的叶球为结球期。结球期时间的长短因品种而异，早熟品种需要 25～30d，中晚熟品种 35～50d。结球期的生长量最大，形成植株重量的 70% 左右。结球期可分为以下三个阶段：

①结球前期：从开始包心到形成叶球的轮廓，又称为"抽筒"。这时莲座叶面积还继续扩大，外层球叶开始旺盛生长，需要大量的肥水。

②结球中期：是球叶生长充实叶球的时期，又称为"灌心期"。这一时期是叶球重量增长最快和增量最大的时期，在栽培上要大力促进养分的制造和向叶球运输积累。

③结球后期：收获前 7～15d，莲座叶开始衰老，球叶缓慢生长，叶球进一步充实，植株的生理活动减弱，逐渐准备休眠。

（5）休眠期　收获后进行贮藏，植株被迫进入半休眠状态。莲座叶的养分仍向球叶输送一部分，短缩茎顶端缓慢进行着花芽的分化。维持较低的温度和一定的湿度，降低植株的呼吸强度和水分的散失，减少营养素的消耗，延长贮藏时间。

（二）菜花

菜花，十字花科芸薹属甘蓝种植物，又名花菜、花椰菜等，原产于地中海沿岸。富含蛋白质、脂肪、碳水化合物、膳食纤维、维生素及矿物质，特别是含有较高含量的钙和一般蔬菜中所没有的丰富的维生素 K，营养品质和食用品质俱佳。

1. 菜花的形态特征

（1）根　主根粗大，须根发达，主要根系多集中在 30cm 的土壤耕作层内。

（2）茎　营养生长期茎短缩，为短缩茎，在形成花球前，茎上端增粗，暂时贮藏营养素，茎上腋芽不萌发，通过阶段发育后，在生殖生长时期抽生花茎。

（3）叶　单叶互生，叶为阔披针形或长卵形，营养生长期的叶有叶柄并有裂片，叶色浅蓝色，叶面无毛，表面有厚重的蜡粉，一般 20 片叶构成莲座叶丛。

（4）花　花球由肥大的肉质主轴和其上的许多肉质花梗及花梗上众多绒球状花蕾聚合而成。花器形成后，花球发育成为营养素贮藏器官，表面呈颗粒状，质地致密。一个成熟的花球，横径在 20～30cm，纵径在 10～20cm；单个花球的质量在 500g 或 1500～2500g 不等，甚至有超过 5000g 的花球。在适宜的温度、光照条件下，花球逐渐松散，花枝顶端继续分化形成正常的花蕾，花苔、花枝发育并伸长，继而抽薹开花、结实并形成种子。花为完全花，复总状花序，花冠淡黄至黄色，虫媒花，异花授粉。

（5）果实和种子　果实为长角果，成熟后易纵裂。种子褐色至黄褐色，圆球形，千粒重 3～3.5g。

2. 菜花对环境条件的要求

（1）温度　菜花生长发育喜温和冷凉的气候，属于半耐寒性蔬菜，不耐炎热、干旱，又不耐霜冻。种子发芽的最低温度为 2～3℃，发芽的最适温度为 20～25℃；营养生长的适温范围为 8～24℃，−2～−1℃时叶片受到冻害；花球生长的适温为 15～18℃，8℃以下时生长缓慢，0℃以下时易受冻害；气温过高，则发育受影响，花苔、花枝迅速伸长，花球松散，当温度在 24～25℃以上时，花球小、品质差、产量降低。

菜花从种子发芽到幼苗生长过程中均可接受低温的影响而通过春化阶段，通过春化阶段所需的温度范围较高，在 5～20℃的温度范围内均可通过春化阶段，在 10～17℃、幼苗较大时通过春化阶段最快，一般在 2～5℃的低温条件下，或 21～30℃的高温条件下不易通过春化阶段，因而不能形成花球。花菜通过春化作用的温度因品种和熟性的不同而有所差别：极早熟品种在 21～23℃、早熟品种在 17～20℃、中熟品种在 15～17℃、晚熟品种在 15℃以下；通过春化作用的日数也因品种和熟性不同而不同，一般早熟品种时间所需较长，而晚熟品种所需时间较短。

（2）光照 菜花属于长日照植物，但对日照长短的要求不是很严格。营养生长期一般要求较长的日照长度和较强的光照强度，这样有力植株旺盛生长，形成较高的产量；结球期花球不宜接受强光照，否则，花球松散、易变色、品质降低。

（3）水分 菜花性喜湿润，不耐干旱，耐涝能力也较弱，对水分的要求比较严格。整个生育期绝大部分时间均需充足的水分供应，特别是蹲苗以后到花球形成期需要大量的水分供应，如水分供应不足或气候过于干旱，常常抑制营养生长，促使生殖生长提早、加快，提早形成花球，花球小且品质差；但水分过多，土壤的通气性下降，土壤中含氧量降低，一定程度上影响根系生长，严重时会导致植株萎蔫。一般适宜的土壤湿度为最大田间持水量的 70%～80%，空气相对湿度为 80%～90%。

（4）土壤及营养 菜花对土壤营养条件要求也比较严格，适于土质疏松，耕作层深厚，土壤肥沃，保水保肥力强，排灌通畅的土壤，最适土壤 pH 6.0～7.0；喜肥耐肥，整个生育期中要求充足的氮肥供应，植株生长矮小，生育期严重延迟，影响产量和品质；充足的磷、钾供应能促进花球的形成；同时对硼和镁的供应有严格要求，缺硼常引起花茎中空和花球内部开裂，缺镁植株的下部叶片易变黄

3. 菜花的生长发育周期

（1）发芽期 从种子萌动到第一片真叶展开，需 7d 左右。

（2）幼苗期 从发芽期结束后在生长 5～8 片叶，完成第一个叶环的过程称为幼苗期，需 15～20d。

（3）莲座期 幼苗期结束后，植株继续生长形成第二、第三叶环，形成莲座状的叶丛，一般需 20～28d。

（4）花球生长期 植株通过阶段发育并完成莲座叶的生长以后，在茎的顶端孕育几个较大的肉质花轴，一级花轴上再产生较多的小的多级肉质花梗和其顶端的绒球状颗粒，构成花球。一般需 21～25d。

花球形成以后在较高的温度和较长的日照下，花苔、花枝进行快速的伸长生长并开花结实完成生殖生长。

（三）萝卜

萝卜为十字花科萝卜属二年生或一年生草本植物，我国是萝卜的起源中心之一，有着悠久的栽培历史，南北方各地普遍栽培。其产品除含有一般的营养成分外，还含有淀粉酶和芥子油，有帮助消化、增进食欲的功效。

1. 萝卜的形态特征

（1）根　萝卜是直根系深根性作物，其根系分为吸收根和肉质根。吸收根的入土深度可达 60～150cm，主要根系分布在 20～40cm 土层中。肉质根的种类很多，形状有圆形、长圆筒形、长圆锥形、扁圆形等。肉质根的外皮颜色有红、绿、紫、白等，肉色有白、紫红、青绿等。肉质根的质量一般为几百克，而大的可达几千克，小的十几克，甚至仅几克。

（2）茎　萝卜的营养茎是短缩茎，进入生殖生长期后抽生花茎，花茎上可产生分枝。

（3）叶　萝卜具有两片子叶，肾形。头两片真叶对生，称为基生叶。随后在营养生长期间丛生在短缩茎上的叶均称为"莲座叶"。莲座叶的形状、大小、颜色等因品种而异，如板叶、花叶等。

（4）花　花为总状花序，异花授粉，虫媒花。花的颜色为白色、粉红色、淡紫色等。

（5）果实和种子　果实为长角果，每个果荚内有 3～8 粒种子，果荚成熟时不易开裂。种子为不规则球形，种皮浅黄色至暗褐色。种子千粒重为 7～15g，发芽年限 5 年，生产上宜选用 1～2 年的种子。

2. 萝卜对环境条件的要求

（1）温度　萝卜属半耐寒性蔬菜，喜冷凉。种子发芽起始温度为 2～3℃，适温为 20～25℃；幼苗期可耐 25℃ 左右较高温度和短时间 −3～−2℃ 的低温。叶片生长的温度为 5～25℃，适温为 15～20℃。肉质根生长的适温为 13～18℃。高于 25℃，植株长势弱，产品质量差。当温度低于 −1℃ 时，肉质根易遭冻害。萝卜是种子春化型植物，从种子萌动开始到幼苗生长、肉质根膨大及贮藏等时期，都能感受低温，通过春化阶段。大多数品种在 2～4℃ 低温下春化期为 10～20d。

（2）光照　萝卜要求中等光强。光饱和点为 18～25klx，光补偿点为 0.6～0.8klx。光照不足肉质根膨大速度慢，产量低，品质差。萝卜为长日照植物，通过春化的植株，在 12～14h 的长日照及高温条件下迅速抽生花薹。

（3）水分　萝卜喜湿怕涝又不耐干旱。在土壤最大持水量 65%～80%，空气相对湿度 80%～90% 条件下，易获得高产、优质的产品。土壤忽干忽湿，易导致肉质根开裂。

（4）土壤营养　萝卜在土层深厚、富含有机质、保水和排水良好的沙壤土上生长良好。但土壤过于疏松，肉质根虽早熟但须根多，表面不光滑。黏重土壤不利于肉质根膨大。土层过浅、坚实，易发生肉质根分叉。土壤 pH 以 5.8～6.8 为宜。萝卜吸肥力较强，施肥应以缓效性有机肥为主，并注意氮、磷、钾的配合。特别在肉质根生长盛期，增施钾肥能显著提高品质。每生产 1000kg 产品需吸收氮 2.16kg、磷 0.26kg、钾 2.95kg、钙 2.5kg、镁 0.5kg。

3. 萝卜的生长发育周期

（1）发芽期　从种子萌动到第一片真叶显露，需 4～6d。此期要防止高温干旱和暴雨死苗。

（2）幼苗期　从真叶显露到根部"破肚"，需 18～23d。此期叶片加速分化，叶面积不断扩大，要求较高温度和较强的光照。由于直根不断加粗生长，而外部初生皮层不能相应的生长和膨大，引起初生皮层破裂，称为"破肚"。此后肉质根的生长加快，应及时间苗、定苗、中耕、培土。

（3）莲座期　从破肚到"露肩"，需 20～25d。此期肉质根与叶丛同时旺盛生长，幼苗叶及以下叶片开始脱落衰亡，莲座叶旺盛生长，肉质根迅速膨大。初期地上部生长量大于地下部，后期肉质根增长加快，根头膨大，直根稳扎。这种现象称为"露肩"或"定橛"。露肩标志着叶片生长盛期的结束。莲座前期以促为主，莲座后期以控为主，促使其生长中心转向肉质根膨大。

（4）肉质根生长盛期　从露肩到收获，为肉质根生长盛期，需 40～60d。此期肉质根生长迅速，肉质根的生长量占总生长量的 80% 以上，地上部生长趋于缓慢，而同化产物大量贮藏于肉质根内。此期对水肥的要求也最多，如遇干旱易引起空心。

萝卜经冬贮后，第二年春季在长日照条件下抽薹、开花、结实。从现蕾到开花，历时 20～30d。开花到种子成熟还需 30d 左右。此期养分主要输送到生殖器官，供开花结实之用。

四、 喜温性蔬菜

（一） 番茄

番茄（*Lycopersicon esculentum* Mill.）别名西红柿、洋柿子，起源于南美洲的安第斯山地带，在秘鲁、厄瓜多尔和玻利维亚等地，至今仍有大量的野生种分布。番茄营养丰富，风味鲜美，属于菜果兼用的高档蔬菜。目前已成为露地和保护地栽培的主要的果菜，在蔬菜的生产、供应中占有重要的地位。

1. 番茄的形态特征

（1）根　番茄的根系比较发达，分布广而深。但育苗移栽后，主根被切断，侧根增多，大部分根分布在 30～50cm 的土层中。番茄根系再生能力强，不仅在主根上易生侧根，在根颈或茎上，特别是茎节上很容易发生不定根，而且伸展很快。在良好的生长条件下，不定根发生后 4～5 周即可长达 1m 左右，所以番茄移栽和扦插繁殖比较容易成活。

（2）茎　番茄茎为半直立或半蔓生，个别类型为直立性。番茄茎的分枝能力较强，每个叶腋都可发生侧枝。无限生长类型的番茄植株在茎端分化第一个花穗后，其下的一个侧芽生长成旺盛的侧枝，与主茎连续而成为合轴，第二穗及以后各穗下的一个侧芽也都如此，为假轴无限生长。有限生长类型的植株则在发生 3～5 个花穗后，花穗下的侧芽变为花芽，不再长成侧枝，故假轴不再伸长。

番茄茎的丰产形态为节间较短，茎上下部粗度相似。徒长株，节间过长，往往从下至上逐渐变粗；老化株则相反，节间过短，从下至上逐渐变细。

（3）叶　番茄的叶为单叶，羽状深裂或全裂。每片叶有小裂片 5～9 对，小裂片的大小、形状、对数，因叶的着生部位不同而有很大差别，第一、二片叶裂片小，数量也少，随着叶位上升裂片数增多。番茄叶片的大小、形状、颜色等因品种和环境条件而异，是鉴别品种和判断生长发育状态的重要依据。番茄叶片及茎均生有绒毛和分泌腺，能分泌出具有特殊气味的汁液，对很多害虫具有驱避作用，所以不但番茄受虫害轻，一些与番茄间、套作的蔬菜也有减轻虫害的作用。

（4）花　番茄为完全花，总状花序或聚伞花序。花序着生于叶腋，花黄色。每个花序上着生的花数品种间差异很大，一般 5～10 余朵不等，少数类型（如樱桃番茄）可达50～

60朵。番茄的开花结果习性，按花序着生规律可分为两种类型。有限生长类型品种一般主茎生长至6~7叶片时，开始着生第1花序，以后每隔1~2叶形成一个花序，通常发生2~4个花序后，其花序下位的侧芽不再抽枝也不产生新的花序；无限生长类型品种在主茎生长至8~10片叶时出现第1花序，以后每隔2~3片叶着生一个花序，在条件适宜时，可不断着生花序，开花结果。

（5）果实及种子　番茄的果实为多汁浆果，果肉由果皮（中果皮）及胎座组织构成，栽培品种一般为多心室。大果型品种5~8心室，小果型品种2~3心室，心室数与品种和环境条件有关。成熟果实的颜色有红、粉红、黄、橙黄、绿色和白色，以粉红较多；形状有圆球形、扁圆形、卵圆形、梨形、长圆形、桃形等，它们是区别品种的重要标志。单果重因品种而不同，大型果200g以上，中型果70~200g，小型果70g以下。

番茄种子比果实成熟早，种子的完全成熟是在授粉后50~60d。番茄种子扁平、肾形，表面有银灰色绒毛，千粒重2.7~3.3g，生产上使用年限为2~3年。

2. 对环境条件的要求

番茄具有喜温、喜光、耐肥及半耐旱的生物学特性。在春秋气候温暖、光照较强而少雨的气候条件下，有利于营养生长及生殖生长，表现为产量较高、品质好。而在多雨、高温、低温、光照不足等条件下，生长弱，病害严重，产量降低，品质变差。

（1）温度　番茄属喜温性蔬菜，不耐寒也不耐热。以20~25℃为适宜生长的温度，低于15℃，不能开花或授粉受精不良，导致落花落果。温度降至10℃时，植株停止生长，长时间5℃以下的低温常引起低温伤害，致死的最低温度为-2~-1℃。温度升至26℃以上时，抑制番茄红素及其他色素的形成，影响果实着色。升至30℃时，同化作用显著降低；至35℃以上时，生殖生长表现严重不良。根系生长最适宜的温度为20~22℃，降至9~10℃根毛停止生长，降至5℃时，根系吸收水分和营养素的能力受阻。

不同的生育时期对温度的要求及反应是有差别的。种子发芽适温为25~30℃；幼苗期要求白天温度20~25℃，夜间10~15℃。在栽培中往往利用番茄幼苗对温度适应性强的特点进行抗寒锻炼，可使幼苗忍耐较长时间的6~7℃的温度，甚至短时间0~3℃的低温；开花期对温度反应比较敏感，白天适宜温度20~30℃，夜间15~20℃；结果期适宜温度25~28℃，夜间15~20℃，此期温度过高或过低都极易造成落花落果。

（2）光照　番茄是喜光作物，光饱和点为70klx，30klx以上的光照强度可以维持其正常的生长发育。番茄对光照周期要求不严，多数品种属中日性植物，在11~13h日照条件下，植株生长健壮，开花较早。

（3）水分　番茄由于其根系比较发达且吸水力较强，因此对水分的要求表现出半耐旱的特点。土壤湿度以维持土壤最大持水量的60%~80%为宜；一般空气相对湿度以45%~50%为宜，空气湿度过大，不仅阻碍正常授粉，而且在高温、高湿条件下病害严重。

（4）土壤及矿质营养　番茄植株适应性强，对土壤条件要求不太严格，但为获得高产应选土层深厚、排水良好、富含有机质的肥沃壤土进行栽培。土壤酸碱度以pH5.5~7.0为宜。生育前期需要较多的氮、适量的磷和少量的钾，以促进茎叶生长和花器分化。坐果以后，需要较多的磷和钾，特别是果实迅速膨大期，钾吸收量最大。番茄吸收钙的量也很大，缺钙时番茄的叶尖和叶缘萎蔫，生长点坏死，果实发生脐腐病。

3. 生长发育周期

（1）发芽期　从种子萌动到第一片真叶出现（破心、露心）为发芽期，在适宜条件下 7 ~ 9d。发芽期能否顺利完成主要取决于温度、湿度、通气状况和覆土厚度等条件。在同样的条件下，个体之间发芽速度的差异主要与种子质量有关，所以栽培上要选用较大而均匀充实的种子，以培育较早而整齐一致的幼苗。

（2）幼苗期　从第一片真叶出现至开始现大蕾为幼苗期。番茄幼苗期经历两个不同的阶段。从真叶破心至幼苗两三片真叶展开（即花芽分化前）为基本营养生长阶段，此阶段的营养生长为花芽分化及进一步营养生长打下基础，在条件适宜时，需 25 ~ 30d。从幼苗第 3 片真叶开始花芽分化，进入幼苗期的第二阶段，即花芽分化及发育阶段。从花芽分化到开花约需 30d，即条件适宜时，番茄从播种到开花需经 55 ~ 60d。创造良好条件防止幼苗徒长和老化，保证幼苗健壮生长及花芽的正常分化及发育是此阶段栽培管理的主要任务。

（3）开花坐果期　从第 1 花序出现大蕾至坐果为开花坐果期。开花坐果是幼苗期的继续，结果期的开始，是以营养生长为主，过渡到生殖生长与营养生长并进的转折期，直接关系到产品器官的形成和产量，特别是早期产量。

（4）结果期　从第 1 花序果实坐稳至采收结束为结果期。该时期秧果同步生长，营养生长与生殖生长高峰相继周期性地出现，这与栽培管理技术关系很大。如果在开花坐果期管理技术得当，调节好秧果关系，不至于出现果实坠秧的现象；相反，整枝、打杈及肥水管理不当，可能出现疯秧的危险，必须注意及时调控。此期保证结果与长秧的平衡是管理的重点。结果期的长短因栽培条件不同而异，北方春季露地栽培约为 70d，现代温室栽培结果期可达 9 ~ 10 个月。

（二）辣椒

辣椒（*Capsicum annuum* L.），别名秦椒、番椒、海椒、辣茄。属一年生或多年生草本植物。辣椒起源于中南美洲热带地区的墨西哥、秘鲁等地。辣椒果实色泽艳丽，营养价值很高，其维生素 C 的含量尤为丰富。辣椒中含有丰富的辣椒素（$C_{18}H_{27}NO_3$），具有辛辣味，有增进食欲的作用。辣椒除鲜食外，还可进行腌渍和干制，加工成辣椒干、辣椒粉、辣椒油和辣椒酱等，是我国最普遍栽培的蔬菜之一。

1. 辣椒的形态特征

辣椒在温带地区为一年生植物，在热带和亚热带地区可露地越冬，成为多年生草本植物。

（1）根　辣椒的根系不如番茄和茄子发达，根量少、入土浅、根群一般分布于 30cm 的土层中。育苗移栽时，主要根群多集中在土表 10 ~ 15cm 的土层内。辣椒根系再生能力弱于番茄、茄子，茎基部不易发生不定根，不耐旱也不耐涝。栽培上培育强壮根系及育苗时注意对根系保护，对辣椒的丰产具有重要意义。

（2）茎　辣椒茎直立，木质化程度较高，主茎顶芽分化为花芽后，以双杈或三杈分枝继续生长，分枝形式因品种和栽培环境不同而异。辣椒的分枝结果习性可分无限分枝型与有限分枝型两种类型。

①无限分枝型：植株高大，生长健壮，当主茎长到 7 ~ 15 片叶时，顶芽分化为花芽，其下 2 ~ 3 个叶节的腋芽抽生出 2 ~ 3 个侧枝，花（果）着生在分杈处，各个侧枝又不断依次分枝着花，只要生长条件适宜，分枝可以不断延伸，呈无限分枝型。绝大多数栽培品种都属于无限分枝型。无限分枝型辣椒品种，主茎基部各节叶腋均可抽生侧枝，应及时摘除

以减少养分的消耗。

②有限分枝型：植株矮小，主茎长到一定叶数后，顶芽分化出簇生的花芽，由其下部的数个腋芽抽生出一级侧枝，一级侧枝顶芽也分化为簇生的花芽，一级侧枝上还可抽生二级侧枝，二级侧枝顶部也着生簇生花芽，以后植株不再分枝。簇生的朝天椒和观赏椒属于此类。

（3）叶　单叶、互生，卵圆形、长卵圆形或披针形，有少数品种叶面密生绒毛。叶片的生长状况与栽培条件有很大的关系，氮肥充足，叶形长，而钾肥充足，叶片较宽；氮肥过多或夜温过高时叶柄长，先端嫩叶凹凸不平，低夜温时叶柄较短；土壤干燥时，叶柄稍弯曲，叶身下垂，而土壤湿度过大，则整个叶片下垂。一般叶片硕大，深绿色时，果形较大，果面绿色较深。

（4）花　完全花，单生、丛生（1～3朵）或簇生。生长正常时辣椒的花药与雌蕊的柱头等长或稍长，营养不良时易出现短花柱花。如主枝和靠近主枝的侧枝，营养条件较好，花器多正常；远离主枝的则有时出现较高的短柱花，短花柱花因授粉不良易出现落花落果。因此，改善栽培条件，培育植株具有健壮的侧枝群，是提高坐果率，获得丰产的关键措施。辣椒属常异花授粉植物，天然杂交率为25%～30%。

（5）果实及种子　果实为浆果，下垂或朝天生长。小果形辣椒多为2心室，圆形或灯笼形椒多为3～4心室。因品种不同，其性状和大小有很大的差异，通常有扁圆形、线形、长圆锥形、长羊角形、短羊角形等。一般甜椒品种果肩多凹陷，鲜食辣椒品种多平肩，制干辣椒品种多抱肩。果表面光滑，常具有纵沟，凹陷或横向皱褶。青熟果浅绿色至深绿色，少数品种为白色、黄色或紫色；生理成熟时转为红色、橙黄色或紫红色。大果形甜椒品种不含或微含辣椒素，小果形品种辣椒素含量高，辛辣味浓。

种子扁平、近圆形，表面皱缩，淡黄色，稍有光泽，千粒重4.5～8.0g，发芽力一般可以保持2～3年。

2. 对环境条件的要求

（1）温度　辣椒喜温，不耐霜冻，对温度的要求类似于茄子，显著高于番茄。种子发芽适温25～32℃，需要4～5d，低于15℃时难以发芽。幼苗要求较高的温度，生长适温白天为25～30℃，夜间20～25℃，低温为17～22℃。随着幼苗的生长，对温度的适应性也逐渐增强，定植前经过低温锻炼的幼苗，能在低温下（0℃以上）不受冷害。开花结果初期适宜白天的温度为20～25℃，夜间16～20℃，温度低于15℃将影响正常的开花坐果。盛果期适宜的温度为25～28℃，35℃以上的高温，不利于果实的生长发育，甚至落花落果。土温过高，尤其是强光直晒地面，对根系生长不利，严重时能使暴露的根系褐变死亡，且易诱发病毒病。一般辣椒（小果型品种）比甜椒（大果型品种）具有较强的耐热性。

（2）光照　辣椒属于中光性植物，对光照强度的要求也属于中等，光饱和点35klx，光补偿点为1.5klx，较耐弱光。过强的光照对辣椒的生长发育不利，特别是高温、干旱、强光条件下，易引起果实患日烧病。根据这一特性，辣椒密植的效果较好，也比较适合设施栽培。但光照过弱，则会引起植株生长衰弱，导致落花落果。

（3）水分　辣椒既不耐干旱，也不耐涝。对空气湿度的要求也较严格，适宜的空气相对湿度以60%～80%为宜，过湿易造成病害，过干燥则对授粉受精和坐果不利。

（4）土壤及营养　辣椒对土壤适应能力较强，在各种土壤中都能正常生长，但以透水透气性强的沙壤土最好。

辣椒对营养条件要求较高，氮素不足和过量都会影响营养体的生长及营养分配，容易导致落花。充足的磷、钾肥有利于提早花芽分化，促进开花及果实膨大，并能使茎干健壮，增强抗病能力。初花期忌氮肥过多，否则会引起植株徒长，导致落花落果。

3. 生长发育周期

（1）发芽期　从种子发芽到第 1 片真叶出现，一般需 10 ~ 15d。

（2）幼苗期　从第 1 片真叶出现到第 1 个花蕾出现，需 50 ~ 60d。2 ~ 3 片真叶以前为基本营养生长，4 叶以后，营养生长与生殖生长并进。

（3）开花坐果期　从第 1 朵花现蕾到第 1 朵花坐果，一般需 10 ~ 15d。

（4）结果期　从第 1 朵花坐果到收获末期，一般需 50 ~ 120d。结果期以生殖生长为主，并继续营养生长，需水需肥量大。

（三）黄瓜

黄瓜属葫芦科甜瓜属的一个栽培种，为一年生攀缘草本，原产喜马拉雅山南麓的印度北部地区，以幼嫩果实供食用，种质资源丰富，栽培方式多种多样，可周年生产，周年供应。

1. 黄瓜的形态特征

（1）根　主根明显，侧根多，水平生长，主要根群分布在 30cm 的表土层内。育苗移植的根群浅。茎基部容易发生不定根。根易老化，不耐移植。

（2）茎　茎蔓性，茎节长有卷须可以攀缘生长，4 棱或 5 棱，绿色，有刺毛，分枝能力因品种而异。

（3）叶　单叶，互生，掌状浅裂，绿色，大而薄，蒸腾力强。叶柄长，有茸毛。

（4）花　虫媒花。栽培品种多为雌雄同株异花，雄花簇生，雌花多单生，花冠黄色。一般先发生雄花，后发生雌花，以后雌雄花交替发生，靠昆虫传播花粉，亦可单性结实。

（5）果实和种子　果形有棒状、长棒状、圆柱形、椭圆形和纺锤形等。嫩瓜皮色有浓绿、浅绿、黄绿、黄白和乳白之分，成熟时，果皮转为橙黄、黄白或褐色等。表面平滑或有瘤状突起，瘤的顶端着生黑刺或白刺。黑刺品种的成熟果实呈黄色或褐色，大多具网纹；白刺品种的成熟果实呈黄白色，无网纹。种子呈长椭圆形、披针形，扁平，种皮色泽有乳白、黄白、灰白之分。每果含种子 150 ~ 400 粒，千粒重 22 ~ 42g。一般室内贮存 3 年以后发芽率逐渐降低。生产上多用隔年的种子。

2. 黄瓜对环境条件的要求

（1）温度　黄瓜喜温怕寒，生长的适温为 20 ~ 30℃，低于 10℃或高于 40℃则停止生长。

（2）光照　需强光照。光照较强，较高温度和充足的二氧化碳，能明显提高光合效能；光照较弱，即使温度和二氧化碳浓度较高，只能有限地提高光合效能。较短的日照可促进雌性分化，但不同品种对短日照反应不同。开花结果期，若阴雨天过多，光照过弱时，落花和化瓜现象严重。

（3）水分　黄瓜的叶面积大，蒸腾量大，而根系较浅，吸收能力弱，因此需要较高的土壤和空气湿度。生长的适宜田间持水量为 80% ~ 90%，空气相对湿度为 90%。结果期需要大量水分，水分不足易引起化瓜和畸形瓜。

（4）土壤及营养　黄瓜适应在有机质丰富、疏松透气、保水保肥、排灌方便的壤土中栽培，土壤酸碱度以 pH5.5～7.2 为宜。黄瓜对营养的吸收，以钾最多，氮次之，再次是磷、钙、镁，结果期需肥多。每采收 1～2 次后必须及时追施肥水。

3. 黄瓜的生长发育周期

（1）发芽期　自种子萌动至子叶平展、真叶吐露，约需 5d。

（2）幼苗期　从子叶平展至第 4 片真叶充分开展，需 20～40d。

（3）抽蔓期　从第 4 真叶开展至第 1 雌花坐果，需 15d 左右。

（4）开花结果期　从开花结果至采收结束，需 30～60d 或更长。

五、 耐热性蔬菜

（一）冬瓜

冬瓜为葫芦科冬瓜属的一个栽培种，起源于中国和东印度，广泛分布于亚洲热带、亚热带和温带地区，我国南北各地普遍栽培，而以南方栽培较多，果实供食，嫩梢也可菜用。每 100g 果实含水 95～97g，含有多种维生素、矿物质和氨基酸。盛暑季节食用，清热化痰、除烦止渴、利尿消肿；果皮与种子具清凉、滋润、降温解热功效，还可加工成蜜饯冬瓜、冬瓜干、脱水冬瓜和冬瓜汁等。

1. 冬瓜的形态特征

（1）根　主根和侧根发达，易生不定根。

（2）茎　蔓生，分枝力强。五棱，中空，绿色，外有银白色茸毛。主蔓从第 6～7 节开始，抽出卷须。卷须分歧。

（3）叶　单叶互生。叶片肥大，呈掌状，5～7 叶浅裂，绿色。叶和叶柄均密被银白色茸毛。

（4）花　雌雄异花同株。雌花和两性花单生，雄花多数单生，也有簇生。花钟形，花冠黄色。花器各部分均被茸毛。

（5）果实和种子　果实为瓠果。果形有圆、扁圆、椭圆、长椭和棒形等，果实大小因品种而异。果皮浓绿、绿或浅绿，被白蜡粉或无，被银白色茸毛，茸毛随果实成熟逐渐脱落。果肉厚，白色。种子近椭圆形、扁平，种脐一端稍尖，浅黄色，种皮光滑或有突起边缘，千粒重 50～100g，有边缘的种子稍轻。种皮厚，发芽慢。

2. 冬瓜对环境条件的要求

（1）温度　冬瓜喜温耐热，怕寒。浸种后在 30～33℃ 催芽，约 36h 便陆续发芽，25℃ 发芽缓慢，发芽率降低。幼苗适于稍低温度，以 20～25℃ 为宜。温度高，生长快，易徒长。温度在 15℃ 以下生长不良，而且开花和授粉不正常，降低坐果率。果实发育适于 25～35℃。

（2）光照　冬瓜属短日照植物。较喜光，有一定的耐阴能力。短日下可提早发生雌花和雄花。低温短日照有利于花芽分化，有时会先发生雌花，后发生雄花。但多数品种对日照长短不敏感。抽蔓期和开花结果期适于较高温度和较强光照。

（3）水分　冬瓜喜水、怕涝、耐旱。其叶面积大，果实大，需水多。尤其是进入初花到结果期，蔓叶旺盛生长，果实膨大，需要大量水分，必须注意充足供水。

（4）土壤及营养 冬瓜对土壤要求不严，宜选择排灌方便，肥沃深厚、有机质丰富的沙壤或壤土。但不宜连作。对三要素的吸收，以钾最多，氮次之，磷最少。对钙的吸收比氮少比磷多，对镁的吸收最少。吸收量随着生育过程逐渐增加。

3. 冬瓜生长发育周期

（1）发芽期 从种子萌发至两片子叶充分展开，真叶明显露出，为 7～15d。种子吸水量为种子重的 150%～180%，温度宜保持 30～35℃，有光或无光均可。

（2）幼苗期 从子叶展开直到第 6～7 片真叶发生并抽出卷须，为 30～50d。幼苗生长缓慢，节间短，可直立生长，腋芽开始活动。根系生长较快。幼苗期开始花芽分化。

（3）抽蔓期 从幼苗期结束至植株开始现蕾，为 10～20d。此期主蔓和叶片加快生长，节间逐渐伸长，由直立生长变为攀缘生长，腋芽开始抽发侧蔓，花芽不断分化发育，最初分化的花芽，发育成花蕾，根系继续扩大。

（4）开花结果期 植株现蕾至果实成熟。植株现蕾至雌花开放、坐果为初花期。坐果后至果实成熟为结果期，又可分为结果前期、中期和后期。这一时期大果型品种需 50～70d，小果型品种花后 21～28d 可采收，至生理成熟需 35d 左右。

冬瓜植株上的花芽腋生，主蔓一般先分化发育雄花，然后分化发育雌花。侧蔓分化发育雄花的节位较早，雌雄分化的顺序与主蔓相同。环境条件对雌雄性别分化有影响。

（二）南瓜

南瓜是葫芦科南瓜属一年生蔓生草本植物。南瓜抗逆性强，品种资源丰富，是世界主要蔬菜种类之一。嫩果和熟果均可食用。南瓜含有各种营养成分，如糖类、淀粉、蛋白质、瓜氨酸、精氨酸、抗坏血酸、果胶及葫芦巴碱、钙、磷、铁、锌、钴等。果实可加工成果脯、饮料。种子中含有丰富的蛋白质和脂肪。南瓜性温味甘、具有润肺益气、化痰排脓、驱虫解毒等功效。南瓜属有 5 个栽培种，即南瓜（中国南瓜）、笋瓜（印度南瓜）、西葫芦（美洲南瓜）、黑籽南瓜和灰籽南瓜。生产栽培以前三种为多，我国南北各地均有栽培。

1. 形态特征

南瓜根系发达。主蔓长度因种类、类型与品种而异，分枝能力强，生长迅速。茎节处生卷须和花芽，可发生不定根。叶心脏形、掌状或近网形。花为单性花，雌雄同株异花。虫媒花。果实形状、大小和颜色等因种类、类型与品种而异。种子多为卵形，扁平，乳白、灰白、淡黄、黄褐或黑色等。种子大小与种类、类型与品种等有关，千粒重 100～160g。种子寿命 5～6 年。

2. 对环境条件的要求

（1）温度 南瓜可耐较高的温度，但种间存在差异。中国南瓜适宜温度范围较高，一般为 18～32℃；其次为笋瓜，适宜温度范围为 15～29℃；西葫芦对温度要求较低，适应温度范围为 12～28℃。种子在 15℃ 以上开始发芽，适温为 25～30℃，10℃ 以下和 40℃ 以上发芽困难。幼苗期白天 23～35℃ 和良好日照，夜间 13～15℃ 和地温保持 18～20℃，可增强光合作用和光合产物的积累，幼苗生长苗壮，花芽分化早。开花结果期的温度需 15℃以上，不超过 35℃，以 25～27℃ 为宜，否则花器发育不正常，引起落果。

（2）光照 南瓜属短日照作物，中国南瓜、笋瓜和西葫芦在短日照条件下可促进雌花分化。南瓜对光照强度要求比较严格，充足的光照生长健壮，弱光生长瘦弱，易徒长、化瓜。但高温季节，光照过强，易引起植株萎蔫。

（3）水分　南瓜具有较强的吸水、抗旱能力，但不同南瓜种对水量适应性不同。

（4）土壤及营养　南瓜对土壤条件适应性强，以耕层深厚的沙壤土或壤土为好，土壤pH5.5～6.8。南瓜生长量大，根系吸收水肥能力强。每生产1000kg需氮3～5kg、磷1.3～2kg、钾5.7kg、钙2.2kg、镁0.7～1.3kg。对矿质营养的吸收量因种类、品种及栽培条件有较大差异。在产量相同的情况下，三种南瓜中需肥量笋瓜最大，西葫芦最小。不同生育期需肥量不同，抽蔓期前较少，进入结果期后急剧增加，并维持在较高水平。

3. 南瓜生长发育周期

（1）发芽期　从种子萌发至两片子叶充分展开，第1真叶明显露出，为发芽期，正常条件下，播种至子叶展开需4～5d，子叶展开至第1片真叶显露需4～5d。

（2）幼苗期　从第一真叶展开直到第5～6片真叶发生，未抽出卷须，在20～25℃时需25～30d。如温度低于20℃，幼苗生长缓慢，需时较长。此期早熟品种可出现雄花蕾，有的也可出现雌花和侧枝。

（3）抽蔓期　从第5～6片真叶展开至第1雌花开放，需10～15d。此期主蔓和叶片生长加快，节间逐渐伸长，由直立生长变为攀缘生长卷须抽出，雄花陆续开放，为营养生长旺盛时期，腋芽开始抽发侧蔓，花芽不断分化发育，此期要根据品种特性，注意调节营养生长与生殖生长的关系，注意压蔓，促进不定根的发育。

（4）开花结果期　从第1雌花开放至果实成熟，茎叶生长与开花结瓜同时进行。需50～70d。早熟品种在主蔓第5～10叶节出现第1朵雌花，而晚熟品种需24叶节左右。第1朵雌花出现后，每隔数节或连续几节都能出现雌花。

（三）西瓜

西瓜原产于非洲南部的卡拉哈里沙漠，栽培历史悠久。中国种植西瓜有1000多年的历史。西瓜适应性广，生产期短，匍匐生长。为提高复种指数，可因地制宜采用间作或套种。西瓜以成熟果实供食，清凉解暑，有"夏季水果之王"的美称，不仅品味适口，而且营养丰富。每500g西瓜瓤中含蛋白质6g、糖40g、粗纤维1.5g，含有丰富的矿物质和多种维生素及各种氨基酸。西瓜还有许多医疗保健作用。

1. 西瓜的形态特征

（1）根　西瓜根系分布深而广，主要根群分布在20～30cm耕作层内，主根入土可深达1m以上，耐旱力强。初期发根数较少，纤细易折断，再生力弱，一般宜直播或者营养钵育苗移栽。根系分布因品种、土质和栽培技术而异。

（2）茎　茎蔓生。幼苗茎直立，节间短缩，4～5节以后节间伸长，匍匐生长。主蔓长可达3m以上，分枝性强。主蔓叶腋能抽生子蔓，子蔓叶腋抽生孙蔓，可形成3～4级分枝。节上可产生不定根。茎横断面五棱形。

（3）叶　单叶互生。子叶椭圆形。第1真叶小，近矩形，裂刻不明显，其后叶裂刻增多且深，4～5叶后叶形具有品种特征，叶面具有白色蜡质和茸毛。根据裂刻的深浅和裂片大小，叶形可分狭裂片型、宽裂片型和全缘叶型（甜瓜叶型）。

（4）花　花较小，单生，花冠黄色，雌雄同株异花，为虫媒花。主蔓第3～5节发生雄花，5～7节发生雌花，其后每隔5～7节发生雌花一朵。子蔓雌花发生节位较低。开花盛期出现少数两性花。一株西瓜可长 200 ~ 300 朵雄花，20 ~ 50 朵雌花。

（5）果实和种子 果实形状有圆、卵形、椭圆、圆筒形等。表皮绿白、绿、深绿、墨绿、黑色，间有网纹或条带。果实大小受栽培环境影响较大，一般质量为 4 ~ 5kg，小的为 1 ~ 2kg，大的为 10kg 以上。果肉一般为红色，也有乳白、淡黄、深黄等。种子椭圆而扁平，色泽有乳白、黄、红、褐四种。种子大小因品种而异，每个果实约有种子 300 ~ 500 粒，种子千粒重 30 ~ 100g。种子发芽年限因贮藏条件而异，一般为 5 年，但生产上多用 1 ~ 2 年的种子。

2. 西瓜对环境条件的要求

（1）温度 西瓜喜高温，耐热不耐寒，生长适宜温度 18 ~ 32℃，在 40℃ 仍维持一定同化效能，15℃ 生长缓慢，10℃ 停止生长，低于 5℃ 时，植株遭到冻害，高于 35℃ 时植株生长受到影响。种子发芽适温为 25 ~ 30℃，最高温度为 35℃。果实生长需较高温度，并要求较大的昼夜温差（8 ~ 14℃），有利于积累营养素，提高果实含糖量。

（2）光照 西瓜为喜光作物，生长发育要求充足的阳光，较长时间的日照和较高的光照强度有利于植株的生长发育和果实品质的提高。日照时间短，光照不足，植株则生长慢，叶形狭长，叶薄色淡，不能及时坐果，结瓜迟，品质差。

（3）水分 西瓜耐旱，具有一系列耐旱的生态特征和强大的根系。西瓜要求空气干燥，适宜的相对湿度为 50% ~ 60%，土壤湿度以 60% ~ 80% 田间持水量为宜。西瓜坐果节雌花开放前后和果实膨大期对水分敏感，缺水影响坐果和果实膨大。西瓜既需要较多水分同时又极不耐涝，一旦水淹土壤，就会全株窒息而死。

（4）土壤及营养 西瓜对土壤的适应性较强，但最适宜的是土层深厚、排水良好、肥沃的沙壤土或壤土，pH 为 5 ~ 7。西瓜对氮、磷、钾的需求比例为 3:1:4。对磷的需求虽少，但非常重要。植株形成营养体的时候吸收氮最多，钾次之；而在坐果以后吸收钾最多，氮次之。增施磷、钾肥，能提高含糖量。

3. 西瓜生长发育周期

西瓜的全生育期大致可分为以下 4 个时期：

（1）发芽期 种子萌动至子叶平展第 1 片真叶出现，需 10 ~ 15d，适温为 28 ~ 30℃。

（2）幼苗期 第 1 片真叶出现至 5 片真叶出现。在 15 ~ 20℃ 条件下此期需 25 ~ 30d。

（3）抽蔓期 第 5 片真叶出现到留果节位雌花开放，需 20 ~ 25d，适温为 25 ~ 28℃。

（4）开花结果期 从留果节位雌花开放到果实充分成熟，需 30 ~ 35d，适温为 30 ~ 35℃。

六、 蔬菜的安全生产体系

我国的蔬菜安全体系有无公害蔬菜、绿色蔬菜、有机蔬菜。

（一）无公害蔬菜

无公害蔬菜是严格按照无公害蔬菜生产安全标准和栽培技术生产的无污染、安全、优质、营养型蔬菜。并且，蔬菜中农药残留、重金属、硝酸盐、亚硝酸盐及其他对人体有毒、有害的物质的含量控制在法定允许限量之内，要符合有关标准规定，允许使用无公害标志图（图1-1）。图案主要由麦穗、对钩和无公害农产品字样组成。麦穗代表农产品，对钩表示合格，金色寓意成熟和丰收，绿色象征环保和安全。无公害蔬菜标志许可使用期为2年。

图1-1 无公害农产品标志

（二）绿色蔬菜

绿色蔬菜是由绿色食品引申而来的概念。绿色食品是无污染、安全、优质食品的总称。绿色蔬菜是遵循可持续发展原则，按特定生产方式生产，经中国绿色食品发展中心认定，允许使用绿色食品标志的无污染、安全、优质营养类蔬菜的总称。绿色食品分为A级和AA级（图1-2），其品质标准不同（表1-2）。

(1)A级　　　　　　　　　　　　　　　(2)AA级

图1-2 绿色食品标志

表1-2　　　　　　　　　　　　A级和AA级绿色食品的区别

项目	A级绿色食品	AA级绿色食品
环境评价	采用综合指标，各项环境指标综合污染指数≤1	采用单项指标，各指标数据不得超过相关标准

续表

项目	A 级绿色食品	AA 级绿色食品
生产过程	允许限量、限时和限定方法使用限定的化学合成物质	禁止使用任何化学合成肥料、化学农药和化学合成食品添加剂
产品要求	允许限定使用的化学合成物质残留量仅为国家或国际标准的1/2，其他禁止使用的化学物质残留不得检出	各种化学合成农药及合成食品添加剂不得检出
包装标识标志编号	标志和标准字体为白色，底色为绿色，防伪标签底色为绿色，标志编号以单数结尾	标志和标准字体为绿色，底色为白色，防伪标签底色为蓝色，标志编号以双数结尾

A 级是在生态环境质量符合规定标准的产地，生产过程中允许限量使用限定的化学合成物质，按特定的生产规程生产、加工，产品质量及包装经检测符合特定标准，并经专门机构认定，允许使用 A 级绿色食品标志的产品。

AA 级是在生态环境质量符合标准的产地，生产过程中不使用任何有害化学合成物质，按特定的生产规程生产、加工，产品质量及包装经检测符合特定标准，并经专门机构认定，允许使用 AA 级绿色食品标志的产品。

绿色食品标志由三部分构成，即上方的太阳、下方的叶片和中心的蓓蕾，象征自然生态。颜色为绿色，象征生命、农业、环保；图形为下圆形，意为保护。AA 级绿色食品标志为绿色，底为白色。A 级绿色食品标志为白色，底色为绿色。绿色食品标志许可使用期为 3 年。

（三）有机蔬菜

有机蔬菜是指在蔬菜生产过程中严格按照有机生产规程，禁止使用任何化学合成的农药、化肥、生长调节剂等化学物质以及基因工程生物及其产物，而是遵循自然规律和生态学原理，采取一系列可持续发展的农业技术，协调种植平衡，维持农业生态系统持续稳定，且经过有机食品认证机构鉴定认证，并颁发有机食品证书和标识的蔬菜产品，有效期为一年（图 1 - 3）。

图 1 - 3 中国有机产品标志

（四）无公害蔬菜、绿色蔬菜和有机蔬菜的区别

无公害蔬菜、绿色蔬菜和有机蔬菜三个安全体系在我国同时存在，无公害蔬菜和绿色蔬菜是我国国内标准，有机蔬菜是国际标准。无公害蔬菜、绿色蔬菜和有机蔬菜都是经过质量认证的安全蔬菜、无公害蔬菜是绿色蔬菜和有机蔬菜发展的基础，绿色蔬菜和有机蔬菜是在无公害蔬菜基础上的进一步提高。无公害蔬菜、绿色蔬菜和有机蔬菜都注重生产过程的管理，无公害蔬菜和绿色蔬菜侧重对影响产品质量因素的控制，有机蔬菜侧重对影响环境质量的控制。无公害蔬菜是绿色蔬菜发展的初级阶段，有机蔬菜是质量更高的绿色蔬菜。三个安全体系的区别见表 1 - 3。

表 1-3 　　　　　　　　　　　无公害蔬菜、绿色蔬菜和有机蔬菜的区别

安全体系	无公害蔬菜	绿色蔬菜		有机蔬菜
		A 级	AA 级	
发源地	中国	中国		国外
开发时间	1982 年	1990 年		1994 年
认证管理机构	原农业部农产品质量安全中心	原农业部国家绿色食品发展中心	原农业部国家绿色食品发展中心	原国家环保总局有机食品发展中心
认证方法	以检查认证和检测认证并重	以检查认证和检测认证并重	实行检查员制度，实地检查认证为主，检测认证为辅重点	实行检查员制度，实地检查认证为主，检测认证为辅重点
土壤	无有害物质污染	轮耕，保持土壤肥力	轮耕，保持土壤肥力	三年内未使用化学农药及除草剂，每年要进行轮播和休耕
化学合成农药	限制	禁止	禁止	禁止
化肥	限制	限制	禁止	禁止
生长调节剂	不限制	限制	禁止	禁止
转基因技术	不限制	禁止	禁止	禁止
安全程度	安全	安全、环保	高安全、高营养、高品质	高安全、高营养、高品质
对应标准	国内普通食品卫生标准（对应地方标准）	参照粮农和世卫组织标准（对应国家标准）	参照粮农和世卫组织标准（对应国家标准）	欧盟和国际有机运动联盟标准（IPOAM）

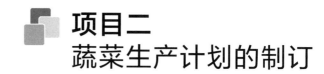

项目二
蔬菜生产计划的制订

【教学目标】

知识：掌握蔬菜生产特点，学会调查蔬菜生产环境的步骤和方法；了解蔬菜产业的形成及产业结构，清楚蔬菜产业的现状、存在的问题及今后发展的重点，知道蔬菜产业调查的内容；学习菜地选择的依据和菜地建设的内容；了解生产计划的内容。

技能：学会蔬菜生产环境调查和市场调查，整理分析调查资料，撰写调查报告；了解菜地的规划建设；学会制订生产计划的方法，掌握设计生产计划的实践技能。

态度：培养学生全局整体观念。

【教学任务与实施】

教学任务：调查当地蔬菜生产环境和蔬菜市场状况；开展菜地的规划建设；制订某单位蔬菜生产计划。

教学实施：当地蔬菜生产基地、种子市场、蔬菜市场、互联网、多媒体教室、咨询、搜集信息等。

【项目成果】

形成调查报告或菜地建设规划报告或生产计划方案。

一、 蔬菜生产环境调查

（一） 蔬菜生产的特点

蔬菜生产是根据蔬菜生长发育、产量和品质形成规律及其对环境条件的要求，创造适合蔬菜生长的优良环境，采取适宜的栽培管理技术措施，获得适销对路、优质高产蔬菜产品的过程。其生产过程具有以下特点。

1. 蔬菜生产必须符合国家及地方的有关规定和行业标准

蔬菜与人们身体健康的关系密切，因此蔬菜生产必须遵守国家和地方的有关规定和标准，如《无公害蔬菜安全要求》《绿色食品标准》《有机产品国家标准》《农田灌溉水质标准》。

2. 蔬菜生产季节性强

不同种类蔬菜对生长发育过程中的温度要求不同，使得蔬菜生产必须结合当地季节气候进行，特别是露地蔬菜。否则不仅会降低产量和品质，严重时可造成绝产。

3. 蔬菜种类繁多，种植茬口复杂

蔬菜种类繁多，食用器官各不相同，而每种蔬菜中又有众多的品种，现今栽培的蔬菜种类约有 200 余种，每一种之内又包含许多变种，每一个变种内又有许多品种，因此种植茬口复杂。传统生产上，蔬菜茬口主要是三大季，第一季 3~4 月份种植瓜类、茄果类、豆类及土豆等蔬菜，5~7 月份收获；第二季 6~8 月份播种萝卜、大白菜、青蒜、秋豇豆、秋黄瓜、秋莴苣、秋芹菜、秋花菜、秋甘蓝等，一般 9~10 月份收获；第三季栽种青菜、榨菜、菠菜、芹菜、冬莴苣、春花菜、春甘蓝等，一般 11 月份至次年 3 月份收获。设施栽培种植茬口更加复杂。

4. 蔬菜生产要具有可持续性

人类对蔬菜的需求是连续不断的，这就要求蔬菜生产是周期性不断循环的持续过程，因此蔬菜生产技术措施既要符合蔬菜当时生长发育的要求，又要为以后的生长发育创造有利条件。土地的利用也必须注意用养结合，做到前季为后季，季季为全年，今年为明年，年年为将来。

5. 蔬菜生产具有波动性

不同自然环境的影响表现为蔬菜生产的波动性。自然界大范围的长期变化如地质变化、温室效应和臭氧层的破坏等无疑对蔬菜生产产生长期影响，短期影响主要是灾害性的天气，如冬季的大雪、低温，早春的寒流，夏季的台风、暴雨等都会给蔬菜生产带来灾害性的损失。

6. 蔬菜生产技术性强

蔬菜生产对产前的蔬菜种类、品种及栽培设施的选择，产中的播种、育苗、移栽、植株调整、肥水运筹、病虫防治、采收及采后处理等技术都要求较高。必须根据蔬菜的生长发育规律，创造适宜的环境条件，进行精耕细作、精细管理。

7. 蔬菜生产的限制因素多

蔬菜生产规模的大小、生产种类受当地或外销地的消费习惯和消费水平影响，而且蔬菜主要以鲜菜为产品，含水量高，易萎蔫腐烂，不耐贮运。因此在制订蔬菜生产计划时应充分考虑。

（二）蔬菜生产方式

1. 按生产目的不同区分

（1）自给性生产　这是农户、机关、学校、部队等为满足自己生活对蔬菜的需要，而划出一定面积的耕地进行自产自销的生产方式，一般栽培面积小而分散，或利用房前屋后、田间地头、零星地块进行生产。

（2）商品性生产　多分布于城镇郊区或蔬菜主产区，以获得商品蔬菜为目的的生产方式。除销售城镇居民、工矿企业的蔬菜外，以外销、出口为主的蔬菜生产基地，这种生产方式对于解决大中城市居民的吃菜问题十分重要。为适应商品菜发展，中国各地形成了很多蔬菜生产基地和大型批发市场，对于调节和供应中国各地的蔬菜余缺起到了重要作用。

①常年性生产：多分布在城市郊区和工矿区附近，以鲜菜供应市场，是蔬菜生产最主要的形式。

②季节性生产：广大的农区根据市场需求，在大田作物收获后安排一季蔬菜作为季节生产，既可补充常年生产基地蔬菜供应的不足，又能发展农村多种经营，促进农村向商品经济发展。

2. 按栽培环境区分

（1）露地生产　选择适宜蔬菜生长的季节，在自然条件下，采用直播或育苗，在露地定植和栽培的蔬菜种植方式。这种方式生产成本低，是我国和世界各国蔬菜生产的主要方式，即使在工业化相当发达的国家也不例外。我国大部分国土处于最适合蔬菜作物生长的温带和亚热带，光、热、水、土资源条件十分优越。

（2）设施生产　是指利用地膜覆盖、塑料大中小棚、遮阳网棚、防虫网棚、日光温室、玻璃温室、阳畦等保护设施进行蔬菜生产。随着我国市场经济体制的建立、人民物质和文化生活水平的提高，迫切要求一年四季都能供应种类齐全、品种花色丰富、商品特性优良的蔬菜。我国南方大部分地区生长季节长，光热水资源丰富，再加上保护设施，可以使多种蔬菜春提前、秋延晚和越冬栽培，增加生产和供应时间，达到蔬菜周年连续生产和均衡供应，增加菜农的经济收益。

（3）工厂生产　是指在完全由计算机自动控制的设施条件下，高度技术集成的、可连续稳定运行的蔬菜生产系统。在美国、日本及欧洲一些国家，少量的蔬菜工厂已从实验阶段开始转向实用化生产。蔬菜工厂的类型，从利用光源上可分为太阳光型、人工光源型和太阳光－人工光并用型。

①太阳光型：接近温室，由于太阳光量变动太大，不易控制，难以应用。

②人工光源型：设施类似工厂厂房，采用生物灯光作为光源，实现了全自动化控制、定量化生产，但不利用自然光，浪费能源。

③太阳光－人工光并用型：综合了以上两种类型，采用遮光、补光的方式调节太阳光量，即充分利用了自然光能，又可实现定量化生产，较为合理。

此外按蔬菜产品质量可分为常规蔬菜、无公害蔬菜、绿色蔬菜和有机蔬菜。

（三）蔬菜生长的环境条件

蔬菜生产上选用新品种增加产量的同时，也要通过优良的栽培技术及适宜的环境条件，来控制生长与发育，达到高产优质的目的。

1. 土壤条件

（1）土壤质地　土壤质地的好坏与蔬菜栽培，成熟性、抗逆性和产量有密切的关系。

①沙壤土：土壤疏松排水良好，不易板结开裂，升温快，但保水、保肥能力差，有效的矿质营养少，植株易早衰。

②壤土：土壤松细适中，春季升温慢，保水保肥能力较好，土壤结构良好，有机质丰富，是栽培一般蔬菜最理想的土壤。

③黏壤土：土质细密，春季升温缓慢，保水保肥能力强，含有丰富的营养素，但排水不良，雨后易干燥开裂，植株发育迟缓，适于晚熟栽培。

（2）土壤溶液浓度与酸碱度　土壤溶液浓度与土壤组成有密切关系，含有机质丰富的土壤吸收能力强，土壤溶液浓度低，沙质土恰好相反。施肥时要根据蔬菜种类、生长期、土质及其含水量，确定施肥次数、施肥量，避免施肥过浓，造成土壤溶液浓度高引起植物萎蔫死亡。

大多数蔬菜适宜于中性或弱酸性（pH6.0～6.8）土壤中生长，但也有少量蔬菜适于碱性土壤。调节方法：当土壤酸度过高时，应施石灰中和，并避免施酸性肥料；碱性过高时，可采用灌水冲洗或施石膏中和。

（3）不同蔬菜种类对营养的要求　蔬菜与其他作物一样，最需的土壤元素也是氮、磷、钾，其次为钙、镁、硫、铁、硼、锰、锌、铜、钼、氯等元素。

不同蔬菜种类对氮、磷、钾三要素的要求有差别：叶菜类中的小型叶菜，整个生长期需较多的氮肥，而大型叶菜除需较多氮肥外，生长盛期还需较多的钾肥，少量磷肥。根茎类幼苗期需氮较多，磷、钾较少，根茎肥大期需较多的钾，适量的磷和较少的氮，如后期氮素较高，而钾供应不足，则生长受阻，产品器官发育迟缓。果菜类蔬菜的幼苗期需氮较高，磷、钾吸收少，进入生殖生长期，对磷的需要激增，而氮的吸收略减，如果后期氮过多，而磷不足，则茎叶徒长影响结果；前期氮不足，则植株矮小，磷钾不足则开花晚，产量品质也随之降低。

（4）蔬菜不同生育期对营养的要求

①种子发芽期：靠种子本身贮藏的物质作营养，胚根伸长，从土中吸收矿物盐类。

②幼苗期：吸收少，要求供给少量容易吸收的营养素，苗床宜施足有机肥，少施无机肥。

③营养生长期：需足够的营养素，施肥量应逐渐增加。

④性器官成熟期：营养物转移到种子和贮藏器官，营养素吸收量减少。

（5）蔬菜田的土壤培肥

①增加土壤肥力措施：大量施用有机肥（有机质含量≥3%），避免长期单施化肥；合理耕作，逐步加深耕层，冬耕晒垡或夏秋晒垡；轮作养地，用养结合。轮作种植豆科蔬菜，配合短期种植绿肥；首先种植对肥力条件要求低的蔬菜，逐渐改种对肥力要求高的蔬菜种类。

②沙质土壤的改良：沙质土主要是有机质缺乏，土质过分疏松、保水保肥力差，土温不稳，昼夜温差大。这类土壤在我国各地均有。

改良措施是大量施入有机肥、河泥、塘泥；如果沙层较薄，可深翻与地层黏土掺混；与豆科植物多次轮作并作为绿肥。

③瘠薄黏重土壤的改良：耕层浅，缺乏有机质，黏性大，通透性差，昼夜温差小，湿时黏腻、干时坚硬，板结龟裂，耕、种都感困难。

改良措施是增施有机肥，配合适量的河沙；利用根系较深或耐瘠薄土壤作物（玉米等）进行间混套作。

④低洼盐碱土壤的改良：低洼盐碱土在我国南北都有，主要是盐分含量高，pH在8.0以上，易渍水，影响蔬菜正常生长。

改良措施是深耕，切断耕层与底土之间的毛细管，并把有害盐类经过雨水或灌溉淋溶洗入底层。施入大量有机肥；实行密植或铺沙盖草或覆盖地膜减少水分蒸发，防止盐分上升；无土栽培；种植耐盐作物，如甘蓝、球茎甘蓝、莴苣、菠菜、南瓜、芥菜、大葱等。

⑤老菜园土的改良：老菜园土经多年精耕细作，具有良好的土壤结构，因多年种植蔬

菜，肥力下降，病虫严重，经济效益下降。

改良措施是深耕配合增施有机肥；配方施肥；轮作换茬；合理排灌。

2. 温度条件

蔬菜的生长发育对温度的影响最敏感，了解每种蔬菜对温度的适应范围及其与生长发育的关系，是合理安排生产季节的基础。每种蔬菜生长发育对温度的要求不同，都有温度的"三基点"，即最低温度、最适温度和最高温度。超出了最高、最低范围，生理活动就会停止，甚至死亡。

（1）蔬菜种类不同，对温度的要求不同　根据蔬菜种类对温度的要求状况，可分为耐寒多年生宿根蔬菜、半耐寒蔬菜、耐寒蔬菜、喜温蔬菜、耐热蔬菜。

（2）蔬菜不同生育时期对温度的要求有所不同

①种子发芽期：一般种子发芽期要求较高的温度。喜温蔬菜种子发芽温度以 25～30℃ 最为适宜，耐热蔬菜种子发芽温度要稍高 2～3℃，而耐寒蔬菜的种子发芽温度可以在 10～15℃ 或更低，半耐寒蔬菜种子的发芽适温介于喜温蔬菜与耐寒蔬菜之间，一般为 20℃左右。

②蔬菜幼苗期：它的生长温度往往比发芽期低，苗期温度过高，易产生徒长。

③营养生长期：一般要求温度比幼苗期高。但二年生蔬菜例外，两年生蔬菜其营养生长后期，即贮藏器官形成时期，对温度的要求又低些。

④生殖生长期：即抽薹开花期，要求充足的阳光和较高的温度。

⑤种子贮藏及休眠期：要求较低的温度，尽量降低其生命代谢活动。

（3）温周期作用　自然环境的温度有季节的变化及昼夜的变化。一天中白天温度高，晚上温度低，植物生长适应了这种昼暖夜凉的环境。白天有阳光，光合作用旺盛，夜间无光合作用，但仍然有呼吸作用。夜间温度低些，可以减少呼吸作用对能量的消耗。因此一天中，温度有周期性的变化，即昼暖夜凉，对作物的生长发育有利。这种周期性的变化，也称昼夜温差，热带植物要求 3～6℃ 的昼夜温差；温带植物为 5～7℃，而沙漠植物要求相差 10℃以上。这种现象即为温周期现象。

（4）低温春化作用　是指低温对蔬菜发育所引起的诱导作用。要求低温促进发育的一般是二年生蔬菜，如根茎类、白菜类、葱蒜类等。它们要经过一段低温过程才能开花结籽。这些蔬菜通过春化时期不同，大致可分以下两种类型：

①种子感应型：有些蔬菜种子萌动后的任何时期都可接受低温春化处理，顺利通过阶段发育，如白菜、萝卜等。

②绿体感应型：指有些蔬菜在接受低温处理时，要求有一定的植株大小；未达到一定大小，低温诱导不起作用，如甘蓝、大蒜、芹菜等。

（5）高、低温伤害　蔬菜的生长发育，都有适宜的温度范围，过高过低，会对蔬菜产生伤害，严重者可致死。如日灼、冻害等，就是高温、低温所造成的伤害。

防止措施：对低温采用保护地栽培，选用耐寒品种，加强抗寒锻炼，对高温选用抗高温品种，或采用搭荫棚、遮阳网覆盖等。

3. 光照条件

（1）不同种类蔬菜对光照强度的要求不同　根据蔬菜对光照强度要求不同可分为强光蔬菜、中等光强蔬菜、弱光性蔬菜和耐阴蔬菜。

（2）日照长度对蔬菜发育的影响　日照长度是指一天中日出至日落的理论时差，不是实际时差。通常把蔬菜对光照时数的反应分为三类长日照蔬菜、短日照蔬菜、中光性蔬菜。

（3）光质对蔬菜生长发育的影响　光质即光的组成，光质对蔬菜的生长发育也有一定作用。

红光和橙黄色的长波光能促进长日照蔬菜植物的发育；而蓝紫光能促进短日照蔬菜植物的发育。

日光中被叶绿素吸收最多的红光对植物的同化作用的效率最大，黄光次之，蓝紫光最弱。如红黄光对植物的茎部伸长有促进作用，蓝紫光起抑制作用。

光质也影响蔬菜的品质，如强红光有利许多水溶性的色素的形成、紫外光有利于维生素 C 的合成。

4. 水分条件

（1）蔬菜对水分的要求　蔬菜产品含水量在 90% 以上，干物质占不到 10%，水是蔬菜植株体内的重要成分，同时水又是体内新陈代谢的溶剂，没有水，一切生命活动都得停止。蔬菜对水的要求依不同蔬菜种类可分为水生蔬菜、湿润性蔬菜、半湿润性蔬菜、耐旱性蔬菜、半耐旱性蔬菜。

蔬菜不同生育期对水分的要求如下。

①种子发芽期：要求一定的土壤湿度，以利种子萌发和胚轴伸长。

②幼苗期：移栽后要浇水，使土地和根系密接，再按保持土壤湿润原则继续适量浇水。

③营养生长盛期和营养素积累期：要求土壤含水量达 80% ~ 85%，需及时满足水分的要求，保证植株旺盛生长和产品器官的形成。

④开花期：对土壤水分要求严格，水分过多过少会引起落花落果。

⑤种子成熟期：要求干燥的气候，如多雨潮湿，有的种子会在植株上发芽，对采种带来困难。

（2）创造蔬菜适宜水分条件的措施

①改良土壤：深耕与增施基肥，对于改良土壤结构、提高土壤保水保肥能力起着重要作用。

②深沟高畦种植：除喜水和耐温蔬菜外，一般蔬菜都不耐渍。实行深沟高畦种植，可在春夏多雨季节，排除明水，也可避免土壤暗渍，而引起伤根现象。

③地面覆盖栽培：地面覆盖既可在春夏多雨季节防止雨水冲洗畦面和土层过湿；又可在早秋干旱季节保持土壤墒情。

④看苗、看地、看天浇水：一般叶面下垂、萎蔫或叶色发暗、叶色灰蓝蜡粉较多，叶脆硬等，都是缺水表现，需立即灌水。反之叶色淡、不萎蔫，茎叶拔长，说明水分多，需排水晾晒。看地，就是根据土壤含水量浇水，含水量在 50% ~ 60% 时应立即浇水。看天，就是根据天气变化情况进行灌溉。

⑤依各类蔬菜需水特性进行浇灌：一般是大白菜、黄瓜等根浅、喜湿、喜肥，应粪水勤浇；茄果类、豆类根系深、有一定抗旱能力，应见干见湿；对根深耐旱蔬菜，应先湿后干；对速生菜应经常保肥水不缺；对营养生长和生殖生长同时进行的果菜，避免始花浇水，要浇果不浇花；对单纯生殖生长的采种株，应见花浇水，收种前干旱，做到浇花不浇荚。

5. 气体条件

对蔬菜生产影响大的气体主要有氧气（O_2）、二氧化碳（CO_2）、二氧化硫（SO_2）、氯气（Cl_2）、乙烯（C_2H_4）、氨（NH_3）等气体。

（1）氧和二氧化碳　蔬菜植物进行呼吸作用必须有氧的参与。大气中的氧完全能够满足植株地上部的要求，但土壤中的氧依土壤结构状况、土壤含水量多少而发生变化，进而影响植株地下部，即根系的生长发育。如土壤松散、氧气充足，根系生长良好，侧根和根毛多；如土壤渍水板结、氧气不足，致使种子霉烂或烂根死苗。因此，在栽培上应及时中耕、培土、排水防涝，以改善土壤中氧气状况。

二氧化碳是植物光合作用的主要原料之一。植株地上部的干重中，有45%是碳素，这些碳素都是通过光合作用从大气中取得的。大气中二氧化碳的含量为0.03%左右，这个浓度远不能满足光合作用的最大要求。上午9：00—10：00，由于光合作用大量消耗二氧化碳，使作物冠丛内的二氧化碳发生亏损，由于光合源不足，影响光合作用效率的提高。因此，在生产上要想方设法增加作物群体内二氧化碳的浓度来增加光合作用强度，进而提高产量。现在蔬菜生产中主要是增施有机肥和加强中耕来增加植物周围空气中的二氧化碳浓度。

（2）有毒气体对蔬菜的为害

①二氧化硫（SO_2）：二氧化硫由工厂的燃料燃烧产生，空气中 SO_2 的浓度达到 $0.2mL/m^3$ 时，几天后就能使植株受害。由于 SO_2 从叶的气孔及水孔侵入，与体内的水化合成硫酸（H_2SO_4）毒害细胞。对 SO_2 敏感的蔬菜有番茄、茄子、萝卜、菠菜等。

②氯气（Cl_2）：有些工厂的废气中含有氯气，它的毒性比 SO_2 大 $2\sim4$ 倍。如白萝卜、白菜接触到 $0.1mL/m^3$ 浓度的氯气 2h 即出现症状，使叶绿素分解，叶片黄化。

③乙烯（C_2H_4）：有毒塑料薄膜覆盖时，如气体中含有 $0.1mL/m^3$ 以上的 C_2H_4，就会对蔬菜产生毒害，为害症状与 Cl_2 相似，叶均匀变黄。

④氨（NH_3）：在保护地栽培时使用大量有机肥或无机肥常产生 NH_3，使保护地蔬菜受害。施尿素特别是施氨水作肥料，当氨气与作物接触时，常发生黄叶现象。

6. 蔬菜与其他生物

植物的生长环境是一个复杂的生态体系，它同其他植物、动物和微生物之间有着各种各样的关系，如共生、寄生、竞争以及相生相克等，因此了解这些关系有助于我们科学合理地进行蔬菜生产。如土壤中有各种各样的自由微生物，如真菌、细菌、放线菌等。同时，一些微生物和害虫在危害蔬菜等植物的同时，也有一些有益微生物如生产上使用的EM（有效微生物群）或昆虫如蜜蜂等对蔬菜生长产生有益的影响。植物与植物之间的相互作用表现在两个方面：一个是相互竞争，如对环境生长因素光、肥、水的竞争；高秆植物对矮秆植物生长的影响、杂草等；另一个是相生相克（也称他感作用），即通过分泌化学物质来促进或抑制周围植物的生长。这些次生代谢物对植物生理代谢及生长发育均能产生一定的影响。

豆科植物的根瘤菌与豆类蔬菜的共生是典型的共生关系，这种共生产生了互利互惠的关系，双方的生长均受到促进，而在寄生的情况下，寄生物有时能抑制寄主植物的生长，如菟丝子寄生在大豆上所引起的大豆植株生长抑制便是一例。

（四）蔬菜生产分区

中国的气候包括热带、亚热带、温带及寒带。从地势看，地势越高，温度越低，以云贵高原表现更为突出。西北一带气候干燥，光照充足，昼夜温差大，为大陆性气候；而东南沿海一带气候湿润，雨水多，昼夜温差小，有海洋性气候特征。

根据中国自然地理环境及蔬菜栽培特点，长期气候驯化结果，形成了各种生态型。中国蔬菜可分东北、华北、华中、华南、西南高原和青藏高原、蒙新7区，各区气候特点各异。

1. 东北区

东北区包括黑龙江、吉林、辽宁中部和北部、内蒙古东部，本区气候寒冷。1年有4～5个月平均气温在0℃以下，最冷月平均温度在 −20℃以下，无霜期只有90～165d，年平均降水量约500mm。白菜、萝卜、瓜果及豆类蔬菜每年一茬，生长期短的叶菜可以栽培两次。本区夏季短且无炎热，因此甘薯、马铃薯、茄子、辣椒、黄瓜等都可越夏生长、单产高。大白菜和根菜类因适宜生长期短，产量不及华北。本区蔬菜保护地栽培及贮藏保鲜较普遍。

2. 华北区

华北区包括辽宁南部、河北、山东、河南、陕西中部和北部及甘肃南部。本区年降水量为400～800mm，无霜期为165～240d，1月份平均气温 −12℃以下。7月份平均气温为20～28℃，耐寒叶等类可在风障保护下越冬，一年内栽培两大季，即春夏季（茄、瓜、豆）及秋冬季（大白菜及根菜）。冬季可利用温室、塑料拱棚、阳畦等保护地栽培。

3. 华中区

华中区包括长江流域的四川、贵州、湖南、湖北、陕西及汉中盆地，江西、安徽、江苏、浙江和广东、福建两省的北部。本区气候温暖多雨。1月份平均气温为0～12℃，7月份平均气温为24～30℃甚至以上，无霜期240～340d，冬季轻霜多、冰冻少。年降水量1000～1500mm，以夏季雨量较多。一年内可露地栽培三茬主要蔬菜（每茬生长期80～100d）。喜温蔬菜可在春秋栽培，耐热蔬菜可在夏季生长，耐寒蔬菜（蚕豆、豌豆、菜薹、乌塌菜等）可以露地越冬。冬季多阴雨，保护地有发展。夏季酷热，昼夜温差小，只有耐湿热的冬瓜、南瓜、丝瓜和茄子等尚能生长良好。该地区湖泊多，水生蔬菜也多。四川盆地冬季不冷，适宜叶菜、根菜生长，以芥菜著名。

4. 华南区

华南区包括广西壮族自治区、广东、海南岛、福建南部及台湾省，为亚热带与热带气候。夏季炎热多雨，全年温暖无霜雪。1月份平均气温在12℃以上，周年可以露地栽培蔬菜。因生长季节长，同一作物可在一年内多次栽培，播种期幅度也大。冬季气候温和，适于芸薹屑蔬菜的生长，如菜心、芥蓝为广东、广西冬季主栽蔬菜。夏季炎热多雨，气温高达30～35℃甚至以上，耐湿、抗高温的丝瓜、南瓜、竹笋栽培也多，水生蔬菜特别发达。

5. 西南高原区

西南高原区包括四川西南部、西藏南部及云南等高原地带，海拔1500～5000m。蔬菜在一年内可栽培多次。由于地势变化大，气候呈垂直分布。同一区内蔬菜栽培差异较大。在河谷地带全年气候温和，1月份平均气温为6～16℃，7月气温低于22℃、无严寒酷暑，蔬菜可周年生长。

6. 青藏高原区

青藏高原区包括青海、西藏、四川西北部和新疆阿尔金山脉以南高原，海拔3000m以上，高寒气候，雨量很少，蔬菜栽培很少。拉萨一带1月份平均气温为0℃，7月份平均气温为16.7℃，6~8月份的夜温也仅有5~6℃。全年只能在5~9月份栽培一茬耐寒性蔬菜，如甘蓝生长良好。春种性强的白菜、萝卜等，虽在夏季栽培，也会发生抽薹。青海柴达木盆地也有同样情况。在夏季栽培喜温蔬菜，需保护设备。该区日光中紫外线过强，蔬菜常被烧灼。

7. 蒙新区

蒙新区包括内蒙古、甘肃的北部和新疆阿尔金山脉的草原、沙漠。农业区栽培蔬菜。气候严寒，全年只能生长一茬。栽培季节内昼夜温差大，阳光充足，空气干燥。新疆的哈密瓜、兰州甜瓜驰名中外。有灌溉地区的耐寒性蔬菜和喜温蔬菜生长良好，但结球白菜生长不良。

二、 蔬菜产业状况调查

（一） 蔬菜产业及其形成

1. 蔬菜业和蔬菜产业

蔬菜业是农业的一个分支。自从有了社会分工，有了商品生产，农业中进行了蔬菜生产，就有了蔬菜业，蔬菜业是指与蔬菜栽培有关的各生产环节构成的体系。

蔬菜产业是种植业在现代农业的发展过程中形成的一个分支，是指直接进行商品蔬菜生产以及服务于蔬菜生产的各生产环节组成的产业体系，是产前、产中、产后的各个部门构成的综合生产体系。产前包括蔬菜品种选育和种苗生产和销售；产中包括蔬菜定植、田间管理和采收；产后包括采后处理、包装、贮藏、加工、运输、销售等。按分工不同形成了蔬菜种业、蔬菜育苗业、蔬菜生产业、蔬菜销售业、贮藏业、运输业、加工业、产后处理业、相关产业、相关服务业、出口包装业等，其蔬菜产品形态有蔬菜种子、蔬菜秧苗、鲜用蔬菜、贮藏菜、加工蔬菜、运销蔬菜、深加工蔬菜等。

2. 蔬菜产业的形成

人类在原始农业的生产过程中，由于社会分工，形成了原始蔬菜业，蔬菜作为商品交换，便产生了原始的蔬菜产业。随着社会进步和蔬菜生产技术水平的提高，驯化栽培的蔬菜种类也越来越多，使原始蔬菜业发展为近代蔬菜业，蔬菜产业也随之向前发展。近代蔬菜业在栽培技术上遵循蔬菜的生长发育规律，利用化学肥料、农药、植物生长调节剂及栽培设施等调节蔬菜生长发育所需的环境条件，使蔬菜产量大幅度提高。蔬菜产业也呈现规模化、专业化和技术化的特点。随着社会进步和产业结构调整，现代蔬菜产业体系不断完善，逐渐形成了蔬菜种子生产业、蔬菜种苗业、蔬菜种植业、蔬菜采后处理业、蔬菜贮藏加工业、蔬菜运输业、农资产销业、出口包装业等，成为国家和地方经济中十分重要的组成部分。在当前的农业产业结构调整中，各地都在把发展蔬菜生产作为种植业结构调整的一项十分重要的任务组织实施。蔬菜是仅次于粮食的重要食品，和粮、棉、油等作物相比，又是经济效益很高的农产品，无疑在农业产业结构的调整中居重要地位。

（二）蔬菜产业的结构

1. 基本结构

基本结构由产前、产中、产后构成。特点：结构简单；两头小，中间大；服务体系不健全，大量任务压在产中。

2. 完善结构

完善结构指产前、产中、产后的各个主要环节形成产业。特点：结构复杂完善；服务体系强大健全；各产业部门能够正常高效地运行。

3. 选择性结构

选择性结构是在完善结构的基础上，各个地区根据市场需求建立产业部门，大区域内各产业协调完善。特点：以商品经济高度发达为基础。

三、 蔬菜生产基地建设规划

（一）菜地选择

菜地选址要考虑光照、土壤、通风、排灌、交通等条件。

1. 光照条件

应选避风向阳，东、西、南三面开阔，没有高大建筑和树木遮阳，日照充足的地块。

2. 地理及土壤条件

地势较为平坦、高燥，如果是丘陵地带，应选坡度为10°左右缓坡地。土层深厚，有机质含量高、排水良好、地下水位较低，耕作层松紧适中，土壤 pH 适度的地块。

3. 排灌条件

靠近水源，排灌水方便。注意灌溉水源应不含有害化学物质，周围无工厂排污和填放生活垃圾、废渣等。

4. 通风条件

既通风流畅，又不是风口的地方，周围无工厂排烟或其他污染物质。

5. 交通条件

菜地成片集中，交通方便，以利生产资料和蔬菜产品的运输。

（二）菜地规划与建设

菜地规划目的是便于机械化耕作，系统轮作，采后保鲜、就地批发与运销，对菜地灌溉与排水进行统一安排，合理配置田间道路和农田防护林带，做到田网、路网、水网、电网配套，灌、排、蓄功能齐全，旱涝保收。

1. 菜地面积的确定

菜地面积的确定基本上是"就地生产，就地供应"，要求"以需定产，产略大于销"。按照当地吃菜人口（包括常住人口和流动人口）、消费水平、气候条件、生产水平，另加一定的安全系数，确定菜地面积。若按人均日消费量500g（包括10%～30%的安全系数）

计，人需菜地面积在华中、华东、华南和西南地区 $20\sim25\text{m}^2$。有的地方还需考虑军需和外调等因素。

2. 常年菜地和季节性菜地比例的确定

菜地布局实行常年菜地和季节性菜地相结合的原则。常年菜地布局在近郊，选地势平坦、土壤肥沃、排灌方便的地带；季节性菜地布局在交通方便的远郊，选地也应相对集中，以便提高蔬菜商品率。常年菜地和季节性菜地面积应合理配置，随着城市建设的发展，近郊菜地不断被征用，常年菜地有逐步向远郊区迁移的趋势。

3. 菜地防护林建设

在风沙区和腐殖土质区建立菜地必须建立防护林带。主护林带能降低风速、削弱风力，固定流沙及有机质，调节气候，改善蔬菜生产环境条件。防护林带按树冠高矮分三层；上层（一层）树冠为主要树种，起防风作用，选生长快、树干直的杨、旱柳、洋槐等；二层树冠为伴生树种，选沙枣、桑拿树、杜梨、白蜡树等；三层树冠为灌木，选沙柳、紫穗槐、乌柳、沙棘等。主林带与风向垂直，副林带与主林带垂直。

4. 灌溉排水设施

排灌系统规划应根据灌溉方式，如沟灌、喷灌、滴灌和地下渗灌等规划有所不同，沟灌的输水干线应尽量埋设地下水泥管道，既不占用耕地也可以避免水在流动过程中的损失。但在田间进行直接灌溉时的农用沟，应该同时起到灌溉与排水的双重作用。喷灌与滴灌不会造成地面径流，但应考虑天然降水的排水问题。排水应该有一个总的出路，如充分利用自然的排水河流。排水系统必须与当地的地形、地貌、水文地质相适应。应充分考虑地面的坡度，地下水的径流情况，以及地下水的矿化程度和土壤改良等因素。排水沟的出口处如有汛期倒灌的威胁，应设有控制闸，并在排水干沟出口处建立机械扬水站，必要时可以进行强制排水。

5. 田区划分

田区由田间道路、固定渠道或地埂分隔形成。蔬菜种类繁多，生物学性状各异，种植制度复杂多样。规模较大的蔬菜生产基地应划分田区，以便机械耕作和统一安排田间灌排渠道及田间道路。在同一田区内要求土地平整，坡度均一，若坡度较大应修成梯田。田区面积应与耕作机械相适应，田区多为正方形。南方常用小型耕作和运输机械，田区面积多采用 $50\text{m}\times50\text{m}$、$50\text{m}\times100\text{m}$ 的规格。

6. 保护地设施的规划

各种保护地应相对集中，统一规划，合理设置，以便充分发挥各自的作用和便于组织管理生产。温室、大棚、温床和阳畦数量多时，可适当区划地块，建成各类型群。每种保护地的设置在相互不遮光的前提下尽量紧凑，但也应保持一定距离，以便管理。为了不相互遮光，一般将温室设在北面。塑料薄膜棚数量多时，根据地势、地形及棚的形状、大小可采取对称排列、平行排列或交错排列等形式。各种类型保护地的方向，要根据栽培蔬菜的种类、地形、地块的大小等条件因地制宜加以确定。塑料薄膜大棚的方向，一般以南北延长为宜，便于全天受光，棚内东西两侧受光均匀，气温较均衡，温差小，有利于蔬菜生育。阳畦、温床等宜采用东西延长为好，便于在早春接受阳光及防寒保温。

7. 绿色防控设施

防控面达 100%。

8. 安全质量检测体系

有健全的质量安全检测体系，能开展产地质量检测。

四、 制订蔬菜生产计划

（一） 蔬菜的周年生产

蔬菜生产的季节性与蔬菜需求的日常性矛盾，需求日常性要求蔬菜均衡供应与生产，即数量上、品质上、质量上满足人们的需要，做到淡季不淡，旺季不烂，价格合理，购买方便。

1. 淡季与旺季

淡季即是蔬菜的数量不足，种类和品种单调，价格高，不能满足市场的需求；旺季则是蔬菜的种类丰富，数量充足，价格低，有时供过于求，造成烂菜。

对每一地区来说，既有淡季也有旺季；季节之间，存在数量和种类的不平衡现象。

2. 我国蔬菜供应淡旺季类型

华南和西南地区，其冬季基本无霜，四季常青，冬季可以生产大量的蔬菜，一年四季都有较多的蔬菜供应。但因夏季高温多雨，不利于蔬菜生长，往往造成蔬菜 8～10 月份夏秋淡季。秋、冬和春季适宜蔬菜生长，成为旺季。但在 4 月份由于各种越冬菜抽薹，其后有一小段时间蔬菜的供应量下降，出现 4～5 月份的淡季。

长江流域 1 月份平均气温接近 0℃，除春秋两季外，冬季还可栽培一茬越冬菜。但越冬菜植株生长缓慢，产量明显降低，而形成 1～2 月份的冬淡季；7～8 月份，月均温在28℃左右，不仅喜温菜不适生长，耐热的瓜类，豆类也会生长不良，造成 8～9 月份的夏淡。其他各月适于蔬菜生长，而形成春秋两大旺季。一年"两旺两淡"是这一地区的供应特点。但在清明节越冬菜抽薹开花前，由于集中上市，会产生"旺中旺"；抽薹开花后，夏菜未大量上市前，又会出现"旺中淡"。

黄河流域，11 月份中旬到翌年 3 月份中旬，因低温冰冻有 4 个月不能露地栽培蔬菜，冬季主要靠秋菜贮藏和外进菜，形成冬淡季。在夏秋之交，由于高温多雨及茬口交替形成夏秋淡季。旺季在 6～7 月份和 10～11 月份出现。

东北和西北地区，无霜期短，仅在 3～5 月份，大部分蔬菜仅一年一茬，喜温和喜冷凉菜同季栽培，所以形成半年旺季和半年淡季。

在吉林省的大部分地区，由于秋菜及冬贮菜的供应和外进菜的补充，春淡在 2～5 月份比较突出。但夏季（7～8 月份）由于高温干旱或多雨，不利于蔬菜生长，这时夏菜开始衰落，到 9 月份中旬至 10 月份中旬，夏菜供应结束，而秋菜上市尚少，所以也形成了秋淡季。

3. 淡旺季形成的原因

从我国南北各地淡旺季特点来看，气候条件是造成淡旺差别的主要原因。当然，其他因素，如栽培制度、蔬菜种类及品种、生产条件和技术水平、贮藏方式及经营管理等，对淡旺季的形成也有影响。如冬春淡季的形成主要是气候条件所致，而秋淡则除气候外茬口交替也是一个重要因素。贮藏加工和交通运输的发达程度，直接影响到淡旺季的调节。

4. 实现周年均衡供应的途径

（1）加强疏导，落实惠农政策，调动菜农的种菜积极性。

（2）建立稳产高产的蔬菜生产基地，增加投入，增强防灾能力。

（3）建立合理的栽培制度体系，增加蔬菜种类和品种，合理安排茬口和品种结构。

（4）大力发展蔬菜的贮藏加工业。

（5）因地制宜地发展设施生产，做到春提早，夏排开，秋延后。

（6）抓好规模蔬菜生产，提高产业化经营水平。

（7）主攻单产，提高科学种菜水平 第一，要抓好蔬菜的良种化，充分利用优良品种和杂交种；第二，要提高蔬菜的灌溉与施肥水平；第三，优化栽培制度，因地制宜地实行间、混、套种和轮作；第四，要加强病虫害防治，特别注意毁灭性病虫害；第五，要提高抗热和耐寒菜的栽培技术水平，保证淡季菜的稳定保收。

（8）充分发挥市场调节作用，南菜北运、北菜南销 北方可在 1～2 月份从华南地区调运，3～5 月份从长江流域调运，秋淡时从高寒区调运。夏季可以北菜南销。

（二） 蔬菜栽培季节

蔬菜栽培季节是指蔬菜从田间直播或幼苗定植开始，到产品收获完所经历的时间。育苗不占生产用地，因此育苗不计入栽培季节。蔬菜栽培季节应根据蔬菜生长所需温度确定，将产品器官形成期安排在温度最适宜的季节，同时考虑蔬菜对低温的反应。根据蔬菜对低温的忍耐程度不同可分为喜热型、喜寒型和耐寒型三大类。

喜热型蔬菜，要在春季解霜，天气转暖，气温稳定后栽种。生长较慢的喜热型蔬菜，栽种要早，有的可能要不等解霜先在温室里育苗，以保证能有足够长的时间成熟。生长快的喜热型蔬菜，如空心菜、苋菜等，则可以从春季一直种到夏末初秋。

喜寒型的蔬菜，在没有霜的地区，秋季和冬季都可以栽种；有霜的地区，要在夏末初秋栽种，以保证在降霜前成熟。在寒冷的地区，春季也可以栽种，不过需要先在温室里育苗，再移栽到户外。成熟快的喜寒型蔬菜，如樱桃小萝卜、小白菜、上海青、生菜，不管是南方北方，春季都可以栽种。

耐寒型的蔬菜，幼苗期间非常耐寒，但需要温暖的天气才能长大成熟。所以一般在初霜前栽种，使其长出幼苗来过冬。在寒冷的冬天，幼苗并不会冻死，但几乎停止生长，等来年开春天气转暖后，继续生长。

（三） 蔬菜栽培茬口

通常把蔬菜的茬口分为"季节茬口"和"土地利用茬口"两种。"季节茬口"指在时间上，一年当中露地栽培的茬次。如越冬茬、春茬、夏茬、伏茬、秋茬、冬茬等季节茬口。"土地茬口"指在空间上，在轮作制度中，同一块菜地上，全年安排各种蔬菜的茬次。如一年一熟（茬）、一年二熟、二年五熟、一年三熟、一年多熟等。这两种茬口，在生产计划中共同组成完整的蔬菜栽培制度。

1. 蔬菜栽培的季节茬口

根据不同蔬菜对最适温度的不同要求和茬口安排的原则，结合各地气候条件，可将繁多的蔬菜按栽培季节进行归类，露地蔬菜栽培的季节茬口，大体上可分为以下 5 类。

（1）越冬茬 即过冬菜，是一类耐寒或半耐寒的蔬菜，如菠菜、芹菜、小葱、韭菜、菜心、乌塌菜、春白菜、莴笋、甘蓝、大蒜苗、蚕豆、豌豆等。一般是秋季露地直播或育苗，冬前定植，以幼苗或半成株状态露地过冬，翌年春季或早夏供应市场，是堵春淡季的主要茬口。

（2）春茬 即早春菜，是一类耐寒性较强，生长期短的绿叶菜，如小白菜、芹菜等，以及春马铃薯和冬季设施育苗，早春定植的耐寒或半耐寒的春白菜、春甘蓝、春菜花等。一般在早春土地解冻后即可播种定植。生长期在 40~60d，采收时正值夏季茄瓜豆大量上市以前，是一茬堵淡菜。

（3）夏茬 即春夏菜，指那些春季终霜后才能定植露地的喜温蔬菜，如果菜类等，是各地主要的季节茬口。一般在 6~7 月份大量上市，形成旺季。因此，最好将中晚熟品种排开播种，分期、分批上市。一般在立秋前腾茬出地，后茬种植伏菜或经晒垡后种秋冬菜。

（4）伏茬 俗称伏菜、火菜，是专门用来堵秋淡季的一类耐热的蔬菜。一般多在 6~7 月份播种或定植，8~9 月份供应上市，如早秋白菜、蕹菜、豇豆、夏黄瓜、夏甘蓝等。华北地区把晚茄子、辣椒、冬瓜延至 9 月份出地的称为连秋菜或晚夏菜。长江流域把小白菜分期、分批播种，一般播种 20d 左右即可上市，作为堵伏缺的主要"品种"。后茬是秋冬菜。

（5）秋冬茬 即秋菜、秋冬菜，主要是喜凉菜，如白菜类、根菜类及部分喜温性的果菜类、豆类及绿叶菜，是全年各茬中种植面积最大的季节茬口。一般在立秋前后播种或定植，10~12 月份供应上市。也是冬春贮藏菜的主要茬口，其后作为越冬菜或冻垡休闲后翌年春栽种早春菜或夏菜。

除上述茬口外，设施栽培的茬口在周年生产供应中占有重要地位。水生蔬菜也调节淡季供应。

2. 蔬菜的土地利用茬口（土地茬口）

土地茬口与复种指数有密切关系，南方较北方单位土地面积上栽培茬次多，土地利用率高，复种指数大。由于各地热、水、土资源的差别，从土地茬口利用来看，东北、西北、蒙新、青藏高原四区属于一年一熟作菜区；华北属于一年二主作菜区；华中为三主作菜区；华南、西南则为一年多主作菜区。这都是指一年中露地栽培生长期在 80~100d 以上的蔬菜茬次而言。若考虑到品种的生长期、间套复种技术、利用设施栽培，则各菜区均可演变成形式繁多的蔬菜茬口。如东北单主作区喜温性蔬菜番茄每年只能种一熟，但采用大棚覆盖，并选用早熟品种，7 月份中旬腾茬出地，后茬再种黄瓜；若再利用间套作技术，春茬可增加一茬油菜，秋茬还可以增加一茬结球生菜。这样，单主作区也可以从一年一熟演变为一年 2~4 熟。

劳动人民长期的生产实践中摸索出了科学的茬口安排，对蔬菜周年均衡供应具有重要作用。茬口合理安排，可以互相补充，互相配合，但茬口之间存在互相矛盾的一面，过多地或不适当地调整某一类型，势必会影响其他类型的比重，造成其他不应有的新的缺菜季节。所以，必须根据生产条件和市场需求等因素全面安排，确定茬口的合理比例，才能确保蔬菜的周年均衡供应。

（四）蔬菜栽培制度

蔬菜栽培制度是指各种蔬菜在一定面积上进行合理安排，包括轮作、间作、套种。科学的栽培制度，不仅增加复种指数，充分利用太阳光能和土壤肥力，减轻病虫危害，而且可排开种植，分期上市，进行周年生产，缩小淡旺季差距。

1. 轮作和连作

连作是指一年内或连年在同一块土地上重复栽种相同性质的蔬菜。连作造成相同病虫害的猖獗，产量逐年下降。如番茄的青枯病、西瓜的枯萎病在连作时发生严重。同一作物的根系分布范围及深浅一致，吸收肥力相同。连作会引起该范围土层内某些元素的缺乏，致使植株生长不良。

轮作是指在同一块地上，在一定的年限内，轮换栽种几种亲缘关系较远或性质不同的蔬菜作物，通称"倒茬"或"换茬"。一年单主作地区就是在不同年份内把不同种类的蔬菜轮换种植；一年多作地区，则是以不同的多次作方式（或复种方式），在不同的年份内轮流种植。

轮作是合理利用土壤肥力，减轻病虫害的有效措施。由于蔬菜种类很多，不可能将田块划分为许多区，每年栽种一种作物。因此，要将白菜类、根菜类、葱蒜类、茄果类、瓜类、豆类、薯芋类等各类蔬菜按类分年轮流栽培。同科的蔬菜集中在同一区中，因为同类蔬菜对于营养的要求和病虫害大致相同，在轮作中可作为一种作物处理，也不宜相互轮作。绿叶菜类生长期短，应配合在其他作物的轮作区中栽培，不独自占一轮作区。多年生蔬菜占地多年，水生蔬菜常种植在池塘里，一般不参加轮作。

2. 间作和套种

两种或两种以上的蔬菜，隔畦、隔行或隔株，同时有规则地栽培在同一块土地上，称为间作；不规则地种植在一起，称为混作。

在同一块土地上间作或混作的不同蔬菜种类的播期和收获有前有后，但前后作物有一段共生的时间，称为套种。

根据不同的生态特征，合理间作、套种蔬菜，有利于发挥种间互利的因素，组成合理的群体结构，充分、有效地利用时间、空间和地力，增加复种指数，减轻病虫害。我国广大菜农在长期的生产实践中创造了许多间作、套种的优良组合：

（1）蔬菜与蔬菜　如番茄与甘蓝间作，速生早春菜套种夏菜茄、瓜、豆，栽培时间较短的速生早秋菜套种秋季主栽的甘蓝、菜花、秋菜豆等。

（2）蔬菜与大田作物　如小麦与越冬叶菜间作、麦田套种西瓜或甜瓜、棉花套种雪里蕻或草莓、玉米套种大白菜等。

（3）蔬菜与果、桑木本作物间作　如葡萄间作草莓，落叶果树、桑树秋冬间作越冬叶菜，果园混种毛豆等。

3. 多次作和重复作

在同一块土地上，一年内连续栽培多种蔬菜，可收获多次称为"多次作"或"复种"。复种程度的高低，常用复种指数来表示，即全年总收获面积占耕地面积的百分比。

$$复种指数 = \frac{全年作物收获的总面积}{耕地面积} \times 100\%$$

重复作是在一年的整个生产季节或一部分生长季节连续多次栽培同一种蔬菜作物。多应用于绿叶菜或其他生长期较短的作物，如小白菜、小萝卜等。

科学安排茬口，就要综合运用轮、间、套、混作和多次作，配合增施有机肥和晒垡、冻垡等措施，实行用地与养地相结合，最大限度地利用地力、光能、时间和空间，实现高产、优质、多品种的蔬菜周年均衡生产和供应。

（五） 蔬菜生产计划的制订方法

蔬菜生产计划制订应遵循"以需定产，产大于销"的原则，根据当地人口数量、消费习惯、消费量、生产水平等在蔬菜种类、品种、面积、种子、肥料、农药及植物生长调节剂等农资数量，定植时期及采收期、产量等方面制订详细计划。只有计划周密，才能保质保量地完成生产任务，落实各项生产指标。并估算出一年的收入、支出和盈利。因各种生产资料的价格及人工费、蔬菜产品销售价格变动等因素，此处不列出。

1. 蔬菜种植面积与采收期及预估产量计划

根据所需蔬菜品种、面积及产量指标，结合本地的气候、土壤、生产条件及历年的产量水平，估算出下年度的蔬菜品种、面积、播种期、采收期及产量，是确定其他各项生产指标及核算的基础。

2. 茬口安排

根据蔬菜田的分布、面积、土质、地势、前后茬及蔬菜品种特性等，将计划种植的蔬菜，按地块安排茬口，保证计划品种面积的落实。如番茄 a（11 月份下旬～4 月份上旬）—大白菜 a（4 月份中旬～7 月份下旬）—黄瓜 b（7 月份下旬～11 月份中旬）—番茄 a（11 月份下旬～4 月份上旬）。

3. 农用物资准备计划

根据生产计划和管理方案，制订一份物资准备计划，内容包括种子、肥料、农药、生长调节剂、农膜及遮阳网等，所有物资都要写明名称、品牌，生产厂家，物资数量，有效成分含量，包装重量和质量等。

（六） 制订蔬菜生产计划注意事项

（1） 根据当地的生产条件和种植蔬菜种类或品种需要劳力的多少、技术难易程度，确定蔬菜的种植面积，如保护地设施、劳力、水肥等。

（2） 采用新的种植方式或引进新的蔬菜种类或品种，注意地区间的气候条件差异和当地的消费习惯，应在小面积试种取得成功的基础上再逐步发展。

（3） 制订种植计划要为市场周年均衡供应多做贡献。须在季节茬口安排上注意堵淡季，躲旺季，延长供应时期，既有利市场供应，更能提高经济效益。

（4） 蔬菜种类多，季节性强，所以茬口安排比较复杂。在制订计划时，既要充分利用本地区的有效生产季节，注意与前后茬的衔接时间，又要注意合理倒茬，避免同类蔬菜连作，以减轻病虫害的传播和侵染

（5） 制订种植计划时，不仅要安排适当的蔬菜种类，又要选择适宜本地条件种植的优良品种。

（6） 在制订全年每个季节种植计划的同时，要根据市场变化的需要，正确总结前一年的生产经验与教训。

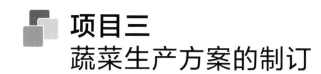

项目三
蔬菜生产方案的制订

【教学目标】

知识：了解生产方案的内容。

技能：学会制订生产方案。

态度：培养学生全局整体观念。

【教学任务与实施】

教学任务：蔬菜生产方案制订。

教学实施：多媒体教室、咨询、搜集信息，制订方案。

【项目成果】

蔬菜生产方案。

一、 耐寒性蔬菜生产方案

耐寒性蔬菜以榨菜为案例。

（一） 生产季节安排

榨菜的主产区在四川、重庆及浙江，但目前已发展到 15 个省、自治区、直辖市，北达黑龙江省，南至福建省。具体的栽培时间因地域、气候差异而不同。长江以北的河南、山东一带，不能露地越冬，一般在 8 月份中下旬播种，9 月份中旬定植，10 月份下旬至 11 月份采收；长江下游的浙江、江苏一带，冬季较为寒冷，9 月份下旬至 10 月份上旬播种，冬前定植，以大苗越冬，于翌年春季 3～4 月份收获；长江中游及长江上游的重庆、四川一带一般于 8 月份下旬至 9 月份上旬播种，11 月份下旬至次年 2 月份收获，也可于 10 月份上中旬播种，翌年春季收获。榨菜不宜过早播种，否则先期抽薹和蚜虫危害严重，播种季节如遇连晴高温，应适当推迟播种期。

（二） 选用优良品种

应根据产品的用途选择适宜的品种，品种选择有地区差异性，这里重点介绍重庆地区榨菜优良品种。

1. 加工原料榨菜

加工原料菜主要以"永安小叶""涪杂 5 号"为主。海拔 500m 以下区域主要为加工原料生产基地，应在 9 月份 10 ~ 15 日播种，10 月份中下旬移栽，次年 2 月份中下旬采收；海拔 500 ~ 800m 地区，宜在 9 月份上旬播种，苗龄 25 ~ 30d 后移栽。每亩定植 6500 株。

2. 早熟鲜食榨菜

早熟鲜食榨菜种植品种主要以"涪杂 2 号"为佳。在海拔 500 ~ 800m 区域种植，可提前至 8 月份 15 ~ 25 日播种，苗龄 25 ~ 30d，定植后 60d 可采收。亩植 6500 ~ 7000 株。

3. 晚熟鲜食榨菜

晚熟鲜食榨菜栽培以"涪杂 8 号""涪丰 14"为主。在海拔 500m 以下地区，适播期为 10 月份 10 ~ 15 日；海拔 500 ~ 800m 地区，适播期为 10 月份 1 ~ 5 日，苗龄 35 ~ 40d。亩植 6000 ~ 7000 株。

种子用量：优质种子 50g 左右/亩。

（三）育苗

1. 种子处理

根据实际情况和条件，可采用温汤浸种，也可使用药剂浸种：先将种子用清水浸泡 5 ~ 6h，捞出放入 1000 倍高锰酸钾液中消毒 30min 左右。一般不催芽。

2. 育苗场地准备

应选择土层深厚、质地疏松、富含有机质、背风、向阳、排灌良好的地块作为苗床。播种前 30d，结合深挖床土进行消毒，一般每亩施用生石灰 150kg 与床土混匀或 50% 多菌灵可湿性粉剂与 50% 福美双可湿性粉剂按等量比例混合喷雾。每亩苗床施腐熟无病菌土杂肥 1000 ~ 1500kg、较浓的腐熟人畜粪水 50 ~ 60kg、过磷酸钙 45 ~ 50kg、草木灰 40 ~ 50kg，或用榨菜专用肥 50kg，与床土充分欠细欠匀。播种前开沟作畦，畦宽 1.3 ~ 1.5m，床土四周要开排水沟，避免苗床积水。要保证畦面细碎、疏松、平整，苗床肥沃、湿润。

3. 播种

播种宜在阴天或晴天的傍晚进行，播前用腐熟的人畜粪水泼施于畦面，让床土充分湿润后再播种。稀播匀播，每亩苗床用种 400 ~ 500g，分畦称量播种，力求均匀；采取多次撒播方法，多次撒播在畦面上。播后，用草木灰或草木灰混细泥沙覆盖。稀播匀播是壮苗的前提。目前生产上为了播种均匀一致，多采用条播，条播时一般按照 8 ~ 10cm 的行距开播种沟。

4. 苗期管理

（1）出苗前的管理　为了保证床土一直处于湿润状态，使种子吸收充足的水分而适时萌动，播种后应及时覆盖（可用遮阳网、稻草、玉米秸秆）床土，在 75% 的种子子叶出土以后，应及时撤去床土覆盖物，改用遮阳网起拱覆盖，注意晴天中午覆盖，早晚及阴天敞棚。

（2）出苗后的管理　75% 幼苗子叶平展时为出苗，这时如遇干旱，应注意抗旱保苗。一般清晨用清粪水进行泼施，使床土表面不出现干裂，同时应增加追肥次数，降低肥料浓度。当幼苗出现第二片真叶时，进行第一次匀苗，苗距保持 3 ~ 4cm。匀苗时应除去杂苗、劣苗、病苗、弱苗以及生物学混杂的特大苗和机械混杂的非本品种、非榨菜杂株。此时还应对苗床作第一次追肥，每亩用腐熟的稀薄人畜粪水 40～50kg、尿素 4～5kg；当出现第三片真叶时，进行第二次间苗，苗距保持 6～7cm。当幼苗出现第四片真叶时，对苗床进行第二次追肥，每亩用腐熟的人畜粪水 50～60kg、尿素 8～9kg。

（3）早熟栽培，一定要遮阳覆盖育苗，预防先期抽薹。榨菜早播先期抽薹比较严重的原因，主要是育苗期间光照长度较长，高海拔地区（800m 左右）的温度较低，容易满足榨菜苗期通过花芽分化的条件。因此，必须采取遮光措施降低菜苗的先期抽薹率。其方法是在菜苗具 2 片真叶时，用遮光率 95％ 以上的遮阳网于每天中午覆盖 3～4h，直至苗期结束。

（四）定植前准备

选择土层深厚、保水保肥性能好、富含有机质的土壤。冷沙地、保水保肥较差的土壤不宜作为栽培地。土质过于黏重、水分含量过高的土壤也不适于作为栽培地。当菜苗具 4～5 片真叶，苗龄 25～35d 及时移栽，力争在 10～15d 内移栽完毕。每亩用腐熟堆肥 2500～4000kg 过磷酸钙 15～20kg、草木灰 100～150kg、油饼 50kg、"持力硼" 200g，混合均匀后窝施（或用榨菜专用复合肥 50kg 作基肥）。

（五）定植

移栽苗龄一般以幼苗出现第 5～6 片真叶时（播种后 35d 左右）较为适宜，切忌雨天或雨天后土壤湿度过大的情况下移栽，如遇苗床干旱，应在前一天浇水让床土湿润，以减少拔苗时对根系的伤害。移栽前，用多菌灵喷雾 1 次，使幼苗带肥、带药移栽，以减少病害发生。移栽后及时浇定根水促进幼苗成活。

根据气候条件、种植水平和品种特性，榨菜种植密度应控制在 6000～7000 株/亩范围。早播宜稀，晚播宜密；肥土宜稀，瘦土宜密；早熟品种宜密，晚熟品种宜稀。

（六）定植后管理

1. 中耕除草

在第二次追肥后植株尚未封行前，浅中耕锄松表土，除去杂草，但应注意不要损伤植株，不要使泥土雍住榨菜。如果在幼苗移栽时或移栽后土壤过分潮湿或板结，成活后植株长势弱，就必须提前进行行间深中耕，实行亮行炕土，再配合施肥提苗，深中耕不要接近植株，以免锄松植株。

2. 肥水管理

榨菜的肥水管理应根据不同的栽培条件和茎、叶的生长动态特点进行，追肥应掌握"增施基肥、早施提苗肥、重施中期肥、看苗补施后期肥"的原则，通常除基肥外可施三次追肥。施肥过程中，注意要增施有机肥和磷钾肥，控制尿素用量，否则增加菜头空心率。

第一次追肥在移栽后 7～10d（幼苗成活至第一环叶形成前）进行，亩用清淡粪水 2500kg，加尿素 5kg；第二次追肥在移栽后 30～35d（菜头进入膨大前期，形成 2～3 环叶）进行，每亩用较浓粪水 3000kg、尿素 10kg、过磷酸钙 20kg；第三次在移栽后 60～65d（菜头进入膨大盛期）进行，每亩用人畜粪 2500kg、尿素 5kg。作为鲜食栽培，在进入膨大期后可采取"少吃多餐"的原则,增加施肥次数,减少每次施肥量,在收获前 20~30d 停止施肥。

水分管理上,一般定植后至成活前应每天浇水;成活后浇一次缓苗水,以后保持土壤适当干旱以促进根系生长,但此时不能缺水,一般以中午叶片萎蔫为度;第 2、3 叶环生长期间灌溉掌握"见干见湿"的原则,以免土壤湿度过大易引发病虫害的发生;茎膨大期保持地面湿润同时要求湿度均匀。

3. 病虫害防治

坚持"预防为主、综合防治"的病虫防治原则。一是从重视苗期防控,做好土壤消毒、排水减湿,及早预防;二是加强肥水管理,确保植株健壮,增强抗病能力;三是严格按照无公害蔬菜要求,禁止限制使用农药。

榨菜的病害主要有立枯病、猝倒病、病毒病、软腐病、褐斑病、霜霉病、根肿病;榨菜的虫害主要有蚜虫、菜青虫、猿叶虫、黄条跳甲等。

(1)病毒病 如植株发现病毒病症状,应及时用 0.06% 甾烯醇微乳剂有效成分用药量 0.27~0.54g/hm²、60% 吗胍·乙酸铜水分散粒剂有效成分用药量 540~720g/hm²、5% 盐酸吗啉胍可溶粉剂有效成分用药量 300~375g/hm²、50% 氯溴异氰尿酸可溶粉剂有效成分用药量 375~450g/hm²、1.8% 辛菌胺醋酸盐水剂有效成分用药量 30~45mg/kg、8% 宁南霉素水剂有效成分用药量 90~120g/hm²、0.5% 香菇多糖水剂有效成分用药量 22.5~30g/hm²,并加上防治蚜虫的药剂和氨基酸或氨基寡糖素等叶面肥,每隔 7d 一次,连续施药 2~3 次。

(2)软腐病 加强榨菜的栽培管理,增强其抗病性;软腐病药物防治用 40% 噻唑锌悬浮剂有效成分用药量 500~666.7mg/kg、20% 噻菌铜悬浮剂有效成分用药量 225~300g/hm²、100 亿芽孢/克枯草芽孢杆菌有效成分用药量 750~900g/hm²、2% 春雷霉素可湿性粉剂有效成分用药量 30~45g/hm²、30% 噻森铜悬浮剂有效成分用药量 450~607.5g/hm²、33.5% 喹啉铜悬浮剂有效成分用药量 226~300g/hm²、3% 中生菌素可湿性粉剂有效成分用药量 1200~1650g/hm²,在发病初期开始用药,间隔 7d 喷一次,连续 2~3 次。

(3)蚜虫 银灰色薄膜避蚜,在苗床四周铺 17cm 宽银灰色薄膜,苗床上方隔 60~100cm 铺 3~6cm 宽的银膜;黄板诱蚜,黄板涂机油插于菜田或土间高 60cm;药物防治,用 70% 吡虫啉水分散粒剂有效成分用药量 10.5~31.5g/hm²、5% 啶虫脒乳油有效成分用药量 18~22.5g/hm²、50% 吡蚜酮水分散粒剂有效成分用药量 75~112.5g/hm²、50% 烯啶虫胺水分散粒剂有效成分用药量 15~30g/hm²、10% 氟啶虫酰胺水分散粒剂有效成分用药量 45~75g/hm²、10% 氯噻啉可湿性粉剂有效成分用药量 15~22.5g/hm²、2.5% 高效氯氟氰菊酯水乳剂有效成分用药量 7.5~15g/hm²、25% 噻虫嗪水分散粒剂有效成分用药量 15~30g/hm²、35% 呋虫胺可溶液剂有效成分用药量 26.25~36.75g/hm²、10% 溴氰虫酰胺可分散油悬浮剂有效成分用药量 45~60g/hm²、20 粒卵/卡异色瓢虫 20 粒卡片有效成分含量 1050~1200 卡/hm²。

(七)采收

适宜的采收期是肉质茎已充分膨大或春季刚现绿色花蕾时。过早采收则影响产量,过迟采收则含水量高,纤维含量多,易空心,影响食用品种和加工品质。以加工榨菜为目的的，在 2 月中下旬（雨水节前，菜头刚开始冒顶时）采收为宜。作为早熟鲜食栽培的，结合市场需要，采取分期分批收获，当单个青菜头质量达 150g 以上就可收获，以期获得最大经济效益。

二、 半耐寒性蔬菜生产方案

半耐寒性蔬菜以秋大白菜为案例。

（一） 生产季节安排

大白菜在营养生长时期内要求的温度是由高向低转移的，即由 28℃ 逐渐降低到 10℃ 的范围为适宜。这就表明大白菜生长前期能适应较高的温度，生长后期要求比较低的温度，因此就我国长江流域及其以南地区的气候特点来说，大白菜主要是秋季栽培，一般以处暑前后至大雪前的这段时期为其适宜的生长季节。但就某一地区来说，其播种期要求比较严格，播种过早，因苗期温度过高而导致管理困难并且病虫害严重，造成严重减产；播种过迟，生长时间较短，叶球不能充分生长，也会导致产量降低。

长江流域，一般在立秋至处暑之间播种，地理位置逐渐向南则播种期逐渐延迟，华南和西南地区因冬季没有寒冷气候或寒冷气候时间较短，故可在 9 ~ 10 月份播种。当然，因品种生长期长短的不同，其播种期也应作适当调整，生长期短的品种可适当迟播。

此外，一些地方特别是城市郊区，夏季大白菜的栽培也比较多，该茬大白菜选用早熟、耐热性强的品种，于夏季的 7 月份播种，国庆节前后收获上市；春大白菜近几年栽培面积有逐渐扩大的趋势，该茬大白菜可选用极早熟、抗抽薹的品种，早春设施育苗，露地定植，于初夏收获上市。

（二） 选用优良品种

秋季大白菜因气候适宜，生长期较长，所以生产上一般选用优质、高产、耐寒性强、生长期长的中、晚熟品种，当然各地因茬口、市场等原因也可选用早熟品种。目前生产上常见的优良品种如下。

1. 早熟品种

早熟品种从播种到收获需 60 ~ 80d。耐热性强但不耐寒，一般用于早秋或春季栽培。产量较低。如春冠、春秋 54、山东 2 号、潍白 6 号、北京小杂 51、日喀则一号、四季大白菜、鲁春白一号、夏新冠、强势正暑二号、热抗白济杂 7 号、晋菜二号、夏翠等。

2. 中熟品种

中熟品种从播种到收获需 80 ~ 90d。产量较高，耐热性和耐寒性一般，多作秋季栽培。如青杂中丰、青麻叶、山东五号、玉田包头、中白 65、豫白六号等。

3. 晚熟品种

晚熟品种从播种到收获 90 ~ 120d。产量高，单株大，品质好，耐寒性强但不耐热，主要作秋季栽培。如青杂 3 号、福山包头、洛阳包头、泰白 4 号、城杂 5 号、改良城杂 5 号、长丰一号等。

种子用量：优质种子 25g/亩左右。

（三） 定植前的准备

大白菜忌连作，一般要进行三年以上的轮作；同时大白菜产量高，生长期间需要肥料较多，故土地应有一定的休闲期、最好选前茬作物残留的肥效较多的土地，前茬作物收获后及时清洁田园，深耕细作，使土壤风化；同时大白菜根系吸收能力较弱，但生长期间耗水量较大，故应选粘壤土或壤土地块进行栽培。

大白菜生长期长、产量高，需肥量大，故基肥对生产起到至关重要的作用，农谚"底肥百担，亩产上万"。但生产上要注意：有机肥要充分腐熟；施肥要均匀，一般分两次施用，一次在耕翻前施入，约为总基肥量的一半，施入后耕翻，剩余的基肥在耕翻后施入，结合耕耙和作畦使土肥混合均匀；底肥要充足，一般每亩施用上好厩肥 3000 ~ 4000kg 或堆肥 5000kg，另加 100kg 草木灰和 25kg 过磷酸钙；对于过于黏重的土壤可将部分堆厩肥和少量尿素混合作盖子肥。

南方栽培大白菜，因雨水较多，所以整地时一定要深沟高畦，畦高要求 25cm 以上，腰沟深 50cm 以上。畦沟不必过宽，一般为全面积的 10% ~ 15% 即可；深耕 25cm 以上，晒垡 7d 以上。

（四） 播种育苗

1. 种子处理

大白菜病害较多，且有多种病菌附着于种子上，故播种前最好进行种子处理。常用的处理方法有：

温汤浸种：将选好的种子放入种子体积 5 ~ 6 倍 55℃ 热水中不断搅动，随时补充温水保持 10min，然后不断搅动至水温降到 30℃ 时停止搅动，再浸泡 4 ~ 6h，捞出用湿布包好，清水冲洗干净。

药剂浸种：先将种子用清水浸泡 5 ~ 6h，捞出放入 0.1% ~ 0.2% 的高锰酸钾液中消毒 30min 左右，捞出用湿布包好，清水冲洗干净。

密度：大白菜栽培的密度因品种不同而有一定的差异。

早熟品种：40cm×40cm；中熟品种：50cm×50cm；晚熟品种：60cm×60cm。

2. 播种方法

当前生产上大白菜栽培多采用直播法。直播根系发育好，抗旱性、抗病性和适应性强；无因移栽对根系的破坏，无缓苗过程，植株生长快，有利于完成结球过程；无因移栽对幼苗造成的伤口，这些伤口将来可能是软腐病菌的侵入途径；但直播因早期的高温干旱导致管理困难，用种量大。生产上也有因茬口安排、气候等原因而采用育苗移栽，育苗移栽要求播种期提早 5 ~ 7d，若采用护根措施，可直接播种于营养钵中，不仅节约用种量，而且移栽容易成活。各地可根据实际情况因地制宜地将两者结合，取长补短。

（1）直播　要求精细整地，按既定的行株距打穴；打穴深度只要能区分播种点即可，一般为 2 ~ 4cm；也可用条播，在畦面上按照行株距开深约 2cm、长约 10cm 的浅沟，播种沟一定要直且距离要均等；播种时将种子均匀捻入播种穴或播种沟中，每穴或每播种沟中均匀地播 5 ~ 6 粒或十几粒种子；播种后用疏松灰土或按一定比例将有机肥和菜地土混合后进行覆盖，盖土厚度在 2cm 左右；南方各省，播种时正值秋旱阶段，阳光剧烈、高温，土壤易干旱缺水，故往往会推迟发芽，严重时甚至会导致已发芽的种子因缺水而死亡，即发生炕芽现象，因此播种后立即进行沟灌，水面不超过畦面，靠渗透作用使土壤湿润而表面不板结；对于引水灌溉不方便的田块，采用湿播法，盖土后再于上面覆盖一层稻草、稻壳等疏松物，以防止水分散失，在种子出苗的前一天傍晚去除这层覆盖物。

（2）育苗移栽

①苗床设置及播种：选土壤肥沃、便于排灌、通风良好的地块设置苗床，于前茬作物收获后及时耕翻晒堡，每亩施腐熟粪肥 2000kg 作基肥，在浅耕耙平，深沟高畦；采用条播法或撒播法，条播一般按照 8～10cm 的行距开播种沟，播种前一定要浇足底水。均匀播种。播种后最好用遮阳率 50%左右的遮阳网覆盖或用稻草在盖土上进行覆盖，但出苗前一定要及时去除覆盖的稻草，以免出现高脚苗；苗床面积和大田面积按照 1:（15～20）的比例设置；整个苗期要保证及时浇水，保持地面湿润以保证齐苗。如果能采用营养钵育苗则更好，每钵播种两粒种子，将营养钵整齐地摆放在苗床上，其他管理同上述。

②移栽定植：为确保定植密度，定植时同样要进行打穴。用小苗定植或带土移植，一般苗龄在 15～20d、5～6 片真叶时定植最好，幼苗过大，一则幼苗在苗床中易徒长，同时定植时根系损伤严重；定植的前一天傍晚将苗床浇透水，使取苗时伤根少，或将幼苗连同其附近的土块一同移植，达到保证活棵。如果可能尽量选阴天或傍晚进行移植，定植宜浅，以子叶和地面齐平即可，切勿使植株的生长点低于畦面，定植时根系应舒展，定植后浇定根水，定植后至活棵前应每天浇水以保证活棵，最好在定植后进行一次沟灌，足以保证活棵前的水分需求，条件许可的话，定植后用遮阳网进行覆盖则成活率和长势均有明显提高，活棵后即可去除遮阳网。

（五） 田间管理

1. 间苗、定苗

间苗要早、定苗要及时。直播田要及时间苗以防止幼苗拥挤而导致高脚苗。一般在拉十字时进行一次间苗，去除出苗迟的小苗、子叶形状不正常的劣苗、播种不均匀的拥挤苗以及因盖土过深使胚轴过长而倒伏的次等苗；4～5 片真叶时进行第二次间苗，认真拔除杂苗、病苗，留健壮苗 2～3 株；团棵时进行定苗，每穴留符合本品种特征的健壮幼苗一株，去除其余幼苗。如果育苗移栽则不需间苗和定苗，但移栽后要保证土壤湿度直至活棵，同时及时观察田间幼苗的成活情况，及时进行补苗，否则将来影响生育期直至影响产量，补苗时最好使用营养钵中的苗或将苗床中多余的幼苗进行带土移栽，这样将来植株的长势差异较小，均匀一致。

2. 中耕、除草

中耕除草结合间苗进行。一般间苗后浇清粪水以提苗、定根，在浇水后应适时中耕，以防止土壤板结，有利于土壤疏松透气并清除杂草，此时中耕宜浅，以破表土为度；定苗后进行第二次中耕，此次中耕掌握远深近浅的原则，同时进行清沟并培土于植株基部，以利于排水和灌溉。

3. 肥水管理

（1）发芽期　发芽期生长量最小，所需营养素也少，此期所需的营养素有种子供应，从土壤中吸收的营养素很少，因此不用追肥，依靠土壤中的天然营养素和基肥开始分解的营养素足以满足生长的需要，此期若近根部的营养素浓度过高则易发生烧根现象，所以基肥一定要均匀施用，在拉十字时可以用尿素进行叶面追肥。发芽期对水分的需求量虽然不大，但此时阳光强烈、温度高，土壤水分散失快，需补充水分，但浇水次数过多易导致土壤板结，生产上最好能做到三水齐苗，播种时、幼芽顶土时、齐苗时各浇水一次，这样有利于土壤疏松透气，要达到这样的目标，最好播种时能采用沟灌。

（2）幼苗期　此期植株生长量不大，所以需肥量较小，但其生长速度较快，同时根系尚不发达，吸收能力较弱，故虽然吸收肥料的量不多但要及时供给以促进幼苗的生长。此次肥料称为提苗肥，一般每亩施用硫酸铵 5～8kg；提苗肥一般于直播前施于播种穴或播种沟中，但一定要和播种穴或播种沟中的土壤充分拌匀，否则会在种子发芽时产生烧根现象，然后浇水、播种，一般氮肥施入土壤中 5～7d 后发生肥效，肥效 25d 左右，此时施用正好，且在整个幼苗期均有肥效供应，如果在拉十字时施用，一则发生肥效的时间较迟，不能在进入幼苗期正好发生肥效，同时施用也比较费工。

每次间苗结合灌溉追施稀薄人粪尿。幼苗期在长江中下游地区正处于干旱阶段，故需及时供应水分以满足幼苗生长对水分的需求，同时降低地温，以防止病毒病的发生。水分管理上要求能做到三水齐苗、六水定苗。幼苗期浇水以勤浇少浇为原则，以防止田间积水造成湿度过大，以引发霜霉病的发生，生产上的经验是每次间苗浇一次水，不仅补充幼苗生长的需要同时沉实因间苗而松动的土壤。

（3）莲座期　此期生长量大，生长速度快，故对养分的需求量也较大，同时此期气候转向温和，适于大白菜外叶的生长，所以必须供应充足的水肥以保证生长的需要。莲座期生长的两个叶环是以后光合作用的主要器官，故莲座叶也称功能叶，也正因此，这个时期施用的肥料也称为关键肥、临界肥、发棵肥等。发棵肥一般在定苗前夕施用，每亩追施硫酸铵 20kg，为防止莲座叶徒长，最好同时施入草木灰 100kg 或硫酸钾和过磷酸钙各 10kg 以使三要素平衡，追肥后再长出两片叶进入莲座期，正好追施的肥料发生肥效。发棵肥的施用方法：在植株边缘的外侧开一条 8～10cm 深的浅沟，将肥料施入其中，然后浇水覆土即可。

莲座期对水分的需求量也较大，在追施发棵肥后及时灌溉一次，以后的浇水以见干见湿为原则，地不干不浇，地发白才浇。不仅能保证水分的供应同时也防止因水分过多而导致植株徒长。至卷心前停止浇水进行蹲苗，以防止莲座叶徒长而延迟结球。蹲苗一般在卷心前 7d 左右进行，蹲苗至叶片颜色转为深绿色、厚而发皱、中午微微萎蔫、植株中心幼叶也呈绿色时停止蹲苗。一般经过蹲苗处理的植株，叶球大而充实，产量高。因为蹲苗可以促进根系生长、提高植株的抗寒性和抗旱性、使植株及时进入结球期、莲座叶中心开展使球叶将来拥有得以充分发展的空间而形成发达的叶球基部。但要注意，蹲苗要根据田间的实际情况进行，不能千篇一律。一般早熟品种、沙壤土、干旱气候、瘠薄土壤不蹲苗；蹲苗前植株必须生长旺盛，有充足的水肥供应；蹲苗后不能立即大水灌溉，否则会使莲座叶的中肋开裂，一般蹲苗后浇小水一次，几天后根据田间的实际情况可以大水灌溉。

（4）结球期　结球期是大白菜产品器官形成期，是营养生长期中时间最长、同化作用最旺盛、生长量最大的时期，所以这一时期需肥量大。这一时期的生长为莲座叶同化的营养素向球叶中输送，同时植株源源不断地分化球叶，所以此期钾肥的需求量第一，磷肥需求量也猛增。一般于卷心前施结球肥，也称大追肥，每亩施入硫酸铵 15kg、硫酸钾和过磷酸钙各 10～15kg。由于结球期时间长，为使营养素持久而不致因大量浇水而流失，最好将上述肥料和1000～2000kg的腐熟的堆厩肥混合施用，施用方法是在行间开8～10cm深的浅沟，然后施入肥料，浇水后覆土即可；中晚熟品种其结球期更长，为保证肥效在整个结球期有效，最好分两次施用，卷心前施用抽筒肥，施肥量约占整个结球肥总量的三分之二，25d后施用灌心肥，施肥量为结球肥总量的三分之一。结球后期一般不施肥，也可在外开始发黄时用磷酸二氢钾进行叶面追肥，以促进外叶中的残存营养素向球叶输送。

结球期水分的管理方法：蹲苗结束后及时浇小水一次，以后要保持田间较大的土壤湿度且整个结球期中湿度要尽可能均匀一致，切勿干干湿湿，否则易导致球叶中肋开裂，一般保持土壤湿度为最大田间持水量的80%；收获前5～7d停止浇水，以免叶球因水分过多而不利于贮藏。

4. 束叶防冻

对于秋季晚熟品种的大白菜，在5℃以下的低温地区，当温度较低但大白菜又由于各种原因难以及时收获上市，可在11月份下旬至12月份上旬低温来临之前，在距叶球顶部10～16cm处用稻草等将外叶捆扎，能起到短期防冻作用。但束叶不可过早，以免影响外叶的光合作用；如果没有低温的地区，可以不束叶；束叶只能防止较低温度所引起的冻害，如果在严冬，即使束叶，大白菜仍然会受到冻害。

5. 病虫防治

大白菜有三大病害，即软腐病、病毒病、霜霉病，其发生蔓延与害虫有密不可分的关系，防止三大病害要先治虫。其他病害还有黑斑病、炭疽病和干烧心。虫害主要有蚜虫、白粉虱、菜青虫、甜菜夜蛾、小菜蛾、黄条跳甲等。

（1）软腐病、病毒病、蚜虫和白粉虱 防治参照榨菜病虫害防治方法。

（2）黑斑病和炭疽病 两者均为真菌性叶斑病。黑斑病淡褐色至黑褐色，四周有晕圈，病斑上有黑色霉状物。白菜炭疽病侵染的病叶上，病斑为白色圆形小点，叶柄上病斑为棱形淡褐色凹陷，上有淡红色黏状物。

防治药剂可选用25%戊唑醇水乳剂有效成分用药量75～105g/hm²、10%苯醚甲环唑水分散粒剂有效成分用药量63.75～75g/hm²、66%二氰蒽醌水分散粒剂有效成分用药量198～297g/hm²、60%唑醚·代森联水分散粒剂有效成分用药量540～900g/hm²、20%硅唑·咪鲜胺水乳剂有效成分用药量165～210g/hm²、43%氟菌·肟菌酯悬浮剂有效成分用药量150～225g/hm²、30%苯甲·嘧菌酯悬浮剂有效成分用药量135～225g/hm²、42.4%唑醚·氟酰胺悬浮剂有效成分用药量150～200g/hm²。

（3）干烧心 大白菜干烧心是由缺钙引起的一种生理病害，生产上多采用根外喷施0.7%氯化钙溶液；大白菜播种时用微量元素锰拌种，或在大白菜幼苗期、莲座期和包心期，用0.1%～0.2%硫酸锰溶液各喷一次，均具有显著防治效果。

（4）菜青虫、甜菜夜蛾和小菜蛾 三者主要啃食蔬菜菜叶和菜心，小菜蛾主要危害等十字花科植物，菜青虫嗜食十字花科植物，夜蛾类害虫主要有斜纹夜蛾、甜菜夜蛾、银纹夜蛾和甘蓝夜蛾食性杂，白菜类、番茄、辣椒、茄子及豆类作物等均是其为害对象。

①为害特点：三种害虫均以幼虫食叶为害，菜青虫3龄后可蚕食整个叶片，为害重的仅剩叶脉，严重影响白菜生长和包心，造成减产；甜菜夜蛾主要以初孵幼虫群集叶背吐丝结网，在其内取食叶肉，留下表皮成透明的小孔，4龄以后食量大增，将叶片吃成孔洞或缺刻，严重时仅剩叶脉和叶柄，对产量和品质影响较大；小菜蛾可将菜叶吃成孔洞和缺刻，严重时全叶吃成网状，在苗期常集中心叶为害，影响白菜包心。

②防治方法：

a. 物理方法。利用害虫的趋光性，在田间每 40～50 亩设置一盏频振式杀虫灯或黑光灯诱杀害虫。

b. 生物方法。可在害虫低龄期用生物制剂 BT 250～500 倍液喷雾防治，也可利用甜菜夜蛾、小菜蛾等对性信息素的趋性，在田间每一亩地放置一套性诱剂诱杀害虫。

c. 化学方法。5% 甲氨基阿维菌素苯甲酸盐水分散粒剂有效成分用药量 1.5～2.5g/hm²、5% 阿维菌素乳油有效成分用药量 8.1～10.8g/hm²、150g/L 茚虫威悬浮剂有效成分用药量 22.5～45g/hm²、25% 氟啶脲悬浮剂有效成分用药量 45～60g/hm²、20% 氟苯虫酰胺水分散粒剂有效成分用药量 45～50g/hm²、5% 多杀霉素悬浮剂有效成分用 18.75～26.25g/hm² 药量、20% 丙溴磷微乳剂有效成分用药量 390～450g/hm²、50% 丁醚脲可湿性粉剂有效成分用药量 375～562.5g/hm²、25g/L 高效氯氟氰菊酯乳油有效成分用药量 15～30g/hm²、16000IU/mg 苏云金杆菌可湿性粉剂有效成分用药量 750～1125g 制剂/hm²、5% 氯虫苯甲酰胺悬浮剂有效成分用药量 33.75～40.5g/hm²、240g/L 虫螨腈悬浮剂有效成分用药量 90～120g/hm²、20% 虫酰肼悬浮剂有效成分用药量 180～210g/hm²。

（5）黄条跳甲　黄条跳甲在分类上属鞘翅目、叶甲科，包括黄曲条跳甲、黄直条跳甲、黄狭条跳甲和黄宽条跳甲 4 种。黄曲条跳甲最为常见。主要危害十字花科的白菜类、甘蓝类和萝卜等，也可加害茄果类、瓜类和豆类蔬菜。

①为害特点：成虫食叶，将叶片咬成许多小孔，危害严重时，叶片呈筛网状。成虫也危害种株花蕾和嫩种荚。幼虫食根，蛀食根皮成弯弯曲曲的虫道，咬断须根，造成植株萎蔫甚至死亡。

②防治方法：

a. 农业防治。彻底清除菜地及菜地周围的杂草和残株落叶，消灭黄条跳甲越冬场所和食料基地。播种前深耕晒土，改变幼虫的生活环境条件，同时兼有灭蛹作用。

b. 化学防治。可选用 15% 哒螨灵乳油有效成分用药量 90～135g/hm²、5% 啶虫脒乳油有效成分用药量 45～90g/hm²、10% 溴氰虫酰胺可分散油悬浮剂有效成分用药量 15～21g/hm²、25% 噻虫嗪水分散粒剂有效成分用药量 37.5～56.25g/hm²、1% 联苯·噻虫胺颗粒剂有效成分用药量 450～600g/hm²、0.9% 联苯·呋虫胺颗粒剂有效成分用药量 504～540g/hm²。喷药多采用围喷法，即从地块四周开始喷药，将成虫逐渐往地中间赶，防止将成虫从地块一边赶向另一边。

（六）采收

当大白菜生长成熟、叶球紧实后便可采收。晚熟品种除需要进行贮藏必须在严寒来临前收获外，在长江以南地区，可留在田间根据市场需要进行分期收获。在长江以北地区，大白菜留在田间需用稻草、遮阳网等进行覆盖，否则易受冻害。

三、　喜温性蔬菜生产方案

喜温性蔬菜以大棚春茬番茄为案例。

（一）　选择优良品种

棚室春茬番茄应选择早熟或中早熟耐寒、耐弱光、抗病的优良品种，还要考虑市场对果实色泽的要求，长途运输销售时还应考虑品种的耐贮运性。目前常用的品种有合作903、906、908、909 和金棚 3 号、金刚 721、红帅 4041、渝抗 2 号、海拉维、苏粉 2 号、霞粉、洛阳 92 - 18、农大早红、东农 704、浙粉 202、皖粉 2 号、大红一号、中杂 11 号等。

（二）　培育适龄壮苗

1. 壮苗标准

根系发达，茎粗 0.5cm 左右，叶厚、浓绿色，苗龄 65 ~ 70d，苗高 20cm 左右，8 ~ 9 真片，第 1 花序普遍现蕾。

2. 播种

由于定植时间较早，必须采用温室育苗或电热温床育苗。播种前 3 ~ 4d 进行浸种催芽，50% 以上种子出芽时即可播种，可采用撒播或点播的方法。播种前 1d 要将苗床浇足底水，使水分下渗 10cm 左右。即除渗透培养土外，苗床本土还要下渗 2 ~ 4cm。播种后要撒一薄层盖籽培养土，并及时覆盖塑料薄膜。

3. 苗期管理

这一阶段是育苗管理的关键时期。首先保证苗床适宜的地温（昼间 28 ~ 30℃，夜间 16 ~ 18℃），使幼苗迅速而整齐地出苗，同时也要防止苗床气温过低造成发芽不出土的现象。发现地面裂缝及"戴帽"出土时，可撒盖湿润细土，填补裂缝，增加土表湿润度及压力，以助子叶脱壳。出苗后至第 1 片真叶露心，这时幼苗极易徒长，管理上应适当降低苗床温度（昼间 25 ~ 28℃，夜间 12 ~ 15℃），防止徒长，特别是适当降低夜温是控制徒长的有效措施。在幼苗期，床土不过干不浇水，如底水不足，可选晴天一次浇透水，切忌小水勤浇。同时注意防止苗期病害的发生，如猝倒病等。此外，秧苗拥挤时应及时间苗。在定植前 1 周左右，应及时炼苗，主要措施是降温控水，以适应定植后的栽培环境。注意秧苗锻炼的程度要适度，否则秧苗易老化。

（三）　扣棚与整地

在定植前 1 个月扣棚烤地，提高地温。栽培番茄要选择土层深厚，土质肥沃，疏松透气，排灌方便，pH 中性或微酸性的沙质壤土或黏质壤土较好。为减少土壤传染病害和线虫为害，番茄应与非茄科作物实行 4 年以上的轮作。

结合整地的同时施入基肥。施用方法采取撒施与集中施用相结合，每亩可选择充分腐熟有机肥 2000 ~ 3000kg、饼肥 80kg、过磷酸钙 30kg 及含磷较高的复合肥 40kg 作基肥。其中，饼肥与 60% 左右的有机肥于整地前撒施，余下的有机肥和过磷酸钙及复合肥充分混合后集中施入定植行中，与土壤充分混匀。这样，既保证了前期生长对营养素的需要，又能有效防止后期的早衰。

定植前 7 ~ 10d，开始整地做畦。番茄一般采取深沟高畦栽培。一般以 1.33m 开厢（包沟），沟宽 20cm，沟深 20cm，厢面 1.13m。做厢后覆盖薄膜，可以显著提高地温，利于缓苗。覆盖地膜前，要将厢面整碎整平，在晴朗无风的天气进行，力求紧贴土面，四周用土封严。为防止杂草，可采用黑色薄膜覆盖。

（四） 定植

根据各地气候特点，当棚内 10cm 土温稳定通过 10℃ 时便可以安全定植，选寒尾暖头晴天上午栽苗，为方便管理，秧苗应分级分区定植。定植的前一天应对秧苗浇 1 次水，以便起苗时多带土、少伤根，定植的深度以与子叶处平为宜，定植过深则影响缓苗。对徒长的番茄苗可采用"卧栽法"，即将番茄苗斜放在定植穴内封土，主要优点是防止定植后的风害，促发不定根，并利用地表温度较高的特点加速缓苗，具有促使徒长苗定植后健壮生长的作用。定植水要浇足。

定植密度因品种、栽培目的、整枝方式以及留果穗数等因素决定。早熟品种留果数少，架式低矮，栽植密度宜密，适宜的行株距为（40～50）cm×33cm，每亩定植 3000～3500 株。中、晚熟品种，适宜的行株距为（55～60）cm×40cm，每亩定植 2000～2500 株。

（五） 定植后的管理

1. 温度管理

定植初期保持高温高湿环境以利于缓苗，不放风，白天控温在 25～30℃，夜间保持 15～17℃，空气相对湿度 60%～80%。缓苗后开始放风排湿降温，白天温度 20～25℃，夜间为 12～15℃，空气湿度不超过 60%，防止徒长。进入结果期，白天控温 20～25℃，超过 25℃ 放风，夜间保持 15～17℃。每次浇水后及时放风排湿，防止病害的发生。随着外界气温的逐渐升高，要逐渐加大通风量。当外界气温稳定在 10℃ 以上时，就可以昼夜通风，当外界最低气温稳定在 15℃ 以上时，就可以逐渐撤去棚膜。华北地区，一般在 5 月份上中旬就可以全部撤掉棚膜。

2. 肥水管理

定植后 4～5d 浇一次缓苗水。缓苗后，肥水管理因品种而异。早熟品种长势相对较弱，栽培上以促为主，即加强肥水，促进生长，若长势较旺，可适当蹲苗。中、晚熟品种生长势较强，缓苗后要及时中耕 2～3 次，及时蹲苗，促进根系发育。中耕应连续进行三四次，中耕深度一次比一次浅，行距大的畦可适当培土，促进茎基部发生不定根，扩大根群。

直到第一果穗最大果实直径达到 3cm 时蹲苗结束。此时，结合浇水开始进行第一次追肥，追肥要注意氮、磷、钾配合施用。每亩可施尿素 15～20kg、过磷酸钙 20～25kg、硫酸钾 10kg。进入盛果期，是需肥水的高峰期，要集中连续追 2～3 次肥，分别在第二穗果和第三穗果开始迅速膨大时各追肥一次。除土壤追肥外，可在结果盛盛期用 0.2%～0.5% 的磷酸二氢钾或 0.2%～0.3% 的尿素进行根外追肥。在追肥的同时及时浇水，浇水要均匀，忌忽干忽湿，使土壤保持湿润，防止裂果。

3. 植株调整

定植 2 周后开始搭架或吊蔓。搭架要求架材坚实，插立牢固，严防倒伏。番茄的架型因品种和整枝方式不同而异。自封顶品种、为早熟而保留较少果穗进行打顶，可采用单立架；中晚熟品种可采用"人"字架或篱架形式。由于通风透光较差的原因，一般不提倡采用三角圆锥架或四角圆锥架。搭架后及时绑蔓，绑蔓时应呈"8"形把番茄蔓和架材绑在一起，防止把番茄蔓和架材绑在一个结内而缢伤茎蔓。棚栽番茄密度较高，最好采取单干整枝，即只保留主干、所有侧枝全部摘除，每株留 3~4 穗果的整枝方法。另外，根据栽培的实际情况，还可采用改良式单干整枝和双干整枝。改良式单干整枝是在单干整技基础上，保留第 1 花序下的侧枝，在其结 1 穗果后进行摘心。该种整枝方法，具有早熟、增强植株长势和节约用苗的优点；双干整枝是除主轴外，还保留第 1 花序下的第 1 侧枝，该侧枝由于生长势强，很快与主轴并行生长，形成双干，除去其余全部侧枝的整枝方法。该种整枝方法适用于生长势旺盛的无限生长类型的品种，在生长期较长、幼苗数量较少的情况下也可采用。在整枝过程中摘除多余侧枝，称作打杈。打杈过晚，消耗营养素过多，但在植株生长初期，过早打杈会影响根系的生长，尤其对生长势较弱的早熟品种，可待侧枝长到 5~6cm 时，分期、分次地摘除。对第一穗果坐果前出现的每一侧枝，留 2~3 片叶摘心，这样处理有利于增加大苗期的光合面积，从而增加光合产物量；同时可以促进根系的发育，为丰产打基础。在结果盛期以后，对基部的病叶、黄叶可陆续摘除，减少呼吸消耗，改善通风透光条件，减轻病害发生。

为提高果实的商品性和整齐度，要进行疏花疏果。对花序中花数过多的品种，或早期发生的畸形花、畸形果应行疏花或疏果，一般每穗留 3~4 个果，其余的花果全部去掉，以节约营养素，集中供应选留的果实发育，提高商品果的品质。

4. 保花

用 30~50mg/L 的防落素（PCPA）或 10mg/L 的 2,4-D 在花朵刚开放时蘸花防止落花，处理时应在药剂中加入染料，避免重复使用，防止浓度过大造成药害。

（六）采收

番茄以成熟着色的果实为产品，从开花到果实成熟早熟品种需 40~50d，中、晚期品种需 50~60d。果实成熟过程可分 4 个时期：

①绿熟期：果绿色，内含大量叶绿素，种子正在发育。

②转色期：果面显白，果已不再膨大，果胶质仍为绿色，此时是催熟的适宜时期。

③成熟期：果实基本全部着色，但还有绿果肩，果实仍然坚硬。果实具有固有的色泽，是果实鲜食的最佳时期。

④完熟期：果实全部着色，果肉变软，种子完全成熟，含糖量增加，风味最佳。在成熟过程中，果实内的化学成分也在发生着变化，表现为酸成分减少，糖量增加，叶绿素逐渐减少，茄红素、胡萝卜素及叶黄素增加，逐渐形成番茄特有的品质。

为加速番茄转色和成熟，必要时可行人工催熟。人工催熟的方法大致可分为增温处理和化学药剂处理两类方法。增温处理是将已充分膨大的绿熟果采收，置于室内或塑料薄膜棚内，增高温度加速成熟。这种方法只适宜处理已经采收的果实，而且催熟效果比较缓慢。化学药剂催熟的效果较快，方法是将采收的处于转色期的果实用 1000~4000mg/L 的乙烯利溶液浸果 1min 置于温暖处，经 3~4d 开始转红，这种方法催熟效果快，但色泽稍差。也可用 500~1000mg/L 乙烯利喷洒植株上的绿熟果，在植株上催熟的果实色泽较好。但切忌不要喷到植株上部的嫩叶上，以免发生药害。

四、 耐热性蔬菜生产方案

耐热性蔬菜以冬瓜为案例。

（一） 生产季节安排

冬瓜一般都在气温较高的季节栽培。西南地区冷床育苗一般在3月份上旬，4月份上旬定植，6～7月份采收。露地直播一般在3月份下旬，7月份下旬至9月份上旬收获。长江中、下游地区，一般在2月份上旬至3月份中旬温床或冷床育苗，4月份定植，露地播种可在4月份上、中旬，6～9月份收获；晚熟冬瓜可在6月份上旬播种，9月份收获。华南地区可在春、夏、秋分三茬种植。春冬瓜在上年12月份或当年1月份保护地育苗，2月份中旬至3月份上旬定植。露地直播宜在2月份中、下旬至3月份上旬，早冬瓜可在4月份开始上市，一般在6～7月份收获。夏冬瓜在4～5月份露地直播或育苗，7～8月份收获；秋冬瓜宜在6～7月份露地直播或育苗，9～10月份收获。

冬瓜多与稻、麦等轮作，以减少病虫为害。冬瓜生长期较长，前期生长慢，如采用棚架栽培，有利于与其他蔬菜间套作。间套作物种类与方式，各地可因地制宜。

（二） 选用优良品种

生产上可选用南京狮子头、江西早冬瓜、广东盒冬瓜等早熟类型的品种，上海小青皮、成都大冬瓜等中熟类型的品种及湖南粉皮、南昌扬子洲、广东青皮、广东黑皮等晚熟类型的品种。

（三） 育苗

1. 种子处理

冬瓜种子种皮厚而硬，不易吸水，可采用热水烫种。方法是将选好的冬瓜种子放入种子体积5～6倍70～75℃（有的水温还更高一些）热水中不断搅动，至水温降到40℃时停止搅动，再浸泡10～12h，捞出后清水冲洗干净。

将处理后的种子放在容器中，注意采用加盖湿毛巾或湿布等保湿措施，在28～30℃环境中催芽2～3d，每天用清水冲洗一次，待75%的种子开始露白时即可播种。有条件的地方可使用恒温箱催芽。

2. 育苗场地准备

冬瓜栽培直播与育苗均可。为了节省种子，延长生长季节，提高产量等，以育苗为宜。育苗通常采用冷床育苗。移栽时为了更好地保护根系，通常采用营养块、营养钵等方式进行育苗。

选排灌方便、3年以上未种植过葫芦科作物、土壤疏松肥沃的地块制作苗床。苗床宽1.2m左右。将苗床中的肥土过筛，与充分腐熟的优质有机肥按1:1的比例，再加入1%～2%复合肥混合均匀，配制成营养土装钵或制成营养块。

3. 播种

每钵或每块播种 1 粒。播种后覆盖 1~1.5cm 厚的营养土，浇透水，覆地膜和棚膜保湿增温。病害严重的地方可先浇透水再播种，然后覆盖湿润的消毒营养土。

4. 苗期管理

冬瓜顶土时要及时揭去覆盖的地膜。种子发芽至子叶开展，日温保持 30~35℃，并保持湿润。子叶开展至 2 片真叶展开，需降低湿度，日温 26~28℃，夜温 10~13℃，如温度过高，通风降温。这一时期要防止幼苗徒长。2 片真叶展开至 4~5 片真叶展开时，可控制水分，降低日温至 22~26℃，夜温 10~15℃。逐步延长炼苗时间，提高幼苗适应能力。生长温度适宜，则幼苗叶色青绿，肥厚，下胚轴短。温度过高，则幼苗叶薄，色黄绿，下胚轴伸长。若温度低，则生长缓慢，叶缘下垂，叶黄绿色。管理上要注意要根据幼苗的形态变化调控温度。

夏季育苗，气温常超过冬瓜幼苗的生长需要，加上空气相对湿度较高，容易徒长以致发生病害。应采取遮阳网或塑料薄膜等遮光、降温、防湿等措施。

（四）定植前准备

长江流域及其以南各地，冬瓜的生长季节雨量多，冬瓜根系不耐涝，应采用高畦深沟栽培。定植前结合耕翻整地，将准备好的肥料一次性全部施入，耙平做高畦。做畦时中间略高呈弧形，避免畦上积水。畦宽 1.5~2m（连沟），沟深 20~25cm。

（五）定植

冬瓜栽培可分地冬瓜、棚冬瓜和架冬瓜三种。地冬瓜植株爬地生长，单位面积株数较少，管理较粗放，节省棚架材料，产量较低。棚冬瓜有高棚与矮棚，用竹木搭棚。高棚如湖南的平棚和广东的鼓架平棚，棚高 1.7~2m。矮棚在厦门和广东潮汕等沿海地区广泛采用，棚高 0.7~1m。棚冬瓜的坐果和单果重都比地冬瓜好，产量比地冬瓜高，但不利于密植和间套作，且搭棚材料多，成本高。架冬瓜支架的形式有湖南长沙郊区的"一条龙"、广东的"三星鼓架龙根"或"四星鼓架龙根"、上海郊区"人字架"等。架冬瓜结合植株调整，空间利用较好，有利于密植。同时也适于间套作，增加复种指数。架冬瓜比棚冬瓜节省材料，成本低，是三种栽培方式中较为科学合理的一种栽培方式。

冬瓜幼苗从子叶开展至第 5~6 真叶展开均可移植。栽植密度因品种、栽培方式与栽培季节等而异，同时还应考虑冬瓜的用途、消费习惯需要、土壤肥力和技术水平等。一般小果型品种的果实较小，每株结果 2~3 个，应增加密度提高产量，搭架栽培每亩栽植 700~1300 株；中果型和大果型品种，特别是大果型品种，一般每株只留 1 个果实，如广东青皮冬瓜搭架栽培，每亩栽植 300~600 株。

长江流域主要种植大果型品种，一般行距 1.5~2m，株距 0.8~1m，每亩栽植 350~500 株。华南地区行距一般为 1.7~2m，株距春植 0.8~1m，秋植 0.6~0.8m。

（六）定植后管理

1. 肥水管理

冬瓜生长期长，产量高，要求较多的肥水。尤其进入抽蔓、开花结果期后，必须提供大量的营养素及水分。冬瓜施肥应氮、磷、钾齐全，其中对钾的吸收最多，氮次之，磷最少。对钙的吸收比钾和氮少而比磷和镁多，镁的吸收比氮、磷、钾和钙都少。冬瓜施肥主要以有机肥为主，无机肥为辅。以基肥为主，苗期追施稀薄粪水保苗，当初瓜已达 1.0～1.5kg 时，要攻肥水，促进果实发育。偏施氮肥会引起茎叶徒长，甚至影响坐果，而坐果后氮肥过多，又会引起果实绵腐病。施用猪、牛粪等腐熟厩肥或人粪尿等，其果实肉厚，味甜，耐贮；偏施矿质速效的氮肥，其果实肉薄，味淡，不耐贮。

冬瓜需水量大，但不耐涝。幼苗期和抽蔓期根系尚不发达，如天气干燥，土壤温度低，可酌情灌溉。抽蔓期以后，根系强大，吸收能力较强，一般靠根系自身吸水能力，也能满足植株的水分需要。采用高畦栽培，可在畦沟贮水，但应保持畦面 20cm 以下的水位，降雨前后注意排水。结果后期特别是采收之前避免水分过多，防止绵腐病发生，降低品质，不耐贮藏。

2. 植株调整

植株调整因栽培方式而定。地冬瓜一般利用主蔓和侧蔓坐果，可以在主蔓基部选留1～2 枚强壮侧蔓，摘除其他侧蔓，坐果后侧蔓让其任意生长。也可以主蔓坐果前摘除全部侧蔓，坐果后让侧蔓任意生长。棚架冬瓜一般利用主蔓坐果 1 个，在主蔓坐果前后摘除全部侧蔓，或者坐果前摘除侧蔓，坐果后选留若干枚侧蔓。主蔓摘心或不摘心均可。

引蔓使瓜蔓均匀分布，充分利用阳光，并有适当位置坐果。地冬瓜主蔓往同一方向引蔓，侧蔓向两边引。矮棚冬瓜两边各种一行，主蔓坐果前摘除侧蔓，在地面留十余节，然后引蔓上棚，各向对方引蔓。主蔓坐果后，让侧蔓均匀分布棚上。高棚冬瓜主蔓在地面留15 节左右，坐果前摘除侧蔓，主蔓沿支柱引蔓上棚，坐果后侧蔓在棚面均匀分布。一条龙架式冬瓜，多摘除全部侧蔓，主蔓在地面留 15 节左右，然后沿支柱向上引蔓，上横竹（离地 1.3m 左右）前后坐果，瓜蔓在横竹向同一方向旋转引蔓。鼓架冬瓜，一般一株一架，引蔓方法同一条龙。一般都在鼓架上部至横竹之间坐果，这样可利用叶片保护果实，避免阳光灼伤。

瓜蔓在地面生长时，应注意压蔓。瓜蔓上棚架以后，要利用卷须缠绕棚架，使瓜蔓定向生长，上午的瓜蔓含水分多，容易折断，摘蔓、引蔓宜在下午进行。

3. 坐果与护果

阴雨天辅以人工授粉促进坐果。

小果型品种的果实较小，为提高产量宜多坐果。中果型和大果品种为提高产量，应在适当密植的基础上争取结大果。为了获得大果，坐果节位是关键。研究表明，广东青皮品种以主蔓上第 29～35 节坐果的果实最大，第 23～28 节坐果的果实其次，第 17～21 节坐果的果实再次，第 36～44 节坐果的果实最小。在主蔓 23～35 节坐果，坐果后第 15～20节摘心，这样坐果都有较好的营养生长系统，可保证果实的良好发育。

冬瓜坐果期间，正值炎热季节，如果果实暴露在阳光下，容易灼伤。另外，冬瓜果实大，果实达到一定重量时容易断落。要注意在适当的位置坐果，并且当果实长至 4～5kg时便应套（或吊）瓜，避免果实断落。地冬瓜和矮棚冬瓜的果实与地面接触，容易引起病害，导致烂瓜，可用较柔软的秸秆等垫底，并适当翻动果实。对暴露在阳光直射的果实，可用作物秸秆、蕉叶等遮盖。

4. 病虫防治

冬瓜主要病虫害与其他瓜类的相似，防治方法可参考黄瓜病虫害的防治。

（七）采收

冬瓜的嫩果和成熟果实均可食用，一般采收成熟果实。充分成熟的果实，产量高，品质好。小果型品种的果实从开花至商品成熟需 21～28d，至生理成熟需 35d 左右，采收标准不严格，能够达到食用标准即可采收。大果型品种自开花至果实成熟需 35d 以上，一般为 40～50d，生理成熟后采收。

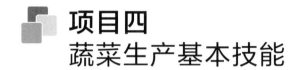

项目四
蔬菜生产基本技能

【教学目标】

知识：蔬菜种子室内检验的方法和程序；蔬菜种子萌芽的环境条件和播前处理方法；蔬菜的耕翻方法、蔬菜畦的种类和施肥方式；露地蔬菜的播种面积、播种时期与播种量的确定方法；营养土特性及育苗方法；确定蔬菜定植时期的原则；蔬菜追肥和灌水的依据；了解植株调整的目的和意义；了解蔬菜落花落果的原因及保花保果的方法；蔬菜生物产量、经济产量的概念，准确判断不同蔬菜的适采期，不同蔬菜的采收方法及采后处理方法。

技能：能进行蔬菜种子的净度、发芽率和生活力等的检验；学会蔬菜种子的一般浸种、温汤浸种、热水烫种和药剂浸种方法，学会常规催芽及变温催芽的方法；学会蔬菜整地施肥和做畦的方法；学会常见蔬菜的撒播、条播和穴播及干播、湿播；学会配制育苗土，会设施育苗、嫁接育苗；学会蔬菜定植前的准备工作和定植方法；学会蔬菜追肥和灌水的方法；学会蔬菜植株调整的方法；学会利用植物生长调节剂保花保果；会估测蔬菜产量；会判断蔬菜的采收适期及采收方法。

态度：培养学生热爱蔬菜的专业情感；培养学生一丝不苟的工作作风和热爱生命的意识；培养学生踏实肯干、任劳任怨、认真负责的工作态度；培养学生生态环保和农业可持续发展、和谐的理念；培养学生独立思考、团结协作、创新吃苦的精神。

【教学任务与实施】

教学任务：能进行蔬菜种子的常规检验；学会蔬菜种子的一般浸种、温汤浸种、热水烫种和药剂浸种方法；学会常规催芽及变温催芽的方法；掌握耕地、施肥和作畦的方法；学会营养土配制、设施育苗、嫁接育苗；确定适宜定植时期、密度和定植方法；学会灌溉、追肥，支架、吊蔓，整枝，落蔓、压蔓、缠蔓，摘叶与束叶；学会配制保花保果植物生长调节剂，蔬菜产量测定和蔬菜采收。

教学实施：实训室、实训基地、图片、标本、多媒体等；适宜栽植和播种的土地、栽培床。

【项目成果】

种子检验报告单；符合生产要求的发芽种子；播种的大田作物和蔬菜；配制好的营养土、培育的壮苗；定植好的大田作物和蔬菜；生长良好的大田作物和蔬菜；测定的蔬菜产量报告。

一、 蔬菜种子的识别

（一） 蔬菜种子及其特点

1. 蔬菜种子的含义

优质的种子是育苗的基本条件之一，也是培育壮苗、获得高产的基础。狭义蔬菜种子专指植物学上的种子；广义蔬菜种子泛指所有用来繁殖下一代的播种材料。根据其来源和特点可分为4类：

第一类由胚珠发育而成的种子，如白菜类、瓜类、豆类、茄果类、苋菜等的种子；

第二类种子属于果实，由胚珠和子房构成，如莴苣瘦果，菱果坚果，胡萝卜、芹菜、香菜等双悬果，根甜菜聚合果；

第三类种子属于无性繁殖材料的营养器官，有鳞茎（大蒜、洋葱）、球茎（芋头、荸荠）、根状茎（韭菜、姜、莲藕）、块茎（马铃薯、山药、菊芋）等；

第四类种子则为食用菌类的菌丝体，如平菇、草菇、银耳、冬虫夏草等。

2. 蔬菜种子的形态和结构

（1）种子的形态　种子形态指种子的外形、大小、颜色、表面光洁度、种子表面特点，如沟、棱、毛刺、网纹、蜡质、突起物等。种子形态是鉴别蔬菜种类、判断种子质量的重要依据，如成熟种子色泽较深，具蜡质；欠成熟的种子色泽浅，皱瘪。新种子色泽鲜艳光洁，具香味；陈种子色泽灰暗，具霉味。主要蔬菜的种子形态见图4-1。

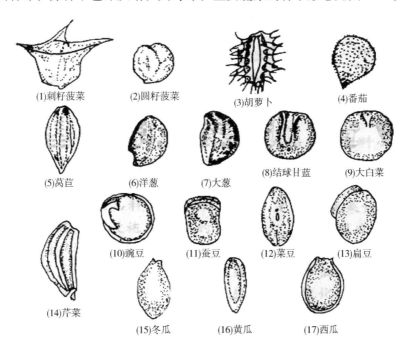

(1)刺籽菠菜　(2)圆籽菠菜　(3)胡萝卜　(4)番茄
(5)莴苣　(6)洋葱　(7)大葱　(8)结球甘蓝　(9)大白菜
(10)豌豆　(11)蚕豆　(12)菜豆　(13)扁豆
(14)芹菜　(15)冬瓜　(16)黄瓜　(17)西瓜

图4-1　蔬菜的种子形态

种子的大小以千粒重表示。

大粒种子：千粒重 >100g，如瓜类（除黄瓜、甜瓜）、豆类；

中粒种子：千粒重 10~100g，如黄瓜、甜瓜、萝卜、菠菜；

小粒种子：千粒重 <10g，如白菜类、茄果类、葱蒜类、芹菜、莴苣等。

种子的大小与营养物质的含量有关，对胚的发育有重要作用，还关系到出苗的难易和秧苗的生长发育速度。种子越小，播种的技术要求越高，苗期生长越缓慢。

（2）种子的结构　蔬菜种子结构包括种皮、胚，有的蔬菜种子还有胚乳，有的果实型种子还有果皮。根据成熟种子胚乳的有无，可将种子分为有胚乳种子（如番茄、菠菜、芹菜、韭菜的种子）和无胚乳种子（如瓜类、豆类、白菜类的种子）。

①种皮及果皮：种皮和果皮都是包围在胚和胚乳外部的保护组织。果皮和种皮的厚薄、细胞结构的致密程度均影响种子和外界环境条件的关系，因而对种子休眠、发芽、寿命长短、干燥贮藏均有重要的影响。同时，种皮表面的光洁度、沟、棱、毛刺、网纹、蜡质、突起物等均是鉴别蔬菜种类，判断种子质量及老、嫩、新、陈的重要依据。

②胚：胚是种子中最重要的组成部分，是唯一未发育的雏形植物，由胚芽、胚轴、胚根和子叶四部分组成。胚芽和上胚轴，发育后为茎、叶等地上部分。介于子叶与胚根的中间部分称下胚轴。萌发后若下胚轴伸长，则子叶出土，如毛豆、萝卜、白菜、黄瓜等。而下胚轴胚不伸长则子叶留在土中，如蚕豆、豌豆等。胚根是未来植物的初生根。

③胚乳：胚乳包括内胚乳和外胚乳。有些蔬菜种子的外胚乳发达，如甜菜、苋菜等；有些则内胚乳发达，如胡萝卜、芹菜、茄子、辣椒等，这些统称为有胚乳种子。而豆科、葫芦科及菊科蔬菜没有胚乳，营养物质贮藏于胚内，尤以子叶内最多。

（二）种子的寿命

蔬菜种子的寿命（或发芽年限）是指种子能保持良好发芽能力的年限。这取决于遗传特性以及种子个体生理成熟度、种子的结构、化学成分等因素，同时也受贮藏条件影响。种子寿命和种子在生产上的使用年限不同。生产上通常以能保持60%~80%发芽率的最长贮藏年限为使用年限。一般贮藏条件下，蔬菜种子的寿命1~6年，使用年限只有1~3年（表4-1）。

表4-1　　　　　　　　　　一般贮藏条件下蔬菜的种子寿命与使用年限

蔬菜名称	寿命	使用年限	蔬菜名称	寿命	使用年限
大白菜	4~5	1~2	番茄	4	2~3
结球甘蓝	5	1~2	辣椒	4	2~3
球茎甘蓝	5	1~2	茄子	5	2~3
菜花	5	1~2	黄瓜	5	2~3
芥菜	4~5	2	南瓜	4~5	2~3
萝卜	5	1~2	冬瓜	4	1~2
芜菁	3~4	1~2	瓠瓜	2	1~2
根用芥菜	4	1~2	丝瓜	5	2~3
菠菜	5~6	1~2	西瓜	5	2~3

续表

蔬菜名称	寿命	使用年限	蔬菜名称	寿命	使用年限
芹菜	6	2~3	甜瓜	5	2~3
胡萝卜	5~6	2~3	菜豆	3	1~2
莴苣	5	2~3	豇豆	5	1~2
洋葱	2	1	豌豆	3	1~2
韭菜	2	1	蚕豆	3	2
大葱	1~2	1	扁豆	3	2

（三）种子的萌发

蔬菜种子发芽的显著特点是可以不靠外来的营养物质，而是消耗自身的贮藏物质作能源。在生物化学上是种子形成的逆过程，它的本质是把种子所贮备的高分子态的物质，转化为低分子态的营养料，供给幼胚生长发育。

1. 萌发条件

萌发条件包括种子结构完整，生命力强，已过休眠期，足够的水分，充足的氧气和适宜的温度。此外，光和其他因素对种子发芽也有不同程度的影响。

（1）水分　水分是种子萌发的重要条件，种子萌发的第一步就是吸水。一般蔬菜种子浸种 12h 即可完成吸水过程，提高水温（40~60℃）可使种子吸水加快。种子吸水过程与土壤溶液渗透压及水中气体含量有密切关系。土壤溶液浓度高、水中氧气不足或 CO_2 含量增加，可使种子吸水受抑制。种皮的结构也会影响种子的吸水，例如十字花科种皮薄，浸种 4~5h 可吸足水分，黄瓜则需 4~6h，葱、韭菜需 12h。

（2）温度　蔬菜种子发芽要求一定的温度，不同蔬菜种子发芽要求的温度不同。喜温蔬菜种子发芽要求较高的温度，适温一般为 25~30℃；耐寒、半耐寒蔬菜种子发芽适温为 15~20℃。在适温范围内，种子发芽迅速，发芽率也高。

（3）氧气　种子贮藏期间，呼吸微弱，需氧量极少，种子一旦吸水萌动，则对氧气的需要急剧增加。种子发芽需氧浓度在 10% 以上，无氧或氧不足，种子不能发芽或发芽不良。

（4）光　根据种子发芽对光的要求，可将蔬菜种子分为需光种子、嫌光种子和中光种子三类。需光种子发芽需要一定的光，在黑暗条件下发芽不良，如莴苣、紫苏、芹菜、胡萝卜等；嫌光种子要求在黑暗条件下发芽，有光时发芽不良，如苋菜、葱、韭及其他一些百合科蔬菜种子；大多数蔬菜种子为中光种子，在有光或黑暗条件下均能正常发芽。

2. 萌发过程

种子萌发的过程分为吸水膨胀、萌动和发芽三个阶段。种子吸水膨胀过程有两个阶段：第一，初始阶段，吸收作用依靠种皮、珠孔等结构的机械吸水膨胀之力；第二，完成阶段，吸水依靠种子胚的生理活动，吸收的水分主要供给胚的活动。有生活力的种子，随着水分吸收，酶的活动能力加强，贮藏的营养物质开始转化和运输，胚部细胞开始分裂、伸长。胚根首先从发芽孔伸出，这就是种子的萌动，俗称"露白"或"破嘴"。种子露白后，胚根、胚轴、子叶、胚芽的生长加快，胚轴顶着幼芽破土而出。

种子吸水的生理作用是：①使种皮变软开裂，胚与胚乳吸水膨胀；②种皮适度吸水使透气性增强，这有利于胚细胞在呼吸过程中吸收氧气和排出二氧化碳；③原生质由凝胶状态变成溶胶状态，这增强了胚的代谢活动，促进原生质的流动。

（四） 蔬菜种子的质量检验

蔬菜种子质量的优劣，最终表现为播种的出苗速度、整齐度、秧苗纯度和健壮程度等。这些种子的质量标准，应在播种前确定，以便做到播种、育苗准确可靠。种子质量的检验内容包括种子净度、品种纯度、千粒重、发芽势和发芽率等。

1. 纯度

种子纯度是指供检种子样品中属于本品种的种子质量的百分数。有田间检验和室内检验两种方法，普遍采用的是室内检验法。室内检验以形态鉴定为主，根据种子形状、大小、色泽、花纹及种皮的其他特征，通过肉眼或放大镜进行观察，区别不同蔬菜种子。蔬菜种子的纯度应达到98%以上。纯度用下式计算：

$$种子纯度 = \frac{供试样品总质量（g） - ［杂质质量（g） + 杂种子质量（g）］}{供试样本总质量（g）} \times 100\%$$

2. 净度

检查种子净度的方法是称取一定量的种子，除去各种杂质后，再称纯净种子的重量。按下式计算：

$$净度 = \frac{纯净种子质量（g）}{样品质量（g）} \times 100\%$$

3. 饱满度

用1000粒种子质量（g）表示，通称千粒重。种子的千粒重是衡量种子是否充实饱满的主要标志。

4. 发芽率

发芽率指样品种子中种子发芽的百分数。

检查种子发芽率的方法：大粒种子可取50粒，小粒取100粒，分别浸种4～24h，放在20～25℃催芽，每天记载发芽的种子粒数，按下述方法计算种子的发芽率：

$$发芽率（\%） = \frac{发芽种子的粒数}{供试种子的粒数} \times 100\%$$

测定种子发芽率时须注意种子对发芽条件的要求，有的种子发芽除了适宜的温度、水分、空气条件外，还要求光照或黑暗条件。

甲级蔬菜种子的发芽率应达到90%～98%，乙级蔬菜种子的发芽率应达到85%左右。

5. 发芽势

发芽势指种子发芽速度和发芽整齐度，用以表示种子生活力的强弱，以规定时间内发芽百分数表示。

$$种子发芽势 = \frac{规定天数内发芽种子数}{供试种子数} \times 100\%$$

统计发芽种子数时，凡是没有幼根、幼根畸形、有根无芽、有芽无根及种子腐烂者都不算发芽种子。蔬菜种子发芽势和发芽率的测定条件及规定天数见表4-2。

表 4 – 2　　　　　　　　　　　发芽率和发芽势的测定条件和规定时间

蔬菜种类	发芽温度/℃	光线	规定时间/d	
			发芽势测定	发芽率测定
番茄	25 ~ 30	黑暗	4 ~ 6	8
辣椒	20 ~ 30	黑暗	4 ~ 6	8
茄子	20 ~ 30	黑暗	6 ~ 7	10
瓜类	25 ~ 30	黑暗	3 ~ 4	6
甘蓝	20 ~ 25	黑暗	3 ~ 4	6
菜花	20 ~ 25	黑暗	3 ~ 4	6
芹菜	20 ~ 30	需光	7 ~ 10	14
香菜	20 ~ 32	黑暗	6 ~ 7	14
莴苣	15 ~ 25	需光	5 ~ 7	14
茼蒿	20 ~ 25	黑暗	5 ~ 7	14
豆类	20 ~ 30	黑暗	3 ~ 4	7
葱	18 ~ 25	黑暗	6 ~ 7	14
韭菜	18 ~ 25	黑暗	6 ~ 7	14
菠菜	15 ~ 20	黑暗	6 ~ 7	14
芥菜	20 ~ 25	黑暗	3 ~ 4	7
白菜	20 ~ 25	黑暗	3	5
胡萝卜	20 ~ 30	需光	6 ~ 7	16
萝卜	20 ~ 25	黑暗	3 ~ 4	6

6. 种子活力

种子活力是指种子的健壮度，主要包括迅速萌发的发芽潜力和生产潜力。常用的测定方法有"幼苗生长（速率）""电导测定"和"红四唑哦测定（TTC 法）"等。

二、 蔬菜种子的播前处理

为了使种子播后出苗整齐，迅速，健壮，减少病害感染，增强种胚和幼苗的抗逆性，达到培育壮苗的目的，播前常进行种子处理。

（一）浸种

浸种是将种子浸泡在一定温度的水中，使其在短时间内吸水膨胀，达到萌芽所需的基本水量。根据浸种的水温以及作用不同，通常分为一般浸种、温汤浸种和热水烫种三种方法。

1. 一般浸种

此法适用于种皮薄、吸水快的种子。用常温水浸种。一般浸种法对种子只起供水作用，无灭菌和促进种子吸水作用。

2. 温汤浸种

此法对防止番茄早疫病、茄子褐纹病、甜椒炭疽病、黄瓜角斑病、芹菜斑枯病等效果较好。温汤浸种所用水温为 55～60℃ 热水，是一般病菌的致死温度。用水量是种子体积的5～6 倍，不断搅拌，并保持水温 10～15min，然后让水温降至 30℃，继续浸种。

3. 热水烫种

此法适用于种皮厚、吸水困难的种子，如西瓜、冬瓜、丝瓜、苦瓜等，可以杀死种子表面的病菌和虫卵，并具有钝化病毒和促进种子吸水的作用。将充分干燥的种子投入 75～80℃ 的热水中，快速烫种 3～5s，之后加入凉水，降低温度到 55℃ 时，转入温汤浸种，或直接转入一般浸种。

（二）催芽

催芽是在消毒浸种之后，是将已吸足水的种子，置于黑暗或弱光环境里，并给予适宜温度、湿度和氧气条件，促使其迅速发芽。具体方法是将已经吸足水的种子用保水透气的材料（如湿纱布、毛巾等）包好，种子包呈松散状态，置于适温条件催芽。催芽期间，一般每 4～5h 翻动种子包 1 次，以保证种子萌动期间有充足的氧气供给。每天用清水投 1～2次，除去黏液、呼吸热、补充水分。也可将吸足水的种子和湿沙按 1∶1 混拌催芽。催芽期间要用温度计随时监测温度。当大部分种子露白时，停止催芽，准备播种。若遇恶劣天气不能及时播种时，应将种子放在 5～10℃ 低温环境下，保湿待播。主要蔬菜的催芽适宜温度和时间见表 4－3。

表 4－3　　　　　　　　　　几种蔬菜浸种催芽的适宜温度与时间

蔬菜种类	浸种		催芽		蔬菜种类	浸种		催芽	
	水温/℃	时间/h	温度/℃	时间/d		水温/℃	时间/h	温度/℃	时间/d
黄瓜	25～30	8～12	25～30	1～1.5	甘蓝	20	3～4	18～20	1.5
西葫芦	25～30	8～12	25～30	2	菜花	20	3～4	18～20	1.5
番茄	25～30	10～12	25～28	2～3	芹菜	20	24	20～22	2～3
辣椒	25～30	10～12	25～30	4～5	菠菜	20	24	15～20	2～3
茄子	30	20～24	28～30	6～7	冬瓜	25～30	12＋12*	28～30	3～4

注：浸种 12h 后，将种子捞出晾 10～12h，再浸 12h。

（三）种子消毒

1. 药液浸种

先将种子在清水中浸泡 4～6h，捞出后沥干水，再浸到一定浓度的药液里，经一定时间后取出，清洗后播种，以达到杀菌消毒的目的；另一种方法是将种子浸于药剂中 5～10min，再用清水反复冲洗种子至无药味为止。浸种的药剂必须是溶液或乳浊液，浓度、时间要严格掌握。药液浸种后必须用清水清洗干净后才能继续催芽、播种，否则易产生药害或影响药效。药液用量一般为种子的 2 倍左右。常用浸种药液有 800 倍的 50% 多菌灵溶液、800 倍的托布津溶液、100 倍的福尔马林溶液、10％的磷酸三钠溶液、1％的硫酸铜溶液、1％的高锰酸钾溶液等。

2. 药剂拌种

将药剂和种子拌在一起，种子表面附着均匀的药粉，以达到杀死种子表面的病原菌和防止土壤中病菌侵入的目的。拌种的药粉、种子都必须是干燥的，否则会引起药害和影响种子蘸药的均匀度，用药量一般为种子质量的 0.2％ ~0.3％，药粉需精确称量。操作时先把种子放入罐内或瓶内，加入药粉，加盖后摇动 5min，可使药粉充分且均匀地粘在种子表面。拌种常用药剂有 40％五氯硝基苯、50％多菌灵、25％甲霜灵等。

三、 整地、 施肥与作畦

（一） 翻耕

土壤耕作是指在蔬菜生产过程中，通过农机具的物理机械作用，根据土壤特性和作物要求，改善土壤耕层结构和表层状况，调节土壤中水、肥、气、热等因素，为蔬菜作物播种、出苗或定植及生长发育创造适宜的土壤环境条件。包括翻耕、耙地、开沟、做畦、起垄、中耕和培土等。

土壤翻耕是世界各国采用最普遍的一种耕作措施。蔬菜生产上翻耕有人工翻耕、畜耕和机耕。随着城镇化和农村土地流转，畜耕和人工翻耕逐渐被机耕取代。目前机耕主要有半翻垡翻耕和旋耕，半翻垡翻耕用大中型拖拉机牵引五铧犁或悬挂轻型五铧犁进行翻耕，将垡片翻转 135°，翻后垡片彼此相叠覆盖成瓦状，垡片与地面呈 45°夹角，称为半翻垡。这种方式牵引阻力小，有翻、碎土作用。翻耕深度为 20 ~25cm，多在晚秋及早春蔬菜收获后用这种方法；旋耕法是使用小型手扶拖拉机牵引旋耕犁进行旋耕，耕深 12 ~18cm。这种耕法是在 16 ~20 把犁刀的旋转下，使表层土壤上下旋转，达到旋耕、灭茬、掺肥的目的。耕后不留沟垄，地表平整。但由于犁刀旋转速度快，易破坏土壤结构，而且耕深较浅，经常使用旋耕时，在耕层中形成第二犁底层，破坏土体构造。因此，旋耕只适用于小型地块或夏季倒茬时使用，一般不提倡用作秋翻。

南方地区，冬季温暖，全年均能栽培蔬菜，一般根据茬口安排随收随耕。常于秋冬季结合改土深耕一次。春耕宜早宜浅，作为秋翻的补充措施，夏翻宜浅，以灭茬、松土、除草为主，注意保墒，防止干旱条件下破坏土壤结构。

（二） 做畦

1. 菜畦的主要类型

为便于灌溉与排水，改善土壤温度及通气条件，土壤在翻耕、埋入基肥后，根据雨量、地下水位、蔬菜种类作畦。菜畦主要有平畦、高畦、低畦和垄，见图 4 - 2。

（1） 平畦　畦面与田间通道相平，地面平整后不做畦沟和畦埂。平畦的土地利用率较高，适宜排水良好，雨量均匀，不需经常灌溉的地块。

（2） 低畦　畦面低于地面，田间通道高于畦面。适于地下水位低、雨量较少的地区或

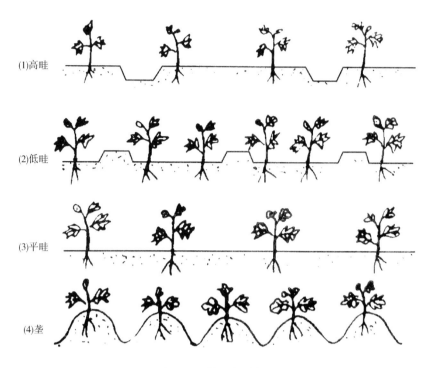

(1)高畦

(2)低畦

(3)平畦

(4)垄

图 4 - 2　菜畦主要类型

季节。

（3）高畦　畦面高于田间通道。适于降雨较多、地下水位较高或排水不良的地区；能提高地温；降低表层土壤湿度，减轻雨涝；南方多雨地区一般畦面宽 1.2 ~ 1.5m、沟深 20 ~ 25cm、宽 30 ~ 40cm。

（4）垄　是一种较窄的高畦，底宽上窄。有利于提高地温、加厚土层，且排水方便。一般多用于栽培根菜类和薯芋类蔬菜。

2. 做畦技术

做畦一般跟土壤耕作结合进行，土壤耕作后，根据栽培需要确定菜畦类型及走向，并按照栽培畦的基本要求做畦。

（1）畦的走向　菜畦走向应根据地形、地势及气候条件确定。畦或行的方向应与风向平行，有利于行间通风及减少台风危害；坡地应以有利于防止水土流失为原则，畦长应与斜坡垂直。一般情况下，冬春季以东西走向较好，冷风危害轻，植株受光较好；夏秋季宜做成南北延长的畦，接受热量较少，行间通风较好。

（2）畦的基本要求

①土壤疏松透气，保水保肥。

②土壤细碎，无坷垃、石砾、薄膜及杂草等杂物。

③畦面平整，畦埂坚硬顺直、垄直顶平、高度均匀一致。

（三）　施基肥

在作物播种或定植前结合土壤耕翻或整地作畦施用的肥料为基肥。其特点是施肥量大、一般基肥量应占总用肥量的 60% 左右；肥效长，既能供给作物营养素，又能改良土壤，是最基本的施肥方法，各种有机肥料、化学肥料、菌肥均可作基肥施用，但一般多使用粗肥作为基肥。基肥又可分为底肥和面肥两种。底肥是随耕作翻人底层的肥料，面肥是在作物播种或定植前普遍撒施于田面，随后浅耙入土，以供作物生长初期所需的营养素。蔬菜因施肥量大，故一般底肥、面肥兼施。基肥的施用方法主要有三种。

1. 撒施

将肥料均匀地撒在菜地表面，结合整地翻入土中，让肥料与土壤充分混合。

2. 条施

在播种或栽插行中间开沟，将肥料均匀撒入沟内，施肥集中，利用率高。

3. 穴施

按株行距开播种穴或定植穴，穴稍大点，将肥料施于穴的一边，另一边播种或栽插植株。

四、 蔬菜大田播种技术

（一） 播种期确定

播种期受当气候条件，蔬菜种类、栽培目的、育苗方式及市场需求等影响。调节播种期，使蔬菜处在温光水肥等条件较适宜的时期生长。确定露地播种期的总原则：根据不同蔬菜对气候条件的要求，把蔬菜的旺盛生长期和产品器官主要形成期安排在气候（主要指温度）最适宜季节，以充分发挥作物的生产潜力。根据这一原则，对于喜温蔬菜春播，可在终霜后进行；对于不耐高温的西葫芦、菜豆、番茄等，应考虑避开炎夏；对不耐涝的西瓜、甜瓜应考虑躲开雨季；二年生半耐寒蔬菜（大白菜、萝卜）在秋季播种，榨菜在重庆地区 9 月份上旬播种产量高，但蚜虫危害严重，为避免蚜虫危害，多于 9 月份下旬至 10 月份上旬播种。葱蒜类、菠菜也可在晚秋播种，速生蔬菜可分期连续播种。设施蔬菜播种期可根据蔬菜种类、育苗设备、安全定植期，用安全定植期减去日历苗龄进行推算。

（二） 播种量计算

播种量应根据蔬菜的种植密度、单位重量的种子粒数、种子的使用价值及播种方式、播种季节来确定。点播种子播种量计算公式如下：

$$单位面积播种量（g）= \frac{[种植密度（穴数）×每穴种子粒数]×安全系数（1.2~4.0）}{每克种子粒数×种子使用价值}$$

$$种子使用价值 = 种子净度×品种纯度×种子发芽率$$

撒播法和条播法的播种量可参考点播法进行确定，但精确性不如点播法高。主要蔬菜的参考播种量见表 4-4。

表 4 – 4　几种蔬菜种子的参考播种量

蔬菜种类	种子干粒重/g	用种量/（g/亩）	蔬菜种类	种子干粒重/g	用种量/（g/亩）
大白菜	0.8 ~ 3.2	125 ~ 150（直播）	大葱	3 ~ 3.5	300（育苗）
小白菜	1.5 ~ 1.8	250（育苗）	洋葱	2.8 ~ 3.7	250 ~ 350（育苗）
小白菜	1.5 ~ 1.8	1500（直播）	韭菜	2.8 ~ 3.9	3000（育苗）
结球甘蓝	3.0 ~ 4.3	25 ~ 50（育苗）	茄子	4 ~ 5	20 ~ 35（育苗）
菜花	2.5 ~ 3.3	25 ~ 50（育苗）	辣椒	5 ~ 6	80 ~ 100（育苗）
球茎甘蓝	2.5 ~ 3.3	25 ~ 50（育苗）	番茄	2.8 ~ 3.3	25 ~ 30（育苗）
大萝卜	7 ~ 8	200 ~ 250（直播）	黄瓜	25 ~ 31	125 ~ 150（育苗）
小萝卜	8 ~ 10	150 ~ 250（直播）	冬瓜	42 ~ 59	150（育苗）
胡萝卜	1 ~ 1.1	1500 ~ 2000（直播）	南瓜	140 ~ 350	250 ~ 400（育苗）
芹菜	0.5 ~ 0.6	150 ~ 250（育苗）	西葫芦	140 ~ 200	250 ~ 450（育苗）
香菜	6.85	2500 ~ 3000（直播）	西瓜	60 ~ 140	100 ~ 160（育苗）
菠菜	8 ~ 11	3000 ~ 5000（直播）	甜瓜	30 ~ 55	100（育苗）
茼蒿	2.1	1500 ~ 2000（直播）	菜豆（矮）	500	6000 ~ 8000（直播）
莴苣	0.8 ~ 1.2	20 ~ 25（育苗）	菜豆（蔓）	180	4000 ~ 6000（直播）
结球莴苣	0.8 ~ 1.0	20 ~ 25（育苗）	豇豆	81 ~ 122	1000 ~ 1500（直播）

（三）播种方式确定

1. 根据播种形式区分

根据播种的形式不同，蔬菜播种可分为撒播、条播和穴播三种方式。

（1）撒播　撒播是将种子均匀撒播到畦面上。撒播的蔬菜密度大，单位面积产量高，可以经济利用土地；缺点是种子用量大，间苗费工，对撒籽技术和覆土厚度要求严格。适用于生长迅速、植株矮小的速生菜类及苗床播种。

（2）条播　条播是将种子均匀撒在规定的播种沟内。条播地块行间较宽，便于机械化播种及中耕、起垄，同时用种量也减少，覆土方便。适用于单株占地面积较小而生长期较长的蔬菜，如菠菜、胡萝卜、大葱等。

（3）穴播　又称点播，指将种子播在规定的穴内。适用于营养面积大、生长期较长的蔬菜如豆类、茄果类、瓜类等蔬菜。点播用种最少，也便于机械化耕作管理，但播种用工多，出苗不整齐，易缺苗。

2. 根据播种前是否浇水区分

根据播种前是否浇水可分为干播和湿播两种方式。

（1）干播　将干种子播于墒情适宜的土壤中，播前将播种沟或播种畦踩实，播种覆土后，轻轻镇压土面，使土壤和种子紧紧贴合以助吸水。

（2）湿播　播种前先打底水，但水渗后再播。浸种或催芽的种子必须湿播。播种深度（覆土厚度）主要根据种子大小、土壤质地、土壤温度、土壤湿度及气候条件而定。种子小，贮藏物质少，发芽后顶土能力弱，宜浅播；反之，大粒种子宜深播。种子播种深度以种子直径的 2 ~ 6 倍为宜，小粒种子覆土 0.5 ~ 1cm，中粒种子覆土 1 ~ 1.5cm，大粒种子覆土 3cm 左右。另外，沙质土壤，播种宜深；黏重土，地下水位高者宜浅播。高温干燥时宜深播，天气阴湿时宜浅播。芹菜种子喜光宜浅播。

（四） 播种深度确定

播种深度可以通过以下 4 种方式来确定。

1. 根据种子的大小确定播种深度

小粒种子一般播种 1 ~ 1.5cm 深、中粒种子播种 1.5 ~ 2.5cm 深、大粒种子播种 3cm 左右深。

2. 根据土壤质地确定播种深度

沙质土土质疏松，对种子的脱壳能力弱，并且保湿能力也弱，应适当深播。黏质土对种子的脱壳能力强，且透气性差，应适当浅播。

3. 根据季节确定播种深度

高温多雨季节（主要是夏季）播种要深，以减少地面高温对种子的伤害，同时也能防止种子落干或雨水冲出种子。由于蔬菜种子多较小，不宜深播，为解决高温多雨季节要求深播与种子偏小的矛盾，生产上一般采取"浅播深盖法"播种，即按标准播深开沟或挖穴，播种后再在播种位置上另培厚土，于种子出苗前一天傍晚，扒掉多培的土，恢复实际的播种深度。另外，"浅播深盖法"播种后如果遇雨，还可于雨后带表土稍干时，疏松表土，恢复播种层的通透性。

低温干燥季节（主要是春季）为使播种层的土壤温度尽快回升，通常要求浅播。而一些要求深播种的蔬菜如马铃薯、生姜等，进行浅播时往往达不到标准播深要求。为解决这一矛盾，生产上一般采用"深播浅盖法"播种，即按照标准播种深度开沟或挖穴，播种后浅盖土，种子出苗后，分次培土，直至达到标准要求。

4. 根据种子的需光特性确定播种深度

种子发芽要求光照的蔬菜，如芹菜等宜浅播，反之则应当深播。

蔬菜育苗方式有多种，从不同的角度可划分为不同的类型。从育苗场所及育苗条件不同可分为保护地育苗和露地育苗；从育苗所用的基质不同可分为床土育苗和无土育苗；从育苗所用的繁殖材料不同可分为种子育苗、扦插育苗、嫁接育苗、组培育苗等；从育苗的护根方式（容器）不同可分为营养土块育苗、纸钵（筒）育苗、塑料钵（营养钵）育苗、穴盘育苗等；根据育苗的设备与集约化水平不同，可分为常规育苗、机械化育苗和工厂化育苗等。

五、 蔬菜育苗技术

蔬菜育苗是指移植栽培的蔬菜在苗床中从播种到定植的全部作业过程，通过冬季保温防寒、夏季遮阳降温的设施来育苗，育苗可以培育壮苗，防止徒长苗及瘦弱苗，缩短蔬菜在大田生长发育时期，提早上市；育苗的措施手段很多，大体上可分为传统的育苗方式和现代应用较多的配制培养土育苗。

（一） 设施育苗

1. 营养土的配制

最适宜的育苗用土是经过人工调制好的肥沃土壤，称为培养土或床土。

（1）优良营养土的条件　优良营养土具有高度的持水性和良好的通透性，浇水后不板结，干燥时表面不裂纹，保水保肥力强，用土坨成苗时床土不易散坨，富含矿质营养和有机质，营养丰富且全面。有机质含量不低于30%，全氮含量0.8～1.2%，速效氮含量100～150mg/kg，速效磷含量大于200mg/kg，速效钾含量不低于100mg/kg，床土的适宜pH为6～7，不含有毒有害化学物质。无病菌和虫卵。

（2）营养土的配制　配制床土的原料主要为有机肥、园田土。比较理想的有机肥原料有草炭、马粪/充分腐熟的厩肥、堆肥等。园田土要求取自非重茬地，理化和生物性状良好，最好使用葱蒜类茬口的园田土。

育苗床土的具体配方视不同条件灵活掌握。播种床和分苗床床土的配方稍有不同。

①播种床营养土的配制：一般播种床的床土要求肥力较高，疏松度稍大些，因而有机肥的比例较高，以利于提高土温、保水、扎根和出苗。其有机肥和园田土之比为(6～7)∶(4～3)。

②分苗床营养土的配制：分苗床要求土壤具有一定的黏结性，以免定植时散坨伤根，其有机肥和园田土之比为(3～5)∶(7～5)。

无论采用什么配方配制床土，当速效氮和五氧化二磷含量低于50mg/kg情况下，可掺入适量化肥。通常，每1m³床土可加入尿素0.25kg、过磷酸钙2～2.5kg。加入化肥时，必须充分拌匀，以免引起肥烧。

（3）营养土的消毒

①化学药剂消毒：药剂消毒常用的有效药剂有代森锌粉剂、福尔马林、井冈霉素等。如用65%代森锌粉剂60g均匀混拌于1m³床土后，用薄膜密闭2～3d，然后撤掉薄膜待药味散后再使用；用0.5%福尔马林喷洒床土，拌匀后密封堆置5～7d，然后揭开薄膜待药味挥发后再使用，可防治猝倒病和菌核病；用井冈霉素溶液（5%井冈霉素12mL，加水50kg），于播前浇底水后喷在床面上（1m³用药液量5.5kg），对苗期病害有一定防效。

②太阳能消毒：太阳能消毒是指在夏季床土堆制发酵时，覆盖薄膜密闭，使床土温度升至70℃左右，经15～20d即可达到消毒作用。

2. 苗床播种

（1）苗床准备　育苗前，根据蔬菜幼苗的生物学特性及外界环境条件准备育苗设施。使用旧设施时，应进行设施修复和环境消毒；新建设施应在使用前完成施工，并留出扣膜预升温时间。设施准备好后，在设施内铺设育苗床。苗床面积应根据计划栽植苗数、成苗营养面积等确定。温室、塑料大棚等大型设施内一般设置多个苗床，每个苗床畦宽1～1.5m；温床、冷床、塑料小拱棚等小型设施内，一般只设1个苗床。如采用电热温床育苗，应事先在床内布好地热线。苗床准备好后，在床内填入配好的床土。茄果类、甘蓝类等蔬菜，一般分设播种床和分苗床，应分别填入已准备好的播种床和分苗床的床土。播种床床土厚度5～6cm；分苗床床土厚度10～12cm。苗床装填好后，整平床面以备播种。

（2）苗床播种　苗床播种是保证苗全、苗齐、苗壮的第一步，包括正确计算播种量、做好种子处理和掌握播种技术要点。

①播种量与播种面积：播种量是影响秧苗质量和育苗效率的重要因素。播种前应根据栽培面积所需苗数，确定播种量和播种面积。

一般在适宜的土壤温度条件下，每亩定植面积需种量为：番茄20～30g，辣椒80～110g，茄子35～40g，黄瓜150～200g，甘蓝25～40g，南瓜250～400g。

苗床面积应根据蔬菜种类、需苗数及播种方式而确定。中、小粒种子类蔬菜如茄果类、甘蓝类等，一般采用撒播法，可按每 $1cm^2$ 3～4 粒有效种子计算；大粒种子如瓜类、豆类蔬菜，多采用点播或容器育苗，每穴或每个容器点播 1～3 粒种子。分苗床面积按分苗后秧苗营养面积而定。一般一次分苗的营养面积，甘蓝类为（6～8）cm×（6～8）cm，茄果类为（8～10）cm×（8～10）cm，瓜类为（10～12）cm×（10～12）cm。如用容器分苗，可用直径6～8cm 的育苗钵，到育苗后期可将苗钵拉开距离至10cm 左右。确定苗床密度的原则：既要充分利用播种床，又要防止播种过密造成幼苗徒长。种子质量高、分苗晚，可适当稀播；反之应适当密播。

②播种技术：苗床播种的具体日期应考虑天气的变化，争取播种后能有 3～5d 晴天，特别是在非控温条件下育苗，这一点对保证按时出苗、苗齐、苗壮非常重要。苗床播种的主要技术环节是按作床（装盘或装钵）、浇底水、播种、覆土的顺序进行。首先作好苗床，如用育苗盘或育苗钵，要先装好培养土，装土不要太满，要留下播后覆土的深度。播种前先浇透底水，以湿透床土 7～10cm 为宜，浇水后薄撒一层细床土，并借此将床面凹处填平即可播种。茄子、番茄、辣椒、甘蓝、白菜等小粒种子多撒播，为保证播种均匀可掺细土播种；莴苣、洋葱等有时可进行条播；瓜类、豆类种子多点播，如采用容器育苗应播于容器中央，瓜类种子应平放，不要立插种子，防止出苗时将种皮顶出土面并夹住子叶，即形成"戴帽"苗。播后立即用潮湿的细床土覆盖种子。覆土厚度依种子大小而定，茄果类、甘蓝类、白菜类等小粒种子一般覆土 0.5～1cm，瓜类、豆类等大粒种子一般覆土 1～2cm。盖土太薄，床土易干，出苗时易发生"戴帽"现象；盖土过厚出苗延迟。若盖药土，应先撒药土，后盖床土。为增温保湿，播后立即用地膜覆盖床面或育苗盘等容器，在出苗过程中膜下水滴多时可取下地膜，抖落掉水滴再盖上，直至开始出土时撤掉。

3. 苗期管理

（1）出苗期 播种至出全苗为出苗期。这一阶段主要是胚根和胚轴生长，关键是维持适宜的土温，但如果土温有保证而气温过低，也会出现发芽不出土现象。在芽出土前，加温育苗可保持昼夜恒温，喜温蔬菜 25～28℃，喜冷凉蔬菜 20～25℃。为节约能耗，天气好时白天应揭去保温覆盖物增光增温，天气不好时以盖床保温为主。夜间喜温蔬菜和喜冷凉蔬菜可分别降至 18～20℃ 和 15～18℃。当芽大量拱土时，应及时改为昼夜温差管理，白天必须见光，以免形成下胚轴徒长的"高脚苗"。同时，及时撤掉覆盖地面的薄膜，防止烤坏幼芽。发现土面裂缝及出土"戴帽"时，可撒盖湿润细土，填补土缝，增加土表湿润度及压力，以助子叶脱壳。

（2）籽苗期 出苗至第 1 片真叶露心前为籽苗期。这是幼苗最易徒长（"拔脖"）的时期，管理上以防幼茎徒长为中心，采取以"控"为主的原则。出苗后适当降低夜温是控制徒长的有效措施，喜温果菜和喜冷凉蔬菜的夜温分别降至 12～15℃ 和 9～10℃，相应的昼温分别保持 25～26℃ 和 20℃。多见光也是防止幼茎徒长的有效措施，白天必须照光，雪天、阴天等灾害性天气也应适当见光。久阴暴晴后，应通过遮阴逐渐增高气温及光强，防止气温突然上升引起子叶萎蔫。土壤水分以保持湿润为原则，不宜浇水过多。

（3）小苗期 第一片真叶露出至 2～3 片真叶展开为小苗期。这一时期根系和叶面积不断扩大，"拔脖"徒长逐渐减弱，管理原则是边"促"边"控"，保证小苗在适温、湿润和光照适宜的条件下生长。喜温性果菜昼夜气温分别保持在 25～28℃ 和 15～17℃，喜冷凉蔬菜相应温度分别保持 20～22℃ 和 10～12℃。随着外界气温的升高应加大放风量。播种时底水充足不必浇水，可向床面撒一层湿润细土保墒。如底水不足床土较干，可选晴天一次喷透水然后再保墒，切忌小水勤浇。经常清洁玻璃或薄膜，增强室内光照；并适当早揭晚盖草苫，延长小苗受光时间，促进光合产物的积累，创造壮苗的物质基础。如遇灾害性天气，处理方法同籽苗期。如发生猝倒病应控水防病，必要时可提前分苗，防止病害蔓延。

（4）起苗和分苗　起苗和分苗是育苗过程中为了扩大幼苗营养面积的移植。如一次点播营养面积够用的也可不分苗。分苗虽能刺激侧根发生，使吸收根系增多，但毕竟会对幼苗造成损伤，苗越大，分苗对幼苗造成的损伤就越大。因此，应尽量早分苗，少分苗，一般提倡只分苗一次。不耐移植的蔬菜如瓜类，应在子叶期分苗；茄果类蔬菜可稍晚些，一般在花芽分化开始前进行。

分苗前3~4d要通风降温和控水锻炼，提高其适应能力，以利于分苗后较快恢复生长。分苗前一天浇透水以便起苗，并可减少伤根。分苗宜在晴天进行，地温高，易缓苗。分苗方法有开沟分苗、容器分苗和切块分苗。开沟分苗时，从分苗床的一端先开深5~8cm的浅沟，沟内浇足水，趁水未渗完时按株距在沟内摆苗，并覆土扶直幼苗。此法缓苗快，但护根效果差。容器分苗是将床土装入盆钵中，不要装太满，然后用手指在盆钵中央把床土插个小栽植孔，把苗栽入孔中，在孔内填土后浇透水，把移栽后的盆钵摆在苗床内。切块分苗时，先在铺好床土的床内浇透水，水渗下后用刀将床土划成等边的方块，然后在切块内分苗。容器分苗和切块分苗的护根效果好。分苗深度一般以子叶节与地面齐平为度。子叶已脱落的苗或徒长苗，可适当深栽。

（5）分苗后管理　分苗后管理主要包括缓苗期管理、成苗期管理。

①缓苗期：分苗后的3~5d为缓苗期。这一时期主要是恢复根系生长，需适当提高地温，管理原则是高温、高湿和弱光照。一般喜温蔬菜地温不能低于18~20℃，气温白天25~28℃，夜间不低于15℃；喜冷凉蔬菜可相应降低3~5℃。为了保湿，缓苗期间不放风。光照过强时应适当遮阳，以防止日晒后幼苗萎蔫。分苗后，由于幼苗生长暂时停滞或减缓，心叶色泽由鲜绿转为暗绿。之后当幼苗心叶由暗绿转为鲜绿时，表示根系和幼叶已恢复生长，缓苗期结束。

②成苗期：分苗缓苗后至秧苗定植前为成苗期。这一时期幼苗已进入正常生长期，生长量加大，果菜类开始花芽分化，是决定秧苗质量的重要时期，管理不当容易长成徒长苗或老化苗，应加强温度、水分和光照管理，保证秧苗稳健生长，争取培育壮苗。缓苗后，及时降低夜温，以防徒长，并可降低茄果类花芽分化节位和增加瓜类的雌花分化。喜温果菜夜间12~14℃，相应的白天温度为25℃左右；喜冷凉蔬菜夜间8~10℃，白天20℃左右。但较长时期连续夜温过低，如番茄夜温低于10℃易出现畸形果，甘蓝、芹菜等夜温低于4~5℃易发生未熟抽薹的现象。如果主要依靠控水来控制徒长，易长成"老化苗"。温度调节主要靠白天放风降温和夜间覆盖保温来实现。幼苗封行前，苗间距大，光照好，幼苗不易徒长，可适当少通风，一般仅在白天通风，并注意通风量由小到大、由南及北逐渐增加的原则。通风过猛，因幼苗不能适应空气湿度和温度的剧烈变化，易出现叶片萎蔫，2~3d后叶面出现白斑，叶缘干枯，甚至叶片干裂的现象，菜农称之为"闪苗"。封行后，幼苗基部光照逐渐减弱，空气湿度较大，因而极易徒长，应加强通风，夜间也可适当通风。同时，应经常清洁透明覆盖物，尽量增加设施内的光照强度。

随着秧苗生长量的加大，对水分的需求也越来越多。据研究，从分苗到定植，土壤土壤水分张力值（pF）以维持在1.9~2.2为宜，不宜小水勤浇，必须一次浇透，结合撒土保墒以维持适宜的土壤含水量。幼苗旺盛生长时期易出现缺肥现象，可结合浇水适当补充氮、磷、钾肥，或用尿素和磷酸二氢钾各半配成 0.5% 的水溶液叶面喷施。

4. 定植前的幼苗锻炼

为使幼苗定植到大田后能适应栽培场所的环境条件，缩短缓苗期，增强抗逆性，须在定植前锻炼幼苗。锻炼幼苗的主要措施是降温控水，加强通风和增强光照。从定植前 5~7d 应逐渐加大育苗设施的通风量，降温排湿，停止浇水，特别是降低夜温，加大昼夜温差。如果是为露地栽培育苗，最后应昼夜都撤去覆盖物，使幼苗能完全适应露地的环境条件，但必须注意防止夜间霜害；为设施生产育苗以能适应相应设施内的环境条件为锻炼标准。在锻炼期间，喜温果菜类的温度逐渐下降，最低可降到 7~8℃，个别蔬菜如番茄、黄瓜可降到 5~6℃；喜冷凉蔬菜可降到 1~2℃，甚至可以有短时间的 0℃ 低温。经过较低夜温锻炼可有效提高秧苗的耐寒性。但定植前幼苗锻炼也不能过度，如锻炼的时间过长易形成番茄"老化苗"和黄瓜"花打顶苗"。对定植在温暖条件下（如温室）的幼苗，可轻度锻炼或不锻炼。

（二）嫁接育苗

1. 嫁接方法

将植物体的芽或枝（称接穗）移接到另一植物体（称砧木）的适当部位，使两者接合成一个新植物体的技术称为嫁接。采用嫁接技术培育幼苗称为嫁接育苗。其主要目的是防止土壤传染性病害，提高秧苗的耐低温、耐旱、耐瘠薄、抗线虫等方面的能力，还可缓解因连作造成的病虫危害和生理障碍。这项技术主要用于瓜类和茄果类蔬菜。

蔬菜嫁接的方法较多，有靠接法、劈接法、插接法、斜切接法等。无论采用哪种嫁接方法，均应注意嫁接用具和秧苗要保持洁净。秧苗要小心取放，削好的接穗不要放置太长时间，以免萎蔫。嫁接动作要稳、准、快，避免重复下刀影响嫁接。

（1）靠接法　主要用于瓜类嫁接，因接穗与砧木以舌形套接，故又称为舌靠接（图 4-3）。嫁接时，分别拔出砧木苗和接穗苗，在操作台上嫁接。先切除砧木的真叶及生长点，在子叶节下 0.5~1cm 处用刀片自上向下斜切约 1cm 长的切口，深度达胚轴直径的 1/2。然后在接穗子叶节下 1.5~2.0cm 的胚轴上自下向上斜切一刀，深度达胚轴直径的 2/3，切口长度与砧木相仿。最后将接穗和砧木的切口相互嵌合接好，使接穗的子叶位于砧木子叶上面，用嫁接夹固定。嫁接后将砧木和接穗同时栽入育苗钵中，并使砧木的根系居中，接穗的根系置于营养土表面浅覆盖，并与砧木根系保持一定距离，以便后期断根。靠接后 10d 左右，当伤口愈合、嫁接成活后，在接口下切断接穗的根系。此种嫁接方法虽然操作较麻烦，但成活率较高。

(1)接穗　　　　　(2)砧木　　　　　(3)嫁接　　　　　(4)砧木剪根

图 4-3　瓜类蔬菜幼苗靠接法

（2）劈接法　也是主要用于瓜类嫁接。嫁接时，先将砧木的真叶和生长点去除，然后用刀片在砧木顶端2片子叶中间并靠一侧向下斜切一刀，切口深约1cm；拔出接穗苗，从子叶节下1~2.5cm处向下斜切胚轴，刀口长0.8~1cm，使成双面楔形。然后将削好的接穗迅速插入砧木的切口内，使接穗与砧木的一边对齐。并及时用嫁接夹或塑料薄膜固定。嫁接后接穗的子叶在砧木的子叶之上，两者相互交叉呈十字形（图4-4）。此法操作容易，成活率较高。

(1)半劈接法　　　　　　　　　　　　　(2)全劈接法

图4-4　瓜类蔬菜幼苗劈接法

（3）插接法　也是多用于瓜类嫁接。嫁接时，先切除砧木的真叶及生长点，然后用与接穗下胚轴粗相当的竹签，在砧木顶端由一侧子叶基部的下胚轴向另一侧子叶的下方斜插至表皮处，插孔长约0.6cm。然后将接穗苗在子叶节下约0.5cm处，用刀片斜切下胚轴成两段，削成楔形，切口长约0.6cm。削切好接穗后，立即拔出砧木上的竹签，将接穗插入插孔，并使接穗的2片子叶与砧木的2片子叶呈十字形（图4-5）。此法操作简便，且不需固定，操作效率高，但有时成活率较低。

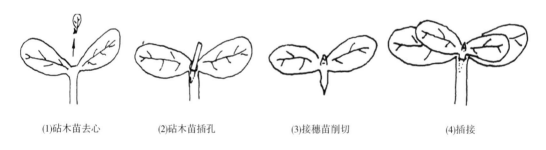

(1)砧木苗去心　　(2)砧木苗插孔　　　(3)接穗苗削切　　　(4)插接

图4-5　瓜类蔬菜幼苗插接法

（4）套管式嫁接法　此法不仅可以提高嫁接苗的成活率，而且可以降低嫁接苗生产成本。套管式嫁接采用良好扩张弹性的橡胶或塑料软管作为嫁接接合材料，嫁接苗伤口保湿性好。其具体做法是，将砧木的下胚轴斜着切断，在砧木切断处套上专用嫁接支持套管；将接穗的下胚轴对应斜切，把接穗插入支持套管，使砧木与接穗贴合在一起。砧木和接穗的切断角应尽量成锐角（相对于垂直面25°），向砧木上套支持管时，应使套管上端的倾斜面与砧木的切断面方向一致，向支持套管内插入接穗时，也要使接穗切断面与支持套管的倾斜面相一致，在不折断、损伤接穗的前提下，尽量用力向下插接穗，使砧木与接穗的切断面很好地压附在一起（图4-6）。

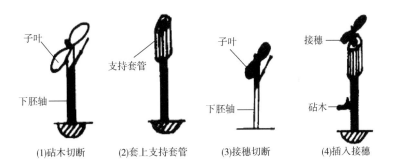

| (1)砧木切断 | (2)套上支持套管 | (3)接穗切断 | (4)插入接穗 |

图4-6 套管式嫁接

2. 嫁接砧木

砧木的选择主要依据三个方面：一是砧木应具有突出的抗病或抗逆特点，能弥补栽培品种的性状缺陷；二是砧木应与接穗具有高度的嫁接亲和力，以保证嫁接后伤口及时愈合；三是砧木还应与接穗有高度的共生亲和力，以保证嫁接成活苗栽培后正常生长，不影响产品品质等。目前果菜类蔬菜已筛选出许多各具特色的砧木（表4-5、表4-6）。如黄瓜普遍采用黑子南瓜作砧木，其亲和力强，抗多种土传病害，根系发达，耐低温能力强；其次用土佐系南瓜作砧木，它是印度南瓜与中国南瓜的杂交种，与黄瓜亲和力强，耐高温；还可用南砧1号等中国南瓜作砧木。西瓜常用各种瓠瓜作砧木，抗枯萎病，耐低温、耐旱等；也可用土佐系南瓜、冬瓜和野生西瓜等作砧木。甜瓜常用土佐系南瓜或中国南瓜作砧木，也可用甜瓜共砧，或用冬瓜、丝瓜、瓠瓜作砧木。西葫芦以黑子南瓜作砧木。茄子用赤茄、托鲁巴姆、耐病VF、刺茄CRP等野生茄或其杂交种作砧木，抗黄萎病。番茄用BF-兴津101、LS-89、耐病新交1号、斯库拉姆、安克特等野生番茄或其杂交种作砧木，抗枯萎病等。

表4-5 瓜类蔬菜嫁接砧木

砧木种类	适宜接穗种类	砧木特性	砧木品种
黑子南瓜	黄瓜、冬瓜、西葫芦、苦瓜	高抗枯萎病和疫病，耐低温，根系发达等	云南黑子南瓜、南美黑子南瓜、阳曲黑子南瓜
南瓜	黄瓜	抗枯萎病，但研究不够深入	西安墩子南瓜、河南安阳南瓜、磨盘南瓜、枕头瓜、青岛拉瓜和宝鸡牛腿瓜；日本白菊、白菊座和patrol等
	西瓜	抗枯萎病，但研究不够深入	日本白菊座、金刚、变形和Hadron等品种
笋瓜	黄瓜	抗枯萎病，与黄瓜亲和力好，接口愈合快	南砧1号、牡丹江南瓜、吉林和山东吊瓜、玉瓜等
西葫芦	黄瓜、厚皮甜瓜、西瓜	抗枯萎病	变种金丝瓜

续表

砧木种类	适宜接穗种类	砧木特性	砧木品种
南瓜种间杂种	黄瓜	抗枯萎病，耐低温和高温	新土佐1号、改良新土佐1号、强力新土佐、刚力等，一辉、一辉1号和辉虎等
	西瓜	抗枯萎病，耐低温和高温	新土佐、早生新土佐和亲善等
	厚皮甜瓜	抗枯萎病，耐低温和高温	强力新土佐2号、改良新土佐1号和刚力等
瓠瓜	西瓜	耐低温，耐旱，生长旺盛，产量高，品质好，与西瓜的亲和性好，但除"协力"品种外，抗病性较差	大葫芦（瓢用葫芦）、长瓠瓜（瓠子）。品种主要有超丰F₁、西砧1号、瓠砧1号、协力
冬瓜	西瓜	亲和性好，耐旱，耐高温，抗急性萎凋症，结果稳定、整齐，但对温度要求较高，不适合早熟栽培	早生大圆等
饲用西瓜	西瓜	植株生长旺盛，茎粗有棱，适应性强，亲和性好	强刚、健康、大统领（大总统）和鬼台等
厚皮甜瓜	甜瓜	抗性强，但厚皮甜瓜不同品种间亲和性的选择性很强，必须经过试验方可确定	日本的大井、园研1号、磐石、健脚、金刚、强荣和新龙等
丝瓜	苦瓜	亲和性好，根系生长强壮、耐涝，且不发生枯萎病	双依、其他农家品种

表4-6　　　　　　　　　　　　　茄果类蔬菜嫁接砧木

砧木种类	适宜接穗种类	砧木特性	砧木品种
赤茄	茄子	对黄萎病抗性极强；对5-氯硝基苯极为敏感	日本黑铁1号、意大利幸福光辉道路
雀茄	茄子	抗青枯病、黄萎病、疫病和线虫，但幼小时生长势弱，不耐高温干旱，低温期生育迟缓	托鲁巴姆、多列路
刺茄（CRP）	茄子	与托鲁巴姆相比，抗病性相当，耐涝性强，茎较细，茎上的刺较多，节间长。种子的休眠性不强，易发芽，但比赤茄慢。幼苗初期生长缓慢	
球形赤茄	茄子	抗病性优于赤茄，但嫁接苗的植株长势弱，产量也低	
金银茄	茄子	抗青枯病，整个植株生有尖刺	
角茄	茄子	叶正背两面均生有毛茸和针刺，高抗枯萎病，中抗黄萎病，较抗青枯病	

续表

砧木种类	适宜接穗种类	砧木特性	砧木品种
耐病 VF	茄子	对黄萎病和枯萎病有较强的抗性，不抗青枯病	
兴津 1 号、2 号	茄子	抗青枯病强，亲和性好，不耐低温，不适于低温季节使用	
扶助者 1 号	茄子	抗枯萎病，较耐黄萎病，不易发生缺乏微量元素的生理病害	
Assist	茄子	高抗枯萎病，对青枯病许多生理小种有稳定抗性，不抗黄萎病和线虫	
适合延迟栽培种类	番茄	高抗枯萎病（生理小种 1）和青枯病，不抗其他病害	BF - 兴津 101 号、LS - 89
		高抗枯萎病（生理小种 1、2）、青枯病、黄萎病、根结线虫病，抗 TMV	PFNT 2 号、安克特
适合冬茬和冬春茬栽培种类	番茄	高抗枯萎病、黄萎病、褐色根腐病、根结线虫病，但不抗青枯病。除耐病新交 1 号外，还抗 TMV	耐病新交 1 号、斯库拉姆、斯库拉姆 2 号、KNVT - R
		高抗枯萎病、黄萎病、青枯病、根结线虫病，抗 TMV，不抗褐色根腐病	Couple - O 和 Couple - T
		抗枯萎病、黄萎病、青枯病、根结线虫病、TMV、褐色根腐病	影武者
青椒砧木	青椒	抗疫病能力强	LS - 279 和 PFR - S64

3. 嫁接前的准备

嫁接应在温室或塑料棚内进行，注意遮阳。嫁接用具主要有刀片、竹签、托盘、干净的毛巾、嫁接夹或塑料薄膜细条、手持小型喷雾器和酒精（或 1% 高锰酸钾溶液）、机械嫁接需嫁接机等。

4. 嫁接苗管理

嫁接后愈合期的管理直接影响嫁接苗成活率，应加强保温、保湿、遮光等管理。一般嫁接后的前 4～5d，苗床内应保持较高温度，瓜类蔬菜白天 25～30℃，夜间 18～22℃；茄果类白天 25～26℃，夜间 20～22℃。空气相对湿度应保持在 95% 以上，密闭不通风。嫁接后 1～2d 应遮光防晒，2～3d 后逐渐见光，4～5d 全部去掉遮阳物。5d 后可逐渐降温 2～3℃；8～9d 后接穗已明显生长时，可开始通风、降温、降湿；10～12d 除去固定物，进入苗床的正常管理。靠接的还要在嫁接后 10d 左右进行接穗的断根处理。育苗期间及定植前，应随时抹去砧木侧芽，以免争夺养分，影响接穗生长，但不要损伤子叶。

六、 蔬菜定植技术

在蔬菜生产上，将蔬菜秧苗（成苗）从苗床或育苗盘（钵）中移栽到本田的作业过程，称为定植。

（一） 定植前土壤和秧苗准备

1. 土壤准备

蔬菜地宜及早作好整地、施基肥和作畦的准备工作。早春或秋冬定植时应覆盖地膜，有保温保湿，防止土壤板结，促进缓苗的作用。

2. 秧苗准备

选用适龄幼苗定植是生产上缩短缓苗期的基本措施。叶菜类 4~6 片真叶（团棵期）为定植适期；瓜菜类以 4~5 片真叶为宜；豆类在具有两片对称子叶时为定植适期；茄果类蔬菜宜带花蕾移栽。定植前 5~8d 要进行秧苗锻炼、蹲苗（控制浇水），提高秧苗移栽后对环境的适应能力；定植前一天，苗床浇透水，并喷杀菌剂和杀虫菌，以利第二天起苗时不伤根，做到带药移栽。起苗时要轻拔，不要捏伤秧苗，并随时剔除病苗、弱苗及杂草等。运苗时要轻拿轻放，尽量带土移栽。

（二） 定植时期确定

蔬菜定植时期应考虑当地气候条件、蔬菜种类、产品上市时间和栽培方式。

露地栽培多考虑气候与土壤条件。一般定植耐寒性和半耐寒性蔬菜时，10cm 土层温度应稳定通过 5~10℃，在长江流域及以南地区，多进行秋季栽培，以幼苗越冬，应在初霜来之前定植；定植喜温蔬菜时，10cm 土层温度应稳定通过 10~15℃，多数喜温蔬菜都不能经受霜冻的为害，因此应在晚霜后定植。合适的定植时间对秧苗成活和缓苗有重要影响。早春定植应选雨后初晴的上午进行，最好定植后有 2~3 个晴天；在高温干旱的夏秋季节定植，应在傍晚或阴天进行，避免烈日高温的影响。

设施栽培定植时期主要根据产品上市时间、秧苗大小、土地情况及设施保温性能而定，错开露地蔬菜上市高峰期。

（三） 定植密度确定

合理的定植密度是蔬菜增产的重要技术环节，其根本目的在于创造一个合理的群体结构，以充分利用光能和地力，从而提高单位面积产量。合理定植密度应根据具体情况，因地、因时、因种确定密植程度，以发挥合理密植的增产作用。

首先，因栽培方式和品种不同而有差异。爬地生长的蔓生蔬菜定植密度宜小，直立生长或搭架栽培的蔬密度可适当增大；分支力强的蔬菜定植密度小，而分支力弱的蔬菜定植密度宜大。

其次，栽培茬次不同，定植密度也有差异。早熟品种或栽培条件不良时密度宜大，晚熟品种或栽培条件适宜时密度宜小。例如，春番茄、早熟栽培的每亩可达 5000 株，搭架晚熟栽培的每亩约为 3000 株。

再次，土壤肥力也是要考虑的因素。土壤肥力高，灌溉条件好的地块宜密植，肥力差缺水的地块则应稀植。

最后，多数叶菜类适当密植可促使食用器官软化，有利于品质的提高；萝卜、胡萝卜稀植易产生岐根故应适当密植。而果菜类应适当稀植，否则影响光照，维生素含量少，降低风味品质。

（四） 定植方法

蔬菜定植方法有明水定植和暗水定植两种方法。

1. 明水定植法

先按株行距挖穴或沟栽苗，栽苗后再浇定根水。此法浇水量大，土壤降温明显，适合高温季节定植。

2. 暗水定植法

暗水定植法可分为水稳苗法和坐水法。

（1）水稳苗法　按株行距挖穴或沟栽苗，栽苗后先覆少量细土并适当压紧，浇水，待水全部渗下后再覆干细土。此法既保证了土壤湿度，又保持较高的地温，有利于根系的生长，适合冬春定植，尤其适合容器苗的定植。

（2）坐水法　按株行距挖穴或沟后浇足水，将幼苗土坨或根置于水中，水渗下后再覆土。此法定植速度快，而且土壤的透气性好，缓苗快，成活率高。

（五） 定植深度的确定

蔬菜定植深度首先取决于蔬菜植物的生物学特性。例如，番茄因易生不定根，适当深栽可促发不定根，增加根系数量。茄子系深根性作物，且根系数量相对较少，为增强其支持能力，也宜深栽。黄瓜为浅根作物，需水量大，为便于根系吸收水分、营养素，宜浅栽。

不同季节栽苗深度也有所变化。早春定植一般要浅一些，因早春温度低，栽深了不易发根。夏季定植可以深一些。因为这时一方面不怕地温低、栽深了反而可以适当减轻夏秋季地温过高的危害，另一方面又能增强晚秋根系抗低温的能力。同理，春季定植的恋秋蔬菜，也要略深于早熟蔬菜。

在不同土壤条件下栽苗深度也不同。地势低洼，地下水位高的地方宜浅栽，这类地块土温偏低，栽深了在早春易烂根。土质过于疏松，地下水位偏低的地方，则应适当深栽，以利保墒。

一般栽植深度以子叶下为宜，定植时要求做到带土移栽，少伤根。栽营养土块秧苗时，营养土块应低于地平面，以免浇水后土块露出地面或散碎变干，影响秧苗的正常生长。

七、 蔬菜田间管理

（一） 中耕、 除草与培土

1. 中耕

（1）中耕概念　蔬菜生育期间，在株行间进行的表土耕作就称之为中耕。常采用手锄、中耕犁、齿耙和各种耕耘器等工具。

（2）中耕的作用和目的

①消灭杂草：栽培上，中耕与除草相结合，通过中耕除草，减少杂草与作物竞争养分、水分、阳光和空气，从而保证作物在田间占绝对的优势进行生长发育。

②创造良好的土壤条件：中耕可以改善土壤结构，破碎土壤表面的板结层，增加土壤空气交流，提高土壤温度，增加土壤营养素分解，促进根系发育，同时也切断毛管，减少蒸发，保持土壤水分。

（3）中耕的时间与次数　从栽培上讲，播种出苗后、雨后或灌溉后，表土已经干了，天气晴朗时就应中耕。在早春地温低时也应勤中耕。

中耕的次数依作物种类、生长期和土壤而定。生长期长的，中耕次数多，反之少。一般栽培蔬菜都要三遍铲趟，并都在封垄前完成。

（4）中耕深度　不同蔬菜种类和不同生育周期深度不同。一般根系深的蔬菜比根系浅的蔬菜中耕应深些，前期中耕比后期深些；对根系浅的作物，通常是前期深铲浅趟，生育后期一定要浅中耕，以防伤根。

（5）中耕方法　目前中耕方法为手工和机械两种。

2. 除草

通常情况下，杂草的生长速度远超过蔬菜，而且杂草生命力极强，如不加以人工控制，很快会压倒蔬菜的生长。杂草除与作物争夺水分、光照和营养外，还常是病虫害的潜伏场所或媒介，有的杂草还是寄生性的。因此，除草是蔬菜生产上的重要措施之一。杂草种子多，发芽力强，甚至能在土壤中保持数十年的发芽能力，一旦遇到合适条件，即可发芽出苗。因此，除草应在杂草细小阶段生长弱的时候进行，并需要多次除草，效果才好。

（1）人工除草　利用手工工具进行除草是目前采用最多的方法。该法质量好，对多年生草本宿根杂草尤其效果好，但费力多、效率低。

（2）机械除草　用机械进行除草比人工除草速度快，但只能除行间的杂草，株间的杂草还需要人工除草。

（3）化学除草剂除草　利用除草剂消灭杂草是农业现代化的重要内容之一。该方法简便、效率高，可以杀死株间及行间的杂草。

①化学除草剂的使用方法：土壤处理，用喷雾法、喷洒法或随水浇施法对土壤表面进行处理，起到封闭或者灭杀草种的效果。茎叶处理灭生性除草剂可在播种前喷洒杂草茎叶，杀灭杂草。选择性除草剂可在播种前、播后苗前或作物生长期使用。除草剂的使用时期，主要有播前处理、播后苗前处理和出苗后处理三个时期。

②几种主要蔬菜的化学除草：茄果类，定植前用48%氟乐灵乳油75～150g/亩或48%地乐胺乳油200～250g/亩，喷雾处理土壤并混入土中3～5cm。定植缓苗后处理也可。缓苗后除上述两种外，还可以用48%拉索乳油150～200g/亩，50%杀草丹300～400g/亩处理土壤。

瓜类，黄瓜定植缓苗后稍长一段时间，可用48%氟乐灵100～150g/亩，48%拉索乳油200g/亩，48%地乐胺200～250g/亩或25%胺草膦乳油150～200g/亩定向喷雾处理土壤，西瓜可在出苗后3～4叶时用48%氟乐灵乳油100～150g/亩喷雾处理土壤。

伞形科蔬菜，胡萝卜、香菜和芹菜可在播后出苗前用25%除草醚可湿性粉剂1000～1500g/亩或50%扑草净可湿性粉剂100g/亩喷雾处理土壤。韭菜播后苗前用33%杀草通乳油150g/亩或48%地乐胺200g/亩喷雾处理土壤，出苗后也可使用杀草通、地乐胺或扑草净处理土壤。

（4）土壤处理剂除草　土壤处理机又称封闭处理剂。主要用以抑制或杀死正在萌发的杂草。采用土表处理与混土处理。土表处理是在蔬菜播种后，出苗前应用，如甲草胺和乙草胺等，其除草效果受土壤含水量影响很大；混土处理是在作物播种前使用，通常为饱和蒸气压高、易挥发与光解，如二硝基苯胺类和硫代氨基甲酸酯类除草剂多采用混土处理。土壤处理剂使用时应考虑：根据土壤有机质及机械组成确定用药量；根据持效期和淋溶特性确定轮作中的后茬作物。

（5）生物除草　生物防除杂草的主要内容有：利用真菌、细菌、病毒、昆虫、动物、线虫类除草，以及以草克草和异株作用等生物防除杂草。利用鲁保一号防治大都菟丝子就是成功的例子。F800病菌（一种镰刀菌）可防除瓜类杂草列当。用小卷蛾可以去除香附子，也有用家畜家禽防除杂草的成功案例。如鸡、鸭群可以吃点部分杂草的草芽。

（6）种植绿肥除草　在蔬菜作物轮作茬口中，当菜地空闲时，可种植一茬绿肥，以防杂草丛生，在适当的时候将绿肥翻入土中作肥料。绿肥的种类可因时因地选择适宜的品种，一般夏季种植田菁、太阳麻，冬季种植满园花、紫云英、豌豆、苜蓿、红花苕子、燕麦、大麦、小麦等，种植绿肥不但可以防止杂草丛生，还可以改良土壤，防止连作造成病害蔓延。

（7）间作除草　此方法适宜稀植栽培，生长前期空隙比较大的蔬菜。为了防杂草生长，可间作一些株型小、生长快的蔬菜，如南瓜、冬瓜、甘薯的行间可间作葱、萝卜、苋菜、菜花、甘蓝、雪里蕻等。

（8）覆盖除草　采用地膜、煤渣、沙砾、农村废弃的有机材料和农家灰杂肥覆盖，起到抑草和除草的作用。

3. 培土

培土是在蔬菜生长期间将行间的土壤分次培于植株的根部。这一措施往往与中耕除草相结合进行。培土对不同的蔬菜作用不同。大葱、韭菜、芹菜、石刁柏的培土，可以促进软化，提高产量与品质；马铃薯、芋、姜的培土，可以促进地下产品器官的形成；番茄、南瓜等易生不定根的种类，培土可增加根系、培土同时起到防止倒伏、防寒防热等效果。

（二）施肥技术

1. 合理施肥的依据

施肥原理有不同的学说，主要包括：矿质营养学说；养分归还学说（植物从土壤中吸收矿质营养素，使土壤养分逐渐减少；为了保持土壤肥力，就必须把植物带走之矿质营养素和氮素以施肥的方式归还给土壤，否则将导致土壤贫瘠）；最小养分律（严重影响作物生长、限制产量和品质的是土壤中相对含量最小的营养素）；同等重要律；不可代替律；肥料效应报酬递减律；因子综合作用律（其中必有一个起主导作用）。

施肥依据：蔬菜的需肥和吸肥特性、土壤类型和理化性质、肥料的特性、气候条件、栽培条件和农业措施等。

2. 土壤追肥

追肥多数施用的是速效性的化肥和腐熟良好的有机肥（如饼肥、人粪尿等）。追肥量可根据基肥的多少、作物营养特性、生育时期及土壤肥力的高低等确定。追肥方法主要有地下施肥（在蔬菜周围开沟、开穴和打孔，将肥料施入后覆土）、地表撒施（撒施于蔬菜行间并进行灌水）和随水冲施（将肥料先溶解于水，随灌溉施入根区）三种；近年来还出现了采用微孔释放袋和营养钉、营养棒给土壤追肥的方式。追肥一般结合浇水进行，且化肥每亩一次性施入量小于 25kg。

3. 根外追肥

根外追肥是将化学肥料配成一定浓度的溶液，喷施于叶片上。具有操作简便、用肥经济、作物吸收快、可结合植保等特点。

用于根外追肥的肥料主要有尿素、磷酸二氢钾、复合肥以及所有可溶性肥料。根外追肥的浓度因肥料种类而异，浓度过低肥效不明显，过高易造成叶片烧伤，常见化肥喷施浓度 0.1%～0.5%，其他微肥和稀土元素浓度更低。

高温干燥天气喷肥易造成叶片伤害，喷后遇雨又易将肥料冲掉。因此，根外追肥最好在无风的晴天进行，一天中的傍晚和早晨露水刚干时喷肥最好。

（三）水分管理

1. 水与蔬菜

水在蔬菜体内的生理功能及其吸收、运输、蒸腾等代谢过程有着不可替代的作用。水是光合作用的主要原料，细胞的组成成分、物质吸收和运输的介质、可使植株保持固有姿态，具有调节土温、影响肥料分解和改善田间小气候等功能。蔬菜根系吸收的水分，绝大部分用于叶片的蒸腾。叶片蒸腾散失水量，与根系吸收水量在适宜强度范围内的相对平衡，是蔬菜植株体内一切生理过程顺利进行的前提，许多生理过程是随着蒸腾的强弱而变化的。如番茄的光合强度与蒸腾强度，在水分变化的过程中，其变化动态几乎完全一致。而番茄的鲜重与耗水量也有非常明显的相关关系。

2. 合理灌排的依据

（1）根据蔬菜的需水特性进行灌排

①根据蔬菜的种类进行灌排：需水量大的蔬菜应多浇水，耐旱性蔬菜浇水要少，南方雨季要注意排水，如，对白菜、黄瓜等根系浅而叶面积大的种类要经常灌水；对番茄、茄子、豆类等根系深而且叶面积大的种类，应保持畦面"见干见湿"；对速生性叶菜类应保持畦面湿润。

②根据蔬菜的生育阶段进行灌排：幼苗出土前不宜浇水，出土后浇水要小，经常保持地面半干半湿。产品器官形成前一段时间，应控水蹲苗，防止旺长。产品器官盛长期，应勤浇水，保持地面湿润。产品收获期，要少浇水或不浇水，以免延迟成熟或裂球裂果、降低产品的耐贮运性。

③根据秧苗长相进行灌排：蔬菜长相是体内水分状况的外部表现。叶片的姿态变化、色泽深浅、茎节长短、蜡粉厚薄等都可作为判断蔬菜是否需要浇水的依据。如温室黄瓜龙头簇生，颜色浓绿，说明缺水，应及时灌溉。露地黄瓜叶片早晨下垂，中午萎蔫严重，傍晚不易恢复时，说明缺水，而早上叶片边缘有水珠，卷须粗大而直立，节间变长，则说明水分过多。

（2）根据气候变化进行灌排　低温期尽量不浇水、少浇水，可通过勤中耕来保持土壤水分。必须浇水时，要在冷尾暖头的晴天进行，最好在午前浇完。高温期浇水要勤，加大浇水量，并要于早晨或傍晚浇水，起到降温的作用。越冬蔬菜入冬前要浇封冻水，可防低温和春旱。

（3）根据土壤类型进行灌排　对于保水能力差的沙壤土，应多浇水，勤中耕；对于保水能力强的黏壤土，灌水量及灌水次数要少；盐碱地上可明水大灌，防止返盐；低洼地上，则应小水勤浇，防止积水，注意排水。

（4）结合栽培措施进行灌排　如在定植前浇灌苗床，有利于起苗带土；追肥后灌水，有利于肥料的分解和吸收利用；分苗、定植后浇水，有利于缓苗；间苗、定苗后灌水，可弥缝、稳根；秋菜播种后，地温高不利出苗，应多浇井水，降低地温。

3. 灌溉的主要方式

蔬菜的灌溉方法多种多样，大致可分以下三种。

（1）地面明水灌溉法　地面明水灌溉是生产上最为常见的一种传统的灌溉方式，包括漫灌、畦灌、沟灌、渠道式灌溉等几种形式，适用于水源充足、土地平整、土层较厚的土壤和地段。其需要很少的设备，成本低，投资小，易实施，但灌水量较大，容易破坏土壤结构，造成土壤板结，而且耗水量较大，近水源部分灌水过多，远水口部分却又灌水不足，所以只适用于平地栽培。为了防止灌水后土壤板结，灌水后要及时中耕松土。

（2）地下暗水灌溉法　地下灌溉是将管道埋入土中或铺于膜下，水分从管道中渗出湿润土壤，供水灌溉，是一种理想的灌溉模式。主要有以下两种形式。

①渗灌：利用地下渗水管道系统，将水引入田间，借土壤毛细管作用自下而上湿润土壤。传统渗灌管采用多孔塑料管、金属管或无沙混凝土管，现代渗灌使用新型微孔渗水管，管表面布满了肉眼看不见的无数细孔。渗灌管埋于耕层下。管道的间距为：有压管道在黏土中为 1.5～2.0m，壤土中为 1.2～1.5m，沙土中为 0.8～1.0m；无压管道在黏土中为 0.8～1.2m，壤土中为 0.6～0.8m，沙土中为 0.5m 左右。管道长度为：有压管道 200m 以内，无压管道 50～100m，管道铺设坡度为 0.001。该方法具有利于根系吸水、减少水分散失、不破坏土壤结构、水分分布均匀等优点。但由于管道建设费用高，维修困难，因而目前该方法正逐步被替代。

②膜下灌溉：在地膜下开沟或铺设灌溉水管进行浇水。能够使土壤蒸发量减至最低程度，节水效果明显，低温期还可提高地温 1～2℃。

（3）微灌溉法　包括滴灌、微喷灌、涌灌等形式，通过低压管道系统与安装在末级管道上的特制灌水器，将水以较小的流量，均匀、准确地直接输送到作物根部附近的土壤表面或土层中。

①滴灌：滴灌是直接将水分输送到蔬菜植株根系附近土壤表层或深层的自动化与机械化结合的最先进的灌溉方式，具有持续供水、节约用水、不破坏土壤结构、维持土壤水分稳定、省工、省时等优点，适合于各种地势，其土壤湿润模式是植物根系吸收水分的最佳模式。现广泛应用于蔬菜生产中，但其设备投资大，而且为保证滴头不受堵塞，对水质的要求比较严格，滤水装备要精密，耗资很高，从节水灌溉的角度来看，滴灌是一个很有前途的灌溉模式。

②微喷灌：又称雾灌，采用低压管道将水流通过雾化，呈雾状喷洒到土壤表面进行局部灌溉。有固定式、半固定式和移动式三种方式。微喷是一种高效、经济的喷灌技术，微喷具有以下优点：第一，雾化程度极佳，覆盖范围大，湿度足，保温、降温能力强，提高产量；第二，造价低廉，一次性投资回收快，且安装容易，快捷；第三，具有防滴设计，省时、省水、省力，可结合自动喷药，根外施肥；第四，使用年限长，且喷头更换容易；第五，对作物无损伤、土壤不板结等优点，增产效果显著。

③涌灌：又称小管细流灌，通过安装在毛管上的涌水器或微管形成小股水流，以涌泉方式涌出地面进行灌溉。在蔬菜上应用较少。

4. 排水技术

蔬菜正常生长发育需要不断地供给水分，在缺水的情况下生长发育不良，但土壤水分过多时影响土壤通透性，氧气供应不足又会抑制植物根系的呼吸作用，降低水分、矿物质的吸收功能，严重时可导致烂根、地上部枯萎、落花、落果、落叶，甚至根系或植株死亡，造成绝收等后果。所以菜田排水与灌溉具有同等重要性。

（1）高畦、高垄　即整地时可采用高畦或高垄栽培。

（2）明沟排水　明沟排水是目前我国大量应用的传统方法，是在地表面挖沟排水，主要排除地表径流。在较大的种植园区可设主排、干排、支排和毛排渠4级，组成网状排水系统，排水效果较好。尤其对不耐涝的蔬菜作物，如番茄、西瓜、黄瓜、菜豆、甜椒等应在雨前疏通好排水系统，做到随降雨随排水。但明沟排水工程量大，占地面积大，易塌方堵水，养护维修任务重等不足。

（3）深沟排水或暗管排水　低洼田块土壤深层的多余积水，要进行深沟排水，或暗管排水。暗管排水的效果较好，不占地，不妨碍生产操作，排盐效果好，养护任务轻，但设备成本高，根系和泥沙易进入管道引起管道堵塞，故多用深沟明排。

（四）植株调整技术

1. 搭架、绑蔓

（1）搭架　搭架必须及时，宜在黄瓜、番茄、菜豆等不能直立生长的蔬菜倒蔓前或初花期进行。

①单柱架：在每一植株旁插一架竿，架竿间不连接，架形简单，适用于分枝性弱，植株较小的豆类蔬菜。

②人字架：在相对应的两行植株旁相向各斜插一架竿，上端分组捆紧再横向连贯固定，呈"人"字形。此架牢固程度高，承受重量大，较抗风吹，适用于菜豆、豇豆、黄瓜、番茄等植株较大的蔬菜。

③圆锥架：用3~4根架竿分别斜插在各植株旁，上端捆紧使架呈三脚或四脚的锥形。这种架形虽然牢固可靠，但易使植株拥挤，影响通风透光。常用于单干整枝的早熟番茄以及菜豆、豇豆、黄瓜等蔬菜。

④篱笆架：按栽培行列相向斜插架竿，编成上下交叉的篱笆。适用于分枝性强的豇豆、黄瓜等，支架牢固，便于操作，但费用较高，搭架也费工。

⑤横篱架：沿畦的长边或在畦四周每隔1~2m插一架竿，并在1.3m高处横向连接而成，茎蔓呈直线按同一方向引蔓。多用于单干整枝的瓜类蔬菜。光照充足，适于密植，但管理较费工。

⑥棚架：在植株旁或畦两侧插对称架竿，并在架竿上扎横杆，再用绳、杆编成网格状，有高、低棚两种，适用于生长期长、枝叶繁茂、瓜体较长的长苦瓜、冬瓜、长丝瓜、佛手瓜等。

（2）绑蔓　对搭架栽培的蔬菜，需要进行人工引蔓和绑扎，固定在架上。对攀缘性和缠绕性强的豆类蔬菜，通过一次绑蔓或引蔓上架即可；对攀缘性和缠绕性弱的番茄，则需多次绑蔓。瓜类蔬菜长有卷须可攀缘生长，但由于卷须生长消耗营养素多，攀缘生长不整齐，所以仍以多次绑蔓为好。绑蔓松紧要适度，不使茎蔓受伤或出现缢痕，也不能使茎蔓在架上随风摇摆磨伤。露地栽培蔬菜应采用"8"字扣绑蔓，使茎蔓不与架竿发生摩擦。绑蔓材料要柔软坚韧，常用麻绳、稻草、塑料绳等。绑蔓时要注意调整植株的长势，如黄瓜绑蔓时若使茎蔓直立上架，有助于其顶端优势的发挥，增强植株长势，若使茎蔓弯曲上升，则可抑制顶端优势，促发侧枝，且有利于叶腋间花的发育。

2. 整枝、摘心、打杈

对分枝性强、枝蔓繁茂的蔬菜，为调整植株形态，形成合理株型，提高光合效率，有效调节营养物质分配，促进营养物质积累和果实发育，人为地使每一植株形成最适的果枝数目称为整枝。除去顶端生长点，控制茎蔓生长称"摘心"（或闷尖、打顶）。在整枝中，除去多余的侧枝或腋芽称为"打杈"（或抹芽）。

不同蔬菜的生长和结果习性各不相同，整枝的方式和方法也不同。一般主侧蔓均能正常结果的蔬菜（如冬瓜、西瓜、丝瓜、南瓜等），大果型品种应留主蔓去侧蔓，小果型品种则留主蔓并适当选留强壮侧蔓结果；以主蔓结果为主的蔬菜（如早熟黄瓜、西葫芦等），应保护主蔓，去除侧蔓；以侧蔓结果为主的蔬菜（如甜瓜、瓠瓜等），则应及早摘心，促发侧蔓，提早结果。

整枝方式还与栽培目的有关。如西瓜早熟栽培应进行单蔓或双蔓整枝，增加种植密度，而高产栽培则应进行三蔓或四蔓整枝，增加单株的叶面积。

整枝最好在晴天上午露水干后进行，做到晴天整、阴天不整，上午整、下午不整，以利整枝后伤口愈合，防止感染病害。整枝时要避免植株过多受伤，遇病株可暂时不整，防止病害传播。

摘心和打杈多用手摘除，在枝杈较大时，可用剪刀剪除。生产中打杈一般都将侧芽从茎部彻底摘除，摘心则需要在最顶端的果实上部留2～3叶摘除顶芽。

摘心的时期依据蔬菜种类不同而异，也与栽培方式栽培目的有关。打杈的时期一般以侧芽长到3～5cm时为宜，但生产上由于为管理方便，常常见芽就摘。

3. 疏花疏果与保花保果

（1）疏花疏果 疏花疏果是指摘除无用的、无效的、畸形的、有病的花或果实，不同蔬菜疏花疏果的目的和作用不一样。大蒜、藕、豆薯等以营养器官为收获物的蔬菜摘除花蕾及果实，有利于地下部分产品器官的膨大。番茄、西瓜等以大型果实为产品的蔬菜去掉畸形和有病的多余的花和果，可以促进保留下来的果实的发育。黄瓜提早栽培时，早采收或去掉过多的花果，有利于植株旺健生长和提高果实品质。

摘除花果的时期不同，对植株的影响也不相同。据研究，去掉黄瓜的花蕾，对植株影响不大，除去刚开放的花，有一定的作用，摘除幼果对促进营养生长作用最明显。

（2）保花保果 蔬菜生产中，常因温度、光照、水分、营养等环境条件的不适，或受自身生长状态的影响及机械损伤，导致开花坐果不良，产生落花落果，所以要采取保花保果的措施。保花保果除从栽培上控制好环境条件外，主要是采用生长调节剂处理。

4. 压蔓、落蔓

压蔓是一些匍匐生长的蔓生蔬菜（如南瓜、西瓜、冬瓜）栽培管理的一个重要环节。通过压蔓，可以控制顶端生长，调节生长与结果间的矛盾，利于坐果，提高产量；可以固蔓防风，避免风将蔓吹下导致不结果；可使茎叶聚积更多营养素而变粗；可使茎叶均匀分布于田间，得充分利用光能，减少病虫害，提高蔬菜品质；压入土中的茎节还可以生成大量不定根，增加吸收面积。

压蔓分为明压和暗压。明压是用土块将蔓直接压于地面上，暗压是开一个与蔓顺向的沟，将蔓平放于沟内，再用土压住。

保护设施栽培的番茄、黄瓜等无限生长型蔬菜，生育期可长达八九个月，甚至更长，茎蔓长度可达 6~7m，甚至 10m 以上。为保证茎蔓有充分的生长空间，需于生长期内进行多次落蔓。具体做法是：当茎蔓生长到架顶时开始落蔓。落蔓前先摘除下部老叶、黄叶、病叶，将茎蔓从架上取下，使基部茎蔓在地上盘绕，或按同一方向折叠，使生长点置于架上适当高度后，重新绑蔓固定。

5. 摘叶、束叶

蔬菜生长期间摘除病叶、老叶、黄叶，有利于植株下部通风透光，减轻病害的发生，减少营养素消耗，促进植株生长发育。摘叶的适宜时期是在生长的中、后期，摘除基部色泽暗绿、继而黄化的叶片及严重患病、失去同化功能的叶片。摘叶宜选择晴天上午进行，用剪子留下一小段叶柄剪除。操作中也应考虑到病菌传染问题，剪除病叶后宜对剪刀做消毒处理。摘叶不可过重，即便是病叶，只要其同化功能还较为旺盛，就不宜摘除。

束叶技术主要是针对结球白菜和菜花等叶（花）球类蔬菜，可以促进叶球和花球软化，同时也可以防寒，增加株间空气流通，防止病害。束叶在生长后期，结球白菜已充分灌心，菜花花球充分膨大后，或温度降低，光合同化功能已很微弱时进行。过早束叶不仅对包心和花球形成不利，反而会因影响叶片的同化功能而降低产量，严重时还会造成叶球、花球腐烂。

（五）化控技术

化学调控技术是以应用植物生长调节剂为手段，通过改变植物内源激素系统影响植物生长发育的技术。它与一般作物调控技术相比，主要优势在于它直接调控作物本身，从作物内部操纵作物行动，使作物生长发育能得到定向控制。这种控制主要表现在三个方面：首先，增强作物优质、高产性状的表达，发挥良种的潜力。如增加有效分蘖、分枝，促进根系生长，矮化茎秆，延缓叶片衰老，增加叶绿素含量，提高光合作用，控制瓜类性别分化，促进果实细胞分裂，提高坐果率和果重，促进早熟等。其次，塑造合理的个体株型和群体结构，协调器官间生长关系。许多生长调节剂能对植物的伸长生长进行有效的控制，从而起到控上促下（控制地上部生长，促进根系生长）、控纵促横（增粗茎秆）、控营养生长促生殖生长的作用。再次，增强作物抗逆能力。化学调控直接改善植株的生理机能，提高了作物对逆境的适应性。许多植物生长调节剂都能有效地增强作物的抗寒、抗旱、抗热、抗盐和抗病性以及延长贮藏保鲜寿命。由于化学调控技术的特殊优势，正成为农作物安全高产、优质高效的重要技术而应用。

1. 植物生长调节剂的种类与作用

目前生产上应用的植物生长调节剂主要种类有三类。

（1）植物生长促进剂　吲哚化合物、萘化合物和苯酚化合物：促使插条生根，可促进生长、开花、结实，防止器官脱落，疏花疏果，抑制发芽和防除杂草等。

赤霉素（"九二〇"）：可促进细胞分裂和伸长，刺激植物生长；可打破休眠，促进萌发；促进坐果，诱导无籽果实；促进开花。

激动素、6-苄基氨基嘌呤等：可促进细胞分裂和细胞增大；减缓叶绿素的分解，抑制衰老，保鲜；诱导花芽分化；打破顶端优势，促进侧芽生长。

脱落酸：可促进离层的形成，引起器官脱落；促进衰老和成熟；促进气孔关闭，提高植物的抗旱性。

乙烯类：可促进果实成熟；促进瓜类雌花分化；抑制生长，矮化植株；促进衰老与脱落。

（2）植物生长延缓剂 矮壮素（化学名称为 2 - 氯乙基三甲基氯化铵，简称 CCC）可抑制植物伸长生长，使植株矮化，茎秆变粗，叶色加深。生产上可用于防止小麦等作物倒伏，防止棉花徒长，减少蕾铃脱落，也可促进根系发育，增强作物抗旱、抗盐能力。

多效唑（国外称 PP333）可减弱作物生长的顶端优势；促进果树花芽分化；抑制作物节间伸长；提高作物抗逆性。水稻苗期施用，可控制徒长，增加分蘖，减轻栽后败苗。在小麦、水稻上应用可防止倒伏。

比久（B9）可代替人工整枝。同时有利花芽分化，防止落花，提高坐果率。比久用于花生和马铃薯等，可抑制地上部的营养生长，提高产量。

缩节胺（商品名为 PIX，又称 DPC）能抑制细胞生长，延缓营养体生长，使植株矮化，株形紧凑，能增加叶绿素含量，提高叶片同化能力，调节同化物分配。

（3）植物生长抑制剂 青鲜素能降低植物的光合作用和蒸腾作用，抑制芽的生长和茎的伸长。生产上常用于抑制马铃薯、洋葱和其他贮藏器官的发芽，阻止烟草侧芽生长，并可抑制路旁杂草丛生。

三碘苯甲酸可以阻止生长素运输，抑制植株的顶端生长，使植株矮化，促进侧芽、分枝和花枝形成。

整形素对植物形态建成有强烈影响，可以在抑制顶端优势的同时，促进侧芽的发生，对茎的伸长有强烈抑制作用，使植株矮化或变为丛生状态。

2. 植株生长调控

（1）促进生长

①黄瓜：经生根粉（ABT）处理后，黄瓜植株的营养生长显著加快，具体表现为单株叶片数和茎粗有显著增加。喷施赤霉素可提高产量。赤霉素最明显的作用是增加植株高度，促进节间伸长。用 20～50mg/L 赤霉素处理黄瓜植株能促进植株生长，使叶片数增多，叶片增大，茎和节间伸长。

②苋菜：在苋菜生长期使用 20mg/L 的赤霉素农药液喷洒叶面 2～3 次，可促进生长，提高产量，或喷洒 650～2000mg/L 的石油助长剂 1～2 次，也能显著提高产量。

③香菜：用 15～20mg/L 的赤霉素药液，在收获前 15d 左右喷 2～3 次，可促进生长，提高产量。注意在低温时，因作用较为缓慢，应适当提前使用；温度较高时，则应适当推迟使用时间。

④大蒜：5mg/L 的 2, 4 - D 溶液浸泡大蒜种瓣 12h，株高和单株重都可增加，蒜头增产。应用 ABT 能促进蒜苗提前 2～3d 发芽，大大促进蒜叶增宽加长，蒜秆增长加粗，从而促进蒜头产量的提高。

⑤萝卜、胡萝卜：在萝卜或胡萝卜肉质根肥大期，每 8～10d 喷施 1 次 0.5mg/L 的三十烷醇，亩用量 50L，连续喷施 2～3 次，能够促进植株生长及肉质根肥大，使品质细嫩。

⑥番茄：三十烷醇对番茄的有效浓度是 0.1～1.0mg/L，一般以 0.5mg/L 效果最佳，

在苗期和花果期喷洒 1~2 次，增产幅度为 10%~30%。主要表现为结实率和果实重的提高。

使用促进型植物生长调节剂后，必须加强水肥管理，才能达到预期的效果，如果水肥条件跟不上，反而会造成减产或品质下降。

（2）防止徒长　在自然界中，植物的顶芽生长旺盛，而侧芽往往受到抑制，这是维持顶端优势、自身抑制生长的一种表现。因为生长点先端制造的激素向下运输，使侧芽的激素浓度过高，所以侧芽的生长就受到抑制。对于果菜类蔬菜，要防止因营养生长过旺而抑制生殖生长，在生产上，一般喷洒矮壮素、多效唑等植物生长延缓剂，来调节植物的营养生长和生殖生长，防止徒长，促进生殖生长，从而促进多结果，增加产量。

①茄子：在移栽缓苗之后，茄子进入旺盛生长期时，每隔 10d 一次，叶面喷洒 100~300mg/L 的助壮素溶液，一共喷洒 2 次，或喷洒 5~20mg/L 的烯效唑溶液 1 次，可以促使植株矮化，根系发达，提高光合作用，达到促进花果发育、早熟高产的目的。

②番茄：在番茄苗期用 50~100mg/L 矮壮素溶液喷洒，可培育出粗壮的幼苗，从而增加番茄的产量。也可用 500~1000mg/L 矮壮素溶液在开花前叶面喷洒 1 次，可使植株紧凑，促进坐果，防止因徒长而减少产量。

（3）促进薯类块茎的形成

①马铃薯：在栽培过程中，雨水过多、光照不足、氮肥使用过量等会造成地上部分枝叶旺长，但块茎产量却不高的现象。这是由于地上部分的过分生长消耗掉了植株光合作用所积累的大多数养分，只有少部分向地下块茎输送，使得块茎的产量不高。多种植物生长调节剂（如矮壮素、多效唑、三碘苯甲酸和烯效唑）都具有抑制地上部分生长、调节地上部和地下部营养分配的作用，可用以促进马铃薯块茎的生长。

②甘薯：使用芸薹素后，甘薯从扦插到封垄的时间缩短，主蔓长度增加，分枝数增加，叶面积增大且外色深绿，地上部分生长良好，使甘薯的单株薯块数、单株甘薯重和甘薯的产量大幅度增加，薯块也大了很多。还可用 30~60mg/L 烯效唑溶液在甘薯初花期（即薯块膨大时）进行叶面喷洒，使茎蔓节间缩短，叶色浓绿，控制地上部分营养生长，从而促进地下薯块膨大加快，增加薯块数量。

3. 保花保果措施

茄果类蔬菜落花落果是生产上主要问题之一。落花落果和坐果率低的原因很多，在生产过程中对花、果、叶等的机械损伤，病虫危害，胚发育不正常，土壤干旱，或湿度过大，温度过高或过低，都会促进花柄和果柄基部离层形成而造成落花落果，并在花、果、叶断口处产生保护层细胞，防止水分蒸发和微生物侵染。所以，落花落果及落叶是植物对不利环境的一种反应，是抵抗胁迫的一种自我保护作用。

（1）番茄　番茄喜温暖，不耐高温和寒冷。番茄早春季节夜温在 15℃以下、夏季在 35℃以上时，会落花落果。在长江流域，番茄 4~5 月份开花时正值春季的低温，而在 8~9 月份开花时则正值秋季的高温，都易引起落花落果。在生产上，普遍使用的植物生长调节剂有 2,4-D、防落素、赤霉素等，它们都具有保花保果、促进果实膨大、提早上市和增加产量的作用，在生产上已推广多年。

①2,4-D：在番茄花开时用 10~25mg/L 的 2,4-D 药液喷花或浸花。在浸花后 2~3d，花柄开始变粗，子房膨大，花陆续开放。每朵花处理 1 次，不要重复，否则会引起畸形果、裂果、空洞果等。春季低温时使用高浓度处理，秋季高温时使用较低浓度处理。

②防落素：当番茄第1序花中有3～4朵花开放时用防落素20～40mg/L药液喷花序，可以有效防止落花落果。防落素刺激果实膨大不如2，4－D快，但防落素对番茄药害较2，4－D轻。

除生长素和赤霉素类药剂之外，还可使用油菜素内酯、三十烷醇等植物生长调节剂改善植株营养状况，防止落花落果，促进果实增大。

（2）茄子　茄子的落花虽比番茄轻，但在冬季低温和盛夏高温条件下，仍较严重，影响早期产量和总产量。除了受温度的影响之外，花器本身发育不良、雨水过多、光照不足，以及长期干旱而影响根系对营养素和水分的吸收等均会造成落花。防止茄子的落花，促进结果，可以用30～50mg/L的赤霉素喷洒花朵和幼果1～2次，可以防止花果脱落，提高坐果率，增加产量。

（3）黄瓜　黄瓜在开花结果时，营养不良、植株徒长等会造成花和幼果的大量脱落。要解决好这一问题，首先要确定落花落果的原因，如果是因为营养不良，就应及时施肥，补充营养；如果是其他原因，则可以考虑利用植物生长调节剂来解决。此外，在黄瓜开花坐果时，合理地利用植物生长调节剂可以有效地避免落花落果，可以使用的药剂有多种，使用时应根据自己的情况加以选择。

用5～10mg/L的增产灵溶液点涂幼果，能调节植物体内的营养物质较好地运输及合理分配，从营养器官向果实转移，使果实获得较多的营养物质而减少脱落。在黄瓜雌花开放前，使用2mg/L的赛苯隆（TDZ）对子房喷雾，可使坐果率达到100%，并可明显提高黄瓜的重量，有显著的增产效果。如果用2mg/L的赛苯隆和1mg/L的赤霉素混合处理，增产效果则更为明显。当黄瓜瓜条长10～13cm时，用30～50mg/L的赤霉素药液喷洒幼瓜，可以防止脱落，促进幼瓜生长。

4. 生长调节剂的施用和注意事项

（1）施用方法　植物生长调节剂的施用方法较多，如溶液喷洒、药液浸泡、药液涂抹、土壤浇灌、药液注射、药液熏蒸、药液签插、高枝压条切口涂抹、拌种与做种衣等。一种植物生长调节剂具体采用何种使用方法，随生长调节剂种类、应用对象和使用目的而异。方法得当，事半功倍，方法不妥，则适得其反。在实际应用中，要根据实际情况灵活选择。

①溶液喷洒：溶液喷洒是生长调节剂应用中的常用方法。根据应用目的，可以对叶、果实或全株进行喷洒。先按需要配制成相应的浓度，然后用喷雾器喷洒，要细小均匀，以喷洒部位湿润为度，可在药液中加入少许乳化剂或表面活性剂等辅助剂，以增加药液的附着力。使用时间最好选择在傍晚，气温不宜过高，使药剂中的水分不致很快蒸发。如喷洒后4h内下雨，需要重新再喷。

②药液浸泡：浸泡法常用于种子处理，促进插条生根、催熟果实和贮藏保鲜等。进行种子处理时，药液量要没过种子，浸泡时间为6～24h（与温度高低有关），等种子表面的药剂晾干后再播种。将插条基部浸泡在含有植物生长调节剂的溶液中，药液浓度决定浸泡时间，也可快蘸。浸泡后，将插条直接插入苗床中；也可用粉剂处理，先将苗木在水中浸湿，再蘸生长素的粉剂即可。

③药液涂抹：涂抹法，是用毛笔或其他工具，将药液涂抹在植物某一部位的施用方法。如将2，4－D涂抹在番茄花上，可防止落花，并可避免药液对嫩叶及幼芽产生危害。此法便于控制施药的部位，避免植物体的其他器官接触药液。对处理部位或器官要求较

高，或容易引起其他器官伤害的药剂，涂抹法是一个较好的选择。用羊毛脂处理时，将含有药剂的羊毛脂直接涂抹在处理部位，有利于促进生根，或涂芽促进发芽。

④土壤浇灌：土壤浇灌法是指配成水溶液直接灌于土壤中，使根部充分吸收的施用方法。在育苗床中应用时，可叶面喷洒，也可进行土壤浇灌。如果是液体培养，可将药剂直接加入培养液中。大面积应用时，可按一定面积用量，与灌溉水一同施入田中，也可按一定比例，把生长调节剂与土壤混合施用。另外，土壤的性质和结构，尤其是土壤有机质含量的多少，对药效的影响较大，施用时要根据实际情况适当增减用药剂量。

（2）注意事项

①进行一定规模的预备实验：具有同一作用的植物生长调节剂种类很多，如化学整形，有好多植物生长延缓剂可供选择，如丁酰肼、矮壮素、多效唑、嘧啶醇等。不同地域、不同生长季、不同种类的蔬菜对不同药剂的反应也不一样。且不同厂家、不同批次和存放时间长短施用后效果也会不同。因此，在大规模试验或处理作物之前，一定要做预备试验（处理）。以供试药液供试浓度处理供试作物 3 ~ 5 株，5d 后观察，如无烧伤或其他异常现象，就可以大规模应用于田间。如有异常反应，则应降低浓度或剂量，再行试验，直到安全无害为止。生长调节剂因浓度不同，效果完全相反，甚至有烧死作物的危险。

②选定适宜的使用时期：使用植物生长调节剂的时期至关重要。只有在适宜的时期内使用植物生长调节剂，才能收到应有的效果，其主要取决于植物的发育阶段和应用目的。萘乙酸花后使用可作疏果剂，采前使用则为保果剂；乙烯利诱导黄瓜雌花形成，必须在幼苗 1 ~ 3 叶期喷洒，过迟，则早期花的雌雄性别已定，达不到诱导雌花的目的；果实的催熟，应在转色期处理，可提早 7 ~ 15d 成熟，过早，影响果实品质，反之则作用不大。

③正确的处理部位和施用方式：植物的根、茎、叶、花、果实和种子等，对同一种生长调节剂或同一大小剂量的反应不同，要根据问题的实质决定处理部位。如用 2，4 - D 防止落花落果，就要把药剂涂在花朵上，抑制离层的形成；若涂于幼叶上，则会造成伤害。使用时必须选择适当的用药工具，对准所需用药的部位施药，否则会产生药害。

④防止药害，保证安全施用：药害是由于生长调节剂使用不当引起植物体内激素失调，导致植物形态和生理变化，与使用植物生长调节剂目的不相符的一种变态反应，有急性（10d 内）与慢性之分。药害产生的原因很多，对调节剂不合理的使用，用错药、喷施浓度过高、栽培管理不当、施药方法不合理等，均可导致作物药害的发生，温度高低也是导致作物药害的重要因素。

⑤正确掌握施用浓度和施药方法：植物生长调节剂的一个重要特点，就是其效应与浓度有关，如 2，4 - D、抑芽丹、调节膦和增甘膦等药剂，在较低浓度时起调节植物生长的功能，而在高浓度时则可起除草剂的作用。

要根据药剂有效成分配准浓度。由于生长调节剂种类繁多，有效成分含量各不相同，如有 85% 赤霉素晶体，也有 45% 赤霉素乳剂，在配制时，要根据有效成分的多少，加适量的水，稀释成适宜的浓度。还要根据施用时的温度决定用药浓度。

⑥恰当的管理措施：施用植物生长调节剂的作物，要根据作物生长特点和生长调节剂的特殊要求抓好管理。喷施植物生长调节剂时，要制订安全间隔期。调节剂之间混用的目的要明确。做到混用的目的与生长调节剂的生理功能相一致，不能将两种生理功能完全不同的调节剂进行混用，如多效唑、矮壮素和比久等，不能与赤霉素混用。酸性调节剂不能与碱性调节剂混用，如乙烯利是强酸性的生长调节剂，当 pH > 4.1 时，就会释放乙烯。

⑦妥善保管植物生长调节剂：温度的变化，会使植物生长调节剂产生物理变化或化学反应，以致使其活性下降，甚至失去调节功能。如三十烷醇水剂35℃左右环境贮藏，易产生乳析变质，赤霉素晶体32℃以上降解丧失活性。在植物生长调节剂中，防落素、萘乙酸、矮壮素、调节膦等药剂，吸湿性较强，在湿度较大的空气中易潮解，逐渐发生水解反应，使药剂质量变劣，甚至失效。一些可湿性粉剂，吸潮后常引起结块，也会影响调节作用的效果。光照，对植物生长调节剂亦可带来不同程度的影响。因为日光中的紫外线可加速调节剂的分解。如萘乙酸和吲哚乙酸，都有遇光分解变质的特性。植物生长调节剂应用深色的玻璃瓶装存，或用深色的厚纸包装，放在不被阳光直接照射的地方。一般宜贮藏在20℃以下的环境中，最宜放在阴凉环境中。有条件的也可将其放于专门存放化学药品的低温冰箱中保存。需要注意的是有些植物生长调节剂，由于封装时消毒不严，或者使用了部分，将剩余部分贮藏起来，很容易引起微生物污染而发生变质。所以，在使用植物生长调节剂之前，一定要认真检查是否被微生物污染；若出现污染，就应停止使用。

⑧选用合格的植物生长调节剂：为了避免伪劣药剂的危害，应该注意以下问题：首先，弄清使用的目的；其次，购药时，要查询产品有无"三证"，仔细阅读使用说明书，了解其主要作用，使用对象和使用力法，认清产品商标、生产厂家和出厂日期；最后，对于市场销售的新药剂，或使用效果还有争议的药剂，不要盲目购买，更不宜大面积推广应用。此外，还要严格按照有关规定施用，注意安全，防止污染，保护环境。

（六）病虫防治技术

1. 常见蔬菜病虫害的识别
（1）蔬菜常见病害的识别
①蔬菜苗期常见病害：蔬菜幼苗生长较弱，容易受到多种病害的侵袭而死亡，给生产上带来很大的麻烦。蔬菜苗期常见的病害大致有以下几种。

a. 猝倒病。幼苗出土前染病引起烂种，出苗后发病，茎基部出现淡褐色水渍状病斑，病斑绕茎1周，后变软，表皮脱落，病部缢缩，茎呈线状。该病发病迅猛，病斑上部未表现症状便折倒。

b. 立枯病。幼苗出土后发病，茎基部出现椭圆形凹陷病斑。病斑绕茎1周，造成缢缩干枯，植株萎蔫或直立死亡，一般不会倒伏。

c. 枯萎病。苗期发病，茎基部缢缩，子叶或全株萎蔫。潮湿时茎基部出现水渍状腐烂，受害处纵裂成丝状，表面长出白色或粉红色霉层。

d. 沤根。叶片和茎发病，病斑呈水渍状腐烂，湿度大时产生大量灰褐色霉层，霉斑不规则，后期干枯，常常自患病处折断。

②蔬菜生长期常见病害：

a. 大蒜叶枯病。属真菌性病害。主要危害大蒜、洋葱、韭菜等百合科作物。病多发始于叶尖或花梗，初呈现白色小圆点，扩大后呈不规则或椭圆形灰白色或灰褐色病斑，病斑上生出黑色霉状物，严重时病叶枯死，不能抽薹或花梗折断。传播：病菌主要随病株残体在土壤中越冬越夏，成为初次发病来源，病部不生的病菌可随风、气流进行再侵染。

b. 十字花科黑斑病。属真菌病害。主要危害油菜、萝卜、白菜、莲花白等。在叶片、叶柄上初生是近圆形褪绿斑，后变成直径为5～10mm大的淡褐色斑，有明显的同心轮纹，潮湿时上生黑褐色霉状物，发病重时病斑连成一大片，使整叶枯死。病源菌在土壤，病株残体、种子表面上越冬越夏，一般气温17℃左右发病最早，可引起再侵染。

c. 十字花科黑腐病。属细菌性病害。主要危害苤蓝、莲花白、小铁头、萝卜等十字花科蔬菜。病害从叶边缘发生，形成"V"字形的黄褐色病斑，边缘有黄色晕环，叶脉变黑。天气干燥时病部干而脆，致使整叶枯死，湿度大时引起叶柄及茎腐烂。病菌在种子、病株残体上越冬越夏，经风、雨、农具等从叶片边缘的气孔侵入，然后引起再侵染。

d. 白菜软腐病。属细菌性病害。主要危害白菜、萝卜、番茄、辣子、大葱、芹菜、莴笋、胡萝卜等。晴天中午外叶萎蔫，或平贴地面，叶柄基部和根茎心髓组织腐烂，腐烂叶片干后呈薄纸状。一般6~8月份发生较重。

e. 锈病。豆科植物如菜豆、蚕豆、豌豆、豇豆等的叶上经常出现一种锈状物，称为类锈病。还可危害葱、黄花菜，蔬菜锈病的症状都很相似，主要发生在叶片上，也危害叶柄、茎和豆荚。叶片上初生很小的黄白色斑点，逐渐隆起，然后扩大成黄褐色疱斑。疱斑破裂后散出红褐色粉末，到后期，疱斑逐渐为黑褐色，也就是所称的"锈状物"。病斑多时，叶片迅速干枯早落。

f. 白粉病。豆科蔬菜，白粉病危害非常普遍，病叶率可达80%。除危害豆科蔬菜外，还可危害辣椒。豆科蔬菜叶、茎、蔓和荚均可发病。叶片感病，初生淡黄色小斑，扩大后呈不规则形白色粉斑。病斑互相连接，叶片两面均铺盖一层白色粉状物，致病叶由下至上变黄干枯，嫩茎、叶柄和豆荚感病后，也出现白色粉斑，严重时病部布满白粉，造成茎蔓枯黄，嫩荚干缩。

g. 晚疫病。危害番茄，发生于叶、叶柄、茎和块茎上，中部病斑多从叶尖或叶缘开始发生，初期为褪绿水渍状小斑，逐渐扩大为圆形或半圆形暗绿或褐色大斑，使叶片萎蔫下垂，整个植株变为焦黑。

h. 病毒病。主要危害白菜、番茄、瓜类、芹菜、辣椒等作物。危害叶片、茎、果等部位，可分为花地型、条斑型、蕨菜型三种叶片上有明显的花叶症状，凹凸不平，卷曲，畸形，茎秆形成条状斑，病株矮小，严重时叶片枯死。

i. 霜霉病。主要危害白菜、黄瓜、莴笋等作物。发病于叶片。其次危害茎、花和果实。叶片上产生淡绿色病斑，成多角形不规则形，叶背面产生白色霜状霉，严重时叶片变黄、干枯。

（2）蔬菜常见虫害

①小菜蛾：主要危害苤蓝、小铁头、连花白、白菜、油菜、萝卜、青菜等十字花科作物。其幼虫取食叶肉，留下表皮，在菜叶上形成一个透明斑，称"天窗"，严重时全叶被吃成网状。特征：成虫体长6~7mm灰褐色，前翅后缘具黄白色三色曲折的皱纹，缘毛长，两翅合拢时呈3个连的菱形斑；卵椭圆形，黄绿色；幼虫体长约10mm，体节分明，两头尖，虫体呈纺锤形；蛹蓝绿至灰褐色，体上包有薄如丝的茧。

②葱蓟马：主要危害大蒜、大葱、韭菜百合科作物和烤烟等。以成虫、若虫危害植物的心叶、嫩叶，形成长形黄白斑纹，致使叶片扭曲枯黄。特征：成虫1.2~1.4mm，淡褐色，翅狭长；若虫无翅，体黄白色；卵肾形，乳白至黄白色。

2. 农药安全使用技术

（1）熟悉病虫种类，了解农药性质　蔬菜病虫等有害生物种类虽然多，但如果掌握它们的基本知识，正确辨别和区分有害生物的种类，根据不同对象选择适用的农药品种，就可以收到好的防治效果。蔬菜病害可分侵染性病害和非侵染性病害。非侵染性病害是由栽培技术不当引起的（如缺素、水渍根等），只要找出原因，正确纠正即可。侵染性病害有真菌性病害、细菌性病害、病毒性病害和线虫性病害等四大类。其中以真菌性病害为最多，约占80%。这四大类病害的用药不同，搞错了药则无效。例如用防治细菌性病害的农药防治真菌性病害（如黄瓜霜霉病）或病毒性病害（如番茄花叶病毒病）则无效。

蔬菜害虫可分为昆虫类、螨类（蜘蛛类）软体动物类三大类型。昆虫中依其口器不同，分成刺吸式样口器害虫和咀嚼式口器害虫，必须根据不同的害虫用不同的杀虫剂来防治。只有选择对路的农药，才能奏效。

了解病因虫因后，选择适当的农药时应尽可能选用无毒、无残留低毒、低残留的农药。首先，选择生物农药或生化剂农药，如Bt、8010、白僵菌、天霸、天力二号、菜丰灵等。其次，选择特异昆虫生长调节剂农药，如抑太保、卡死克、农梦特等。第三，选择高效低毒残留的农药，如敌百虫、辛硫磷等。第四，在灾害性病虫害会造成毁灭性损失时，才选择药效为中等毒性和低残留的农药，如敌敌畏、乐果、天王星等。

（2）正确掌握用药量　各种农药对防治对象的用药量都是经过试验确定的。因此在生产中使用时不能随意增减。提高用量不但造成农药浪费，而且也造成农药残留量增加，易对蔬菜产生药害，导致病虫产生抗性，污染环境，用药量不足时，则不能收到预期防治效果，达不到防治目的。为做到用药量准确，配药时需要使用称量器具，如量杯、量筒、天平、小秤等。一般的农药使用说明书上都明确标有该种农药使用的倍数或单位用药量，田间应遵循此规定。一般建议使用的用量有一个幅度范围，在实际应用中，要按下限用量。现在推行的有效低毒用量即有效降低浓度，用此药量即可达到防治病虫的目的。通常菊酯类杀虫剂使用浓度为2000~3000倍，有机磷杀虫剂为1500~2000倍，激素类3000倍左右，杀菌剂为600~800倍，不能私自提高用药浓度和用药次数，每亩施药液15~20kg即可。

（3）不同生态环境下的农药剂型的选择　如喷粉法工效比喷雾法高，不易受水源限制，但是必须当风力小于1m/s时才可应用；同时喷粉不耐雨水冲洗，一般喷粉后24h内降雨则需补喷。又如塑料大棚内一般湿度都过大，应选烟雾剂的杀虫、杀菌剂使用。

（4）病虫情测报与交替换用药　加强病虫测报，经常查病查虫，选择有利时机进行防治。各种害虫的习性和为害期各不同，其防治的适期也不完全一致。

交替轮换用药。正确复配以延缓抗性生成。同时，混配农药还有增效作用，兼治其他病虫，省工省药。农药在水中的酸碱度不同，可将分为酸性、中性和碱性三类。在混合使用时，要注意同类性质的农药相配，中性与酸性的也能混用，但是凡在碱性条件下易分解的有机磷杀虫剂以及西维因、代森铵等都能和石硫合剂、波尔多液混用，但必须随配随用。

（5）人员安全　配药时，配药人员要戴胶皮手套和口罩，必须用量具有按照规定的剂量称取药液或药粉，不得任意增加用量。严禁用手拌药，拌种要用工具搅拌，用多少、拌多少。拌过药的种子应尽量用机具播种。用手撒或点种时，必须戴防护手套，以防皮肤吸收农药中毒。剩余的毒种应销毁，不准用作口粮或饲料。配药和拌种时应远离饮用水源、居民点的安全地方，要有专人看管，严防农药、毒种丢入或人、畜、禽误食中毒。

（6）产品安全　喷洒过农药的蔬菜，一定要过安全间隔才能上市。各种农药的安全间隔不同。一般笼统地说，喷洒过化学农药的蔬菜，夏天要过7d，冬天要过10d，才可上市。

3. 病害防治技术

（1）真菌性病害　真菌性病害可以用杀菌剂进行拌种；清洁田园，及时将病叶、病果清出田外，深埋或烧毁；轮作换茬，增施有机肥和磷钾肥；大棚等保护地加强通风，膜下浇小水，降低湿度；扑海因、代森锰锌、多菌灵、百菌清、克露、瑞毒霉锰锌等杀菌剂对绝大多数真菌性病害都具有一定效果，可以酌情使用。

①防治霜霉病、疫病的防治：可用53%金雷多米尔600倍、72%甲霜灵锰锌500~600倍、66.8%霉多克600倍、70%安泰生（富锌）500~700倍、大生600倍及喷克600倍进行防治。

②白粉病、锈病的防治：可用仿生性农药－绿帝粉剂或粉锈灵1000倍、40%灭病威悬浮剂300~400倍、25%敌力脱1000倍、仙生800倍、得清2000倍、喷克600倍进行防治。

③枯萎病的防治：选种抗病品种；水旱轮作；清理病残体；施用腐熟有机肥；避免串灌漫灌；移苗后及时用药淋根；2.5%适时乐悬浮种衣拌种和适时乐2000倍、枯萎立克500倍、必备500倍、50%甲基托布津400倍等淋根。

（2）细菌性病害的防治　①选种抗病品种；②水旱轮作；③清理敏感作物，清除田间病残体；④用40%甲醛150倍液浸种1.5h或100万U的硫酸链霉素500倍液浸种2h后催芽；⑤用DT 10g/m²，加10倍细土育苗前处理苗床；⑥补充叶面肥；⑦发病前药剂淋根。药剂可用77%可杀得600~800倍、72%农用链霉素4000倍、30%氧氯化铜300~400倍以及DT、丰护安、绿乳铜等药剂进行灌根，0.3~0.5kg/株。

（3）病毒病的防治　可尽量选用抗病品种，及时清除病叶、病果，保持田间湿度，防止高温干旱。播种前用10%磷酸三钠溶液浸种30min再催芽。挂银灰色膜条与株高相平起到避蚜作用。防病毒病主要是消灭传毒介体质，早期可采用药剂加治蚜药剂混合喷洒，同时补充叶面肥。药剂可用1.5%植病灵500倍、2%宁南霉素200倍或菌毒清、磷酸三钠、绿芬威1号等。也可用配方：万丰露2000倍+菌克毒克500倍+阿克泰1000~1500倍；新动力1500倍+菌克毒克500倍+10%蚜虱净1000倍；果蔬动力1500倍+菌克毒克500倍+康复多2000倍等混配使用。

4. 虫害防治技术

（1）小菜蛾、菜青虫的防治

①农业防治：在小范围内避免十字花科蔬菜周年连作；对育苗田加强管理，及时防治，避免将虫带入本田；及时清除田园内残株落叶或立即翻耕，可消灭大量虫源。

②物理防治：小菜蛾有趋光性，在成虫发生期，每2万m²菜田设置1盏灭虫灯效果更好。

③生物防治：使用1.8%阿维菌素2000~2500倍液或BT粉剂对小菜蛾有很好的防效。

④化学防治：防治适期：掌握卵孵化盛期到2龄前用药剂。常用药剂：25%菜喜悬浮剂1000~1500倍（多杀霉素）、安保1000倍、除尽1200~1500倍、15%安打3500~4000倍、1.8%阿维菌素（虫螨光、爱福丁、爱力螨克）2000~3000倍、BT苏云金杆菌1000~1500倍液、5%抑太宝2000倍液，或20%灭幼脲1号或25%灭幼脲3号胶悬剂500~600倍液，也可用5%锐劲特2500倍或40%丙溴磷乳油40g效果更佳。施药方法：圈点法进行叶背和叶心喷雾。剂量每亩15~20kg。

（2）斜纹夜蛾、甜菜夜蛾的防治

①农业防治：加强田间管理，清除杂草，减少虫源。

②物理防治：灭虫灯、黑光灯诱杀成虫效果很好。还可同时诱杀棉铃虫、地老虎、斜纹夜蛾等。

③化学防治：田间用药的关键时期是消灭幼虫于 3 龄以前，在傍晚施药效果最佳。常用药剂：20% 杀灭菊酯乳油 1500～2000 倍液；20% 灭幼脲Ⅰ号或Ⅲ号制剂 500～1000 倍液；鱼藤精 500 倍液；50% 马拉硫磷 800 倍液；40.7% 乐斯本乳油 800 倍液；5% 抑太保乳油 1000 倍液；5% 卡死克乳油 1200 倍液。剂量每亩使用 15～20kg。

（3）棉铃虫的防治

①农业防治：摘除虫果压低虫口。早、中、晚熟品种要搭配开，避开二代棉铃虫的为害。

②生物防治：喷施棉铃虫核型多角体病毒，可使幼虫大量死亡。

③化学防治：孵化盛期至二龄盛期，即幼虫尚未蛀入果内施药。注意交替轮换用药。如 3 龄后幼虫已蛀入果内，施药效果则很差。常用药剂：2.5% 敌杀死 3000～4000 倍、5% 功夫乳油 4000～5000 倍、21% 灭杀毙乳油 6000 倍液、2.5% 天王星乳油 3000 倍、安保 1000 倍等。剂量每亩使用 15～20kg。

（4）菜螟的防治

①农业防治：合理安排蔬菜种植品种；适当调节播种期，使害虫大发生期与蔬菜感虫期错开；收获后及时耕翻菜地，清除残株落叶，以减少虫源；在早晨太阳未出、露水未干前泼水淋菜，可以大大减少菜螟为害；适当灌水，增大田间湿度，既可抑制害虫，又能促进菜苗生长。

②化学防治：应根据实地调查测报，抓住成虫盛发期和卵盛孵期进行。可供选用的药剂有 18% 杀虫双水剂 800～1000 倍液；80% 敌敌畏乳油 1000～1500 倍液；21% 增效氰马乳油或氰戊菊酯乳油 6000 倍液；2.5% 功夫乳油 4000 倍；20% 灭扫利乳油或 2.5% 天王星乳油 3000 倍液；苏云金杆菌制剂 Bt 乳剂 500～700 倍液等都有很好的防效。剂量每亩使用 15～20kg。

（5）豆荚螟的防治

①农业防治：清除田间落花落荚，摘除被害的卷叶和豆荚，减少虫源。

②化学防治：注意施药方法："治花不治荚"的原则，从始花期开始喷施，每隔 5d 左右喷蕾、花一次，花期开花时（6：00—9：00）打药，5～7d 一次。常用药剂：58.5% 农地乐 1000～1500 倍、90% 杀螟丹 1000 倍、10% 杀虫威 100 倍等。剂量每亩使用 15～20kg。

（6）跳甲、黄守瓜、黑守瓜等的防治

①农业防治：清除田地边杂草，轮作，土壤灌水，增施肥料等农业措施可减轻为害。

②化学防治：防治幼虫用药液灌根，土面撒施米乐尔或淋施杀虫双可防治幼虫，防治成虫可在高峰期用叶面喷药，常用药剂：48% 乐斯本 1000～1500 倍、52.2% 农地乐 1000～1500 倍、2.5% 功夫乳油 1500～2000 倍、2.5% 敌杀死乳油 4000 倍、59% 跳甲绝 1500 倍、80% 晶体敌百虫 1000～2000 倍液，50% 敌敌畏乳油 1000～2000 倍液，50% 马拉硫磷 800 倍液，50% 杀螟腈乳油 800～1200 倍液，鱼藤精 800～1200 倍液，20% 硫丹乳油 300～400 倍液，或 2.5% 敌百虫粉，0.5～1% 鱼藤粉。剂量每亩使用 15～20kg。

5. 无公害蔬菜病虫害防治技术

无公害蔬菜生产的病虫害防治要以预防为主，以农业防治、物理防治、生物防治为重点。必要时，可用化学防治，但要限定化学农药的种类及用量、用药次数。

（1）蔬菜病虫害预测预报　按照蔬菜作物病虫害预测预报，在病虫害发生危害高峰期之前，及时进行防治。

（2）植物检疫　对引进、输出的种子均进行植物检疫，防治恶性病虫草害检疫对象传入无公害蔬菜生产基地。

（3）农业防治　运用合理的栽培技术措施，提高蔬菜抗病虫害能力，减少用药次数。

①严格进行种子消毒，降低因种子、种苗携带的病原菌进入大田造成病虫害发生。

②合理施肥，适当增施磷、钾肥，提高蔬菜作物抗病虫能力和品质。

③收获后清洁园地，冬季深翻炕土，夏季翻地高温消毒，消灭部分病源、虫源。

（4）物理防治　利用害虫忌避性、趋光性和群集性，采取物理防治或人工捕捉防治。如黑光灯、高压汞灯等利用灯光诱杀、黄板诱蚜虫和白粉虱、铺银灰色薄膜避蚜、人工捕捉有群集习性的斜纹夜蛾幼虫或捕杀卵块、用高温闷棚的方法防治大棚黄瓜霜霉病。

（5）生物防治

①以虫治虫：利用扑食性天敌和寄生性天敌消灭害虫，如瓢虫、草蛉、寄生蜂等。

②以菌治菌：利用细菌、真菌、病毒等消灭害虫，如青虫菌、苏云金杆菌（BT乳剂）、农抗120、病毒A、农用链霉素、多抗霉素等。

③利用昆虫激素防治害虫：利用昆虫外激素及内激素，如保幼激素和性外激素，通过诱杀、迷向、调节蜕皮变态等。

（6）化学防治　在搞好预测预报工作的基础上，必要时，允许使用高效低毒、低残留的化学农药，如百菌清、甲霜灵锰锌、多菌灵、速克灵、粉锈宁、扑海因、琥胶肥酸铜、杀毒矾、可杀得、农利灵、敌敌畏、乐果、辛硫磷、敌百虫、氯氰菊酯、溴氰菊酯、速灭杀丁、灭扫利、功夫、来福灵、抗蚜威、天王星、抑太保、乐期苯等。但要限定化学农药的种类及用量、用药次数，如在每季作物上最多施药次数为敌敌畏5次，多菌灵2次、扑海因、抑太保只能使用1次。严格执行国家农药安全使用标准和作物收获前农药使用的安全间隔期（如辛硫磷在韭菜上灌根时要求间隔10d以上、可杀得要求间隔30d以上，一般的杀虫剂、杀菌剂应大于或等于7d，在使用时严格按照说明），合理混用、轮换使用农药。用药结束后，及时清洗喷雾器，清洗药械的污水不准随地泼洒，选择安全地点妥善处理。禁止使用高毒、高残留农药及其混配剂（包括拌种及杀地下害虫等）（表4-7）。

表4-7　　　　　　　　　　　蔬菜生产中禁止使用的化学农药

农药种类	农药名称
有机氯类	六六六，滴滴涕，毒杀芬，艾氏剂，狄氏剂，硫丹，三氯杀螨醇
有机磷类	苯线磷，地虫硫磷，甲基硫环磷，磷化钙，磷化镁，磷化锌，硫线磷，蝇毒磷，治螟磷，特丁硫磷，杀扑磷，氧化乐果，甲拌磷，甲基异柳磷，灭线磷，磷化铝，水胺硫磷，甲胺磷，甲基对硫磷，对硫磷，久效磷，磷胺，内吸磷，硫环磷，氯唑磷，毒死蜱，三唑磷
有机氮类	杀虫脒，敌枯双

续表

农药种类	农药名称
氨基甲酸酯类	涕灭威，克百威，灭多威
除草剂类	除草醚，氯磺隆，胺苯磺隆，甲磺隆，百草枯
其他	二溴氯丙烷，二溴乙烷，汞制剂，砷、铅类，氟乙酰胺，甘氟，毒鼠强，氟乙酸钠，毒鼠硅，溴甲烷，氟虫腈，福美肿，福美甲肿

八、 蔬菜产量的测定

蔬菜作为人类不可缺少的重要食物，是人体维生素、矿物质、蛋白质和碳水化合物等营养物质的重要来源，对人体的血液循环、消化系统和神经系统都有调节功能，因而在维持人体正常生理活动和增进健康方面具有非常重要的营养价值。随着经济社会的发展和人们环境意识和保健意识的提高，人们从色、香、味、形、营养等品质特性上对蔬菜提出了更高的要求，科学家和生产者也开始把注意力从提高产量转移到改善品质上来，如何生产出高产、优质、安全、生态的蔬菜成为研究的热点问题之一。

（一） 蔬菜产量的含义

蔬菜产量有两个方面的含义，即生物产量和经济产量。每一种蔬菜在它一生中由光合作用所合成的生物产量（占90%～95%）和根系所吸收的矿质元素（占5%～10%）的积累总量，包括根、茎、叶、花、果实、种子等所有器官，这个产量称为生物产量。但就一种蔬菜来说，其生物产量，并非都具有经济价值，有经济价值的只是其中一部分。例如，马铃薯的块茎、果菜类的果实、胡萝卜和萝卜的肉质根等，我们通常将具有经济价值部分的产量，称为经济产量。在多数情况下，生物产量与经济产量之间，有一定的相关或比例。经济产量与生物产量的比例，称为经济系数（K）。不同种类的蔬菜，其K值差异很大。需指出的是，产量一般应该用干物重来表示，但在生产上计算产量的鲜物重量比较方便。就每一种蔬菜来讲，它们的干物质含量通常有一定的范围，所以知道鲜物重以后，可以估算出干物产量。

（二） 蔬菜产量的构成

蔬菜产量的计算方法，可以通过单果重或单株重来计算，也可以通过单个鳞茎、块茎、叶球等来计算，但生产上常常以单位面积来计算，即单位面积的产量。

普通叶菜，如菠菜、芹菜：单位面积产量＝单位面积株数×平均单株重

结球叶菜，如结球白菜、甘蓝：单位面积产量＝单位面积株数×平均单球重×商品球率

果菜类，如番茄、茄子：单位面积产量＝单位面积株数×平均单株果数×平均单果重（单株果数＝开花数×坐果率×商品果率）

根菜类，如萝卜、山药：单位面积产量＝单位面积株数×平均单株肉质根重×商品率

构成产量的每个因素，在产量形成过程中都是变动的。在生产上要有一个合理的群体、合理的坐果数，才能获得较高的产量。影响鲜物重的因素的内因主要有：作物生长期的长短；品种的遗传特性；产品器官含水量的多少；产品化学成分的不同。影响单果重的外因取决于果实发育的质量和营养条件，包括土壤矿质营养及同化物质的合成与积累。在开花数、坐果率、商品果率之间有一个营养物质的分配与生长中心的转移问题。在影响营养物质分配的因素中，与不同器官之间和不同部位之间的激素含量有关。幼嫩的叶片、发育中的幼果是有机营养主要运转的地方。而环境条件、肥水管理、植株调整等都会影响这种运转的速度和数量。

（三）蔬菜产量估测方法

1. 估测蔬菜产量的时期

蔬菜种类繁多，一年四季中每天都可能有种有收，短期内测产，必须在收获前选处于商品成熟期的蔬菜进行测产。收获后的蔬菜须经除去杂质（即不能成为商品蔬菜部分和其他杂质）后称蔬菜鲜质量计算产量。

2. 测产田块确定及面积计算

首先核实面积，在大面积上必须按蔬菜生长的好坏，分为高产、中产、低产苗，并计算出各类苗田块面积，然后按照各类苗田块面积的比例，分别选定一定数量具有代表性的田块，作为测产对象，进行取样调查。测产面积小的，可直接确定测产田块。

测产田块的面积按海伦公式计算结果确定。

$$S = \sqrt{p \, (p-a) \, (p-b) \, (p-c)}$$

式中　a、b、c——三角形的边长

p——半周长，$p = (a+b+c) \, /2$

S——三角形的面积

任何 n 边的多边形都可以分割成 $(n-2)$ 个三角形，所以海伦公式可以用作求多边形面积的公式。测量土地的面积的时，只需测两点间的距离，不用测三角形的高。

3. 测产方法

蔬菜产量估测可采用全田实收法或田间抽样测产推定产量法，抽样测产按采用对角线、梅花形、棋盘式或之字形等方法多点取样进行测产。

对上市期集中或一次性采收的蔬菜，如大白菜、萝卜、结球甘蓝等，测产采用全田实割实收或抽样实测的方法确定所测田块产量。

对上市期长，连续分批采收的蔬菜，如茄果类、豆类、瓜类等，采用田间抽样测产推定产量法测产。在采收盛期进行一次田间抽样测产，然后以该次所测产量为依据，确定所测田块产量。

在确定所测田块产量后，用加权平均法确定平均单产。平均单产 =（高产样本平均产量×代表面积 + 中产样本平均产量×代表面积 + 低产样本平均产量×代表面积）÷总代表面积。收获后的蔬菜须经除去杂质（即不能成为商品蔬菜部分和其他杂质）后称蔬菜鲜重计算产量。连续采收的蔬菜测产台（批）次前期和后期产量用修正系数（表4-8）估算，即每台（批）次的平均产量 = 测产台（批）次平均产量×各台（批）次修正系数。

一次性采收的蔬菜各样本产量 = 抽样点产量÷抽样点面积×样本面积。

多次采收的蔬菜各样本产量 = ［∑测产台（批）次产量×修正系数÷抽样点面积］×样本面积。

表4 –8 连续采收蔬菜产量估算修正系数表

蔬菜种类	第一台（批）	第二台（批）	第三台（批）	第四台（批）	第五台（批）	第六台（批）	第七台（批）	第八台（批）	第八台（批）以上
番茄	0.8	0.8	1	1	1	1	0.8	0.8	0.6
茄子	0.8	1	1	1	0.8	0.8	0.6	0.6	0.6
辣椒	0.8	1	1	1	1	0.8	0.8	0.6	0.6
黄瓜、苦瓜、丝瓜	0.8	0.8	1	1	1	1	0.8	0.8	0.6
中国南瓜（嫩瓜）	0.8	1	1	1	0.8	0.8	0.8	0.6	0.6
西葫芦	0.8	1	1	1	1	0.7			
蔓生豆类	0.7	1	1	1	0.8	0.8	0.6	0.6	0.6
矮生豆类	0.9	1	1	1	0.7				

注：数据摘自《贵州省蔬菜田间测产办法（试行)》。

项目五
蔬菜采后商品化处理与贮藏

【教学目标】

知识：了解蔬菜采后生理的主要特征，掌握蔬菜采后商品化处理的概念，熟练掌握不同蔬菜的采后处理方法与贮藏保鲜措施。

技能：会设计制订采后商品化处理的技术流程，能正确选择不同蔬菜贮藏保鲜方法并实施贮藏方案。

态度：培养学生团结协作、认真严谨的态度以及规范操作与创新应变的能力。

【教学任务与实施】

教学任务：采后商品化处理、贮藏技术。

教学实施：资讯－计划－决策－实施－检查－评估。

【项目成果】

完成商品化处理的蔬菜产品

一、 蔬菜采后商品化处理

蔬菜产品的采收及采后商品化处理直接影响到采后产品的贮运损耗、品质保存和贮藏寿命。由于蔬菜产品生产季节性强，采收期相对集中，多数脆嫩多汁，易于损伤腐烂，往往由于采收或采后处理不当造成大量损失，甚至丰产不丰收。由于蔬菜产品和种类及品种繁多，生产条件差异很大，因而商品性状各异，质量良莠不齐。收获后的蔬菜产品要成为商品参与商场流通或进行贮藏保鲜，只有经过分级、包装、贮运和销售之前的一些商品化处理，并选择合理的贮藏保鲜方式，才能使产品品质得到保障，商品质量更符合市场流通的需要。

蔬菜产品的采后商品化处理就是为保持和改进产品质量并使其从农产品转化为商品所采取的一系列措施的总称。目的是减少采后损失，使蔬菜产品做到清洁、整齐、美观，有利于销售和食用，提高其耐贮运性和商品价值与信誉。主要包括清洗、预冷、分级、防腐、包装等环节。可以根据产品的种类，选用全部的措施或只选用其中的某几项措施。

目前，许多国家农产品采后处理已实现产业化，采后处理的产值与采收时的产值比，在美国高达 3.7，日本为 2.4，而我国只有 0.4。加强采后处理，可减少采后损失，最大限度保持蔬菜的营养、新鲜和食用安全，促使蔬菜生产商品化、标准化和产业化，提升产品附加值。因此，建立蔬菜采后商品化处理体系，已成为我国蔬菜产品生产和流通中迫切需要解决的问题。

（一） 整理与挑选

蔬菜产品从田间收获后，往往带有残叶、败叶、泥土、病虫污染等，要进行适当的处理，而后清洗。首先要清除残枝败叶因为带有残叶、败叶、泥土、病虫污染的产品，既没有商品价值，又严重影响产品的外观和商品质量，还携带有大量的微生物孢子和虫卵等有害物质，引起采后的大量腐烂损失。剔除有机械伤、病虫危害、外观畸形等不符合商品要求的产品，以便改进产品的外观，改善商品形象，便于包装贮运，有利于销售和食用。整理与挑选一般采用人工方法进行。处理中必须戴手套，注意轻拿轻放，尽量剔除受伤产品，同时尽量防止对产品造成新的机械伤害，这是获得良好贮藏保鲜效果的保证。有些国家已经应用电学特性检测技术、光学特性检测技术、声波振动特性检测技术、核磁共振（NMR）技术等蔬菜产品的无损伤检测技术，以剔除受伤害产品。

（二） 愈伤

蔬菜产品在收获过程中，常会造成一些机械损伤，伤口感染病菌而使产品在贮运期间腐烂变质，造成严重损失。为了减少产品贮藏中由于机械损伤造成的腐烂损失，首要问题是应精细操作。蔬菜产品愈伤要求一定的温度、湿度和通气条件，其中温度对愈伤的影响最大。在适宜的温度下，伤口愈合快而且愈合面比较平整；低温下伤口愈合缓慢，愈伤的时间拖长，有时可能不等伤口愈合已遭受病菌侵害；温度过高促使伤部迅速失水，造成组织干缩而影响伤口愈合。愈伤温度因产品种类而有所不同，如马铃薯在 $21 \sim 27℃$ 愈伤最快，甘薯的愈伤温度为 $32 \sim 35℃$，木栓层在 $36℃$ 以上或低温下都不能形成。就大多数种类的蔬菜产品而言，愈伤的条件为温度 $25 \sim 30℃$、相对湿度 $85\% \sim 90\%$，并且通气条件良好，使环境中有充足的氧气。

愈伤作用也受产品成熟度的影响，刚收获的产品表现出较强愈伤能力，而经过一段时间放置或者贮藏，进入完熟或者衰老阶段的蔬菜产品，愈伤能力显著衰退，一旦受伤则伤口很难愈合。

愈伤可在专用的愈伤处理场所进行，场所里有加温设施。也可在没有加热装置的贮藏库或者窖窖中进行。虽然我国目前用于蔬菜产品愈伤处理的专用设施并不多见，但由于蔬菜产品收获后到入库贮藏之间的运行过程比较缓慢，一般需要数日时间，这期间实际上也存在着部分愈伤作用。另外，马铃薯、甘薯、洋葱、大蒜、姜、哈密瓜等贮藏前进行晾晒处理，晾晒中也进行着愈伤作用。

（三） 清洗

蔬菜产品由于受生长或贮藏环境的影响，表面常带有泥土污物，影响其商品外观。所以产品上市销售前常进行清洗，减少表面的病原微生物。清洗是采用浸泡、冲洗、喷淋等方式水洗或用干毛刷刷净某些蔬菜产品，特别是块根、块茎类蔬菜，除去黏附着的污泥，减少病菌和农药残留，使之清洁卫生，符合商品要求和卫生标准。

蔬菜产品在清洗过程中应注意洗涤水必须清洁，还可加入适量的杀菌剂，如次氯酸钠、漂白粉等。产品清洗后，清洗槽中的水含有很多真菌孢子，要及时更换。如果清洁剂和保鲜剂配合使用，还可进一步降低果实在贮运过程中的损失。

清洗方法可分为人工清洗和机械清洗。人工清洗是将洗涤液盛入已消毒的容器中，调好水温，将产品轻轻放入，用软毛巾、海绵或软质毛刷等迅速洗去果面污物。机械清洗可用清洗机。清洗机的结构一般由传送装置、清洗滚筒、喷淋系统和箱体组成。水洗后必须进行干燥处理，除去游离水分。

（四）预冷

预冷是将新鲜采收的产品在运输、贮藏或加工以前迅速除去田间热，将其体温降低到适宜温度的过程。目的是在运输或贮藏前使产品尽快降温，以便更好地保持水蔬菜菜的生鲜品质，提高耐贮性。预冷可以降低产品的生理活性，减少营养损失和水分损失，延长贮藏寿命，改善贮后品质，减少贮藏病害。

预冷较一般冷却的主要区别在于降温速度上。预冷要求尽快降温，必须在收获后24h之内达到降温要求，而且降温速度越快效果越好。多数蔬菜产品收获时的体温接近环境气温，高温季节达到30℃以上，其呼吸旺盛，后熟衰老变化速度快，同时易腐烂变质。如果将这种高温产品装入车辆长途运输，或者入库贮藏，即使在有冷藏设备的条件下，其效果也是难以如愿的。

预冷的方式分为自然预冷和人工预冷。人工预冷中有冰接触预冷、空气冷却、水冷却和真空预冷等方式。各种方式都有其优缺点，其中以空气冷却最为常用。预冷时应根据产品种类、数量和包装状况来决定采用何种方式和设施。

1. 自然降温冷却

自然降温冷却是最简便易行的预冷方法。就是将产品放在阴凉通风的地方，利用夜间低温，使之自然冷却，翌日气温升高前入贮。这种方法简单，但冷却的时间长，受环境条件影响大，而且难于达到产品所需要的预冷温度。

2. 水冷却

水冷却是以冷水为介质的一种冷却方式，水比空气的热容量大，当蔬菜产品表面与冷水充分接触，产品内部的热量可迅速传至体表而被水吸收。将蔬菜浸在冷水中或者用冷水冲淋，达到降温的目的。冷却水有低温水（一般在0~3℃）和自来水两种，前者冷却效果好，后者生产费用低。目前使用的水冷却的装置有喷淋式、浸渍式，即流水系统和传送带系统方式。

水冷却有较空气冷却降温速度快，产品失水少的特点。最大缺点是促使某些病菌的传染，易引起产品的腐烂，特别是受各种伤害的产品，发病更为严重。因此，应该在冷却水中加入一些防腐药剂，如加入一些次氯酸或用氯气消毒。水冷却器应经常用水清洗。以减少病源微生物的交叉感染。商业上适于用水冷却的蔬菜有胡萝卜、芹菜、甜玉米、菜豆等。

3. 空气冷却

空气冷却是使冷空气迅速流经产品周围使之冷却。有冷库空气冷却和强制通风冷却法。冷库空气冷却是将收获后的蔬菜产品直接放在冷藏库内预冷。由空气自然对流或风机送入冷风使之在蔬菜产品包装箱的周围循环，箱内产品因外层和内部产生温度差，再通过对流和传导逐渐使箱内产品温度降低。这种方法制冷量小，风量也小，冷却速度慢，一般需要 24d 甚至更长时间。但操作简单，冷却和贮藏同时进行。当冷却效果不佳时，可以使用拥有强力风扇的预冷间。

空气冷却的另一种方式是压差通风冷却。是在包装箱堆或垛的两个侧面造成空气压力差而进行的冷却，当压差不同的空气经过货堆或集装箱时，将产品散发的热量带走。压差通风冷却效果较好，冷却所需时间只有普通冷库通风冷却方式的 1/5 ~ 1/2。

另外，还有真空冷却和传统的包装加冰冷却等预冷方式。在选择预冷方式时，必须要考虑现有的设备、成本、包装类型、距离销售市场的远近以及产品本身的特性。在预冷期间要定期测量产品的温度，以判断冷却的程度，防止温度过低产生冷害或冻害，造成产品在运输、贮藏或销售过程中变质腐烂。

（五）分级

分级是使蔬菜产品商品化、标准化的重要手段，是根据产品的大小、重量、色泽、形状、成熟度、新鲜度和病虫害、机械伤等商品性状，按照国家标准或其他的标准进行严格挑选、分级，并根据不同的产品进行相应的处理。分级是产品商品化生产的必须环节，是提高商品质量及经济价值的重要手段。产品经过分级后，商品质量大大提高，减少了贮运过程中的损失，并便于包装、运输及市场的规范化管理。

蔬菜产品在生长发育过程中，由于受多种因素的影响，其大小、形状、色泽、成熟度、病虫伤害、机械损伤等状况差异甚大，即使同一植株的个体，甚至同一枝条的果实商品性状也不可能完全一样。只有按照一定的标准进行分级，使其商品标准化，或者商品性状大体趋于一致，才有利于产品的定价、收购、销售、包装。蔬菜的分级是蔬菜产品实现标准化的重要操作步骤，是生产、销售和消费三者之间相互联系促进的纽带。通过分级标准的制订与实施，有利于园艺产品按质论价、优质优价政策的执行，是增强蔬菜产品市场竞争力的有效措施。

1. 分级标准

蔬菜分级有国际标准、国家标准、行业标准和企业标准四种。我国已对一些蔬菜（如大白菜、菜花、青椒、黄瓜、番茄、蒜、芹菜、菜豆和韭菜等）的等级及新鲜蔬菜的通用包装技术制定了国家或行业标准。

蔬菜由于食用部分不同，成熟标准不一致，所以很难有一个固定统一的分级标准，只能按照对各种蔬菜品质的要求制定个别的标准。蔬菜通常根据坚实度、清洁度、大小、重量、颜色、形状、鲜嫩度以及病虫感染和机械伤等分级，一般分为三个等级，即特级、一级和二级。特级品质最好，具有本品种的典型形状和色泽，不存在影响组织和风味的内部缺点，大小一致，产品在包装内排列整齐，在数量或重量上允许有 5% 的误差；一级产品与特级产品有同样的品质，允许在色泽、形状上稍有缺点，外表稍有斑点，但不影响外观和品质，产品不需要整齐地排列在包装箱内，可允许 10% 的误差；二级产品可以呈现某些内部和外部缺陷，价格低廉，采后适合于就地销售或短距离运输。

2. 分级方法

（1）人工分级 这是目前国内普遍采用的分级方法。这种分级方法有两种，一是单凭人的视觉判断，按蔬菜的颜色、大小将产品分为若干级。用这种方法分级的产品，级别标准容易受人心理因素的影响，往往偏差较大。二是用选果板分级，选果板上有一系列直径大小不同的孔，根据产品横径和着色面积的不同进行分级。用这种方法分级的产品，同一级别果实的大小基本一致，偏差较小。

人工分级能最大限度地减轻蔬菜的机械伤害，适用于各种蔬菜，但工作效率低，级别标准有时不严格。

（2）机械分级　机械分级不仅可消除人为因素的影响，更重要的是能显著提高工作效率。有时为了使分级标准更加一致，机械分级常常与人工分级结合进行。美国、日本的机械分级起步较早，大多数采用计算机控制。他们除对容易受伤的果实和大部分蔬菜仍采用人工分级外，其余蔬菜产品一般采用机械分级。

（六）防腐与涂膜

蔬菜产品经清洗、分级后，还应进行防腐、涂蜡处理，可以改善商品外观，提高商品价值，减少表面的病原微生物，减少水分蒸腾，保持产品的新鲜度，抑制呼吸代谢，延缓衰老。

1. 防腐

蔬菜采收后仍进行着一系列生理生化活动。如蒸腾作用、呼吸作用、乙烯释放、色素转化等。蔬菜产品贮藏过程是组织逐步走向成熟和衰老的过程。而衰老又与病害的发展形成紧密的联系。

为了延长蔬菜产品的商品寿命，达到抑制衰老、减少腐烂的目的，可在采收前后进行保鲜防腐处理。保鲜防腐处理是采用天然或人工合成化学物质，其主要成分是杀菌物质和生长调节物质。从目前来看，使用化学药剂仍是一项经济而有效的保鲜措施。但在使用时应根据国家卫生部门的有关规定，注意选用高效、低毒、低残留的药剂，以保证食品的安全。

蔬菜产品贮运中常常使用的化学防腐保鲜药剂，主要包括植物激素类、化学防腐剂类和乙烯抑制剂。

2. 涂膜

蔬菜产品表面有一层天然的蜡质保护层，往往在采后处理或清洗中受到破坏。人为在果品表面涂上一层果蜡的方法称为涂膜，也称涂蜡和打蜡。涂膜后可以增加产品的光泽而改善外观，提高商品质量；堵塞表皮上的部分自然开孔（气孔和皮孔等），降低蒸腾作用，减少水分损失，保持新鲜；阻碍气体交换，抑制呼吸作用，延缓后熟和减少养分消耗；抑制微生物的入侵，减少腐烂病害等。若在涂膜液中加入防腐剂，防腐效果更佳。

在国外，涂膜技术已有70多年的历史。据报道，1992年美国福尔德斯公司首先在甜橙上开始使用并获得成功。之后，世界各国纷纷开展涂膜技术研究。自20世纪50年代起，美国、日本、意大利和澳大利亚等国都相继进行涂蜡处理，使涂蜡技术得到迅速发展。目前，该技术已成为发达国家蔬菜产品商品化处理中的必要措施之一。

涂膜的方法大体分为浸涂法、刷涂法、喷涂法、泡沫法和雾化法五种。有人工和机械之分。目前世界上的新型涂膜机，一般是由洗果、干燥、涂膜、低温干燥、分级和包装等部分联合组成。

涂膜要做到三点：①涂被厚度均匀、适量。过厚会引起呼吸失调，导致一系列生理生化变化，果实品质下降；②涂料本身必须安全、无毒、无损人体健康；③成本低廉，材料易得，便于推广。值得注意的是，涂膜处理只是产品采后一定期限内商品化处理的一种辅助措施，只能在上市前进行处理或作短期贮藏、运输。否则会给产品的品质带来不良影响。

（七）包装与成件

蔬菜产品包装是标准化、商品化，保证安全运输和贮藏的重要措施。有了合理的包装，就有可能使蔬菜产品在运输中保持良好的状态，减少因互相摩擦、碰撞、挤压而靠造成的机械损伤，减少病害蔓延和水分蒸发，避免蔬菜产品散堆发热而引起腐烂变质，包装可以使蔬菜产品在流通中保持良好的稳定性，提高商品率和卫生质量。蔬菜产品多是脆嫩多汁商品，极易遭受损伤。为了保护产品在运输、贮藏、销售中免受伤害，对其进行包装是必不可少的。同时包装也是商品的一部分，贸易的辅助手段，为市场交易提供标准的规格单位，便于流通过程中的标准化，也有利于机械化操作。适宜的包装对于提高商品质量和信誉十分重要。

1. 包装容器和包装材料

（1）包装容器的要求　包装容器应具备的基本条件为：①保护性：在装卸、运输、堆码中有足够的机械免试，防止蔬菜产品受挤压碰撞而影响品质；②通透性：以利于产品在贮运过程中散热和气体交换；③防潮性：避免由于容器的吸水变形而致内部产品的腐烂；④美观、清洁、无异味、无有害化学物质：内壁光滑、卫生、重量轻、成本低、便于取材、易于回收及处理，包装外面应注明商标、品名、等级、重量、产地、特定标志及包装日期等。

（2）包装容器的种类和规格　蔬菜产品包装分为外包装和内包装。外包装材料最初多为植物材料，尺寸大小不一，以便于人和牲畜车辆运输。现在外包装材料多用高密度聚乙烯、聚苯乙烯、纸、木板条等。包装容器的长宽尺寸在 GB/T 4892—2008《硬质直立体运输包装尺寸系列》中有具体规定。随着科学技术的发展，包装的材料及其形式越来越多样化。我国目前外包装容器的种类、材料、特点、适用范围见表 5 – 1。

表 5 – 1　　　　　　　　　　　包装容器种类、材料及适用范围

种类	材料	适用范围
塑料箱	高密度聚乙烯	任何蔬菜
	聚苯乙烯	高档蔬菜
纸箱	板纸	蔬菜
钙塑箱	聚乙烯、碳酸钙	蔬菜
板条箱	木板条	蔬菜
筐	竹子、荆条	任何蔬菜
加固竹筐	筐体竹皮、筐盖木板	任何蔬菜
网、袋	天然纤维或合成纤维	不易擦伤、含水量少的蔬菜

各种包装材料各有优缺点，如塑料箱轻便防潮，但造价高；竹筐价格低廉，大小却难以一致，而且容易刺伤产品；木箱大小规格一致，能长期周转使用，但较沉重，易致产品碰伤、擦伤等。纸箱的重量轻，可折叠平放，便于运输；纸箱能印刷各种图案，外观美

观，便于宣传与竞争。纸箱通过上蜡，可提高其防水防潮性能，受湿受潮后仍具有很好的强度而不变形。

在良好的外包装条件下，内包装可进一步防止产品受震荡、碰撞、摩擦而引起的机械伤害。可以通过在底部加衬垫、浅盘杯、薄垫片或改进包装材料，减少堆叠层数来解决。常见的内包装材料及作用见表 5-2。除防震作用外，内包装还具有一定的防失水，调节小范围气体成分浓度的作用。如聚乙烯包裹或聚乙烯薄膜袋的内包装材料，可以有效地减少蒸腾失水，防止产品萎蔫；但这类包装材料的特点是不利于气体交换，管理不当容易引起二氧化碳伤害。对于呼吸跃变型果实来说还会引起乙烯的大量积累，加速果实的后熟、衰老、品质迅速下降。因此，可用膜上打孔法加以解决。打孔的数目及大小根据产品自身特点加以确定，这种方法不仅减少了乙烯的积累，还可在单果包装形成小范围内低氧、高二氧化碳的气调环境，有利于产品的贮藏保鲜。内包装的另一个优点是便于零售，为大规模自动售货提供条件。目前超级市场中常见的水果放入浅盘外覆保鲜膜就是一个例子。这种零售用内包装应外观新颖、别致，包装袋上注明产品的商标、品牌、重量、出厂期、产地或出产厂家及有关部门的批准文号，执行标准、条形码等。内包装的主要缺点是不易回收，难以重新利用导致环境污染。目前国外逐渐用纸包装取代塑料薄膜内包装。

表 5-2　　　　　　　　　　蔬菜产品包装常用的内包装材料

种类	作用
纸	衬垫、包装及化学药剂的载体，缓冲挤压
纸或氟塑料托盘	分离科头跌足及衬垫，减少碰撞
瓦楞插板	分离产品，增大支撑强度
泡沫塑料	衬垫，减少碰撞，缓冲震荡
塑料薄膜袋	控制失水和呼吸
塑料薄膜	保护产品，控制失水

随着商品经济的发展，包装标准化已成为蔬菜商品化的重要内容之一，越来越受到人们的重视。国外在此方面发展较早，世界各国都有本国相应的蔬菜包装容器标准。东欧国家采用的包装箱标准一般是 600mm×400mm 和 500mm×300mm，包装箱的高度根据给定的容量标准来确定，易伤蔬菜每箱装量不超过 14kg，仁果类不超过 20kg。

产品的包装应适度，要做到既有利于通风透气，又不会引起产品在容器内滚动、相互碰撞。包装时应轻拿轻放，装量要适度，防止过满或过少而造成损伤。由于各种蔬菜抗机械伤的能力不同，为了避免上部产品将下面的产品压伤，下列蔬菜的最大装箱（筐）高度为洋葱、马铃薯和甘蓝 100cm、胡萝卜 75cm、番茄 40cm。

2. 成件

产品装箱完毕后，还要对重量、质量、等级、规格等指标进行检验，检验合格者方可捆扎、封钉成件。对包装箱的封口原则为简便易行、安全牢固。纸箱多采用黏合剂封口，木箱则采用铁钉封口。封口后还可在外面捆扎加固，多用的材料为铝丝、尼龙编带，上述步骤完成后对包装成品进行堆码。目前多采用"品"字形堆码，垛应稳固、箱体间、垛间及垛与墙壁间应留有一定空隙，便于通风散热。垛高根据产品特性、包装容器、质量及堆码机械化程度来确定。若为冷藏运输，堆码时应采取相应措施防止低温伤害。蔬菜销售小包装可在批发或零售环节进行，包装时剔除腐烂及受伤的产品。销售小包装应根据产品特点，选择透明薄膜袋或带孔塑料袋包装，也可放在塑料托盘或泡沫托盘上，再用透明薄膜包裹。销售包装上应标明重量、品名、价格和日期。销售小包装应具有保鲜、美观、便于携带等特点。

目前，国外发达国家水果和蔬菜都具有良好的包装，而且正向着标准化、规格化、美观、经济等方面发展，以达到重量轻、无毒、易冷却、耐湿等要求。而国内水果和蔬菜的包装形式混杂，各地使用的包装材料、包装方式也不相同，给商品流通造成一定困难。我们应加速包装材料和技术的改进，重视产品的包装质量，增强商品的竞争力。

二、 蔬菜贮藏技术

蔬菜采收后由于脱离了与母体或土壤的联系，不能再获得营养和补充水分，易受其自身及外界一系列因素的影响，质量不断下降甚至失去商品价值。为了保持新鲜蔬菜产品的质量和减少损失，克服消费者长期的均衡需要与季节性生产的矛盾，必须对收获的新鲜蔬菜进行贮藏。

新鲜蔬菜贮藏时，应根据产品生物学特性，提供有利于产品贮藏所需的适宜环境条件，并且降低导致新鲜蔬菜产品质量下降的各种生理生化及物质转变的速度，抑制水分的散失、延缓成熟衰老和生理失调的发生，控制微生物的活动及由病原微生物引起的病害，达到延长新鲜蔬菜产品的贮藏寿命、市场供应期和减少产品损失的目的。

蔬菜贮藏技术包括简易贮藏、机械冷藏、气调贮藏和新技术在贮藏中的应用。不同的贮藏方法各有不同特点，各地可以根据当地情况和贮藏种类特点选择适宜的贮藏方法。

（一） 常温贮藏技术

常温贮藏通常是指在构造相对简单的贮藏场所，利用环境条件中的温度随季节及昼夜不同时间而变化的特点，通过人为控制措施使贮藏场所的贮藏条件达到接近产品贮藏要求的一种贮藏方式。

1. 简易贮藏

简易贮藏是为调节蔬菜供应期而采用的一类较小规模的贮藏方式，主要包括堆藏、沟藏（埋藏）和窖藏三种基本形式以及由此衍生的其他形式，都是利用当地自然低气温来维持所需的贮藏温度。简易贮藏的设施结构简单，所需材料少、费用低，可因地制宜进行建造，运用得当可以获得较好的质量控制效果，是目前中国农村及家庭普遍采用的贮藏方式。

（1）堆藏　堆藏是将蔬菜产品直接堆码在地面或浅坑中，或在遮阳棚下，表面用土壤、薄膜、秸秆、草席等覆盖，以防止风吹、日晒、雨淋的一种短期贮藏方式。选择地势较高的地方，将蔬菜就地堆成圆形或长条形的垛，也可做成屋脊形顶，以防止倒塌，或者装筐堆成 4 ~ 5 层的长方形。注意在堆内要留出通气孔以便通风散热。随着外界气候的变化，可逐渐调整覆盖的时间和覆盖物的厚度，以维持堆内适宜的温湿度。常用的覆盖物有席子、作物秸秆或泥土等，北京等地的大白菜堆藏也有以雪为覆盖物的。

堆藏使用方便，成本低，覆盖物可以因地制宜，就地取材。但堆藏产品的温度受外界气温影响较大，同时也受到土温的影响，秋季容易降温而冬季保温却较困难。贮藏的效果很大程度上取决于堆藏后对覆盖的管理，影响堆藏温度的控制因素是宽度，增大堆藏的宽度，降温性能减弱而保温性能增强。这种贮藏方式一般只适用于北方秋季蔬菜的贮前短贮和蔬菜采收后入库前的预贮。由于堆藏产品内部散热慢，容易使内部发热，所以叶菜类产品不宜采用堆藏形式贮藏。

（2）沟（埋）藏　沟藏也称埋藏，是将蔬菜堆放在沟或坑内，达到一定的厚度，上面一般用土壤覆盖，利用土壤的保湿保温性进行贮藏的一种方法。将采收后的蔬菜进行预贮降温，去除田间热；按要求挖好贮藏沟，在沟底平铺一层洁净的干草或细沙，将经过严格挑选的产品分层放入，也可整箱、整筐放入。对于容积较大较宽的贮藏沟，在中间每隔1.2～1.5m插一捆作物秸秆，或在沟底设置通风道，以利于通风散热。随着外界气温的降低逐步进行覆土。可用竹筒插一只温度计来观察沟内的温度变化，随时掌握沟内的情况。最后，沿贮藏沟的两侧设置排水沟，以防外界雨、雪水的渗入。

沟（埋）藏是一种地下封闭式贮藏方式，使用时可就地取材，成本低，并且充分利用土壤的保温、保湿性能，使贮藏环境维持一个较恒定的温度和相对稳定的湿度；同时封闭式的贮藏环境促使蔬菜自身呼吸，减少 O_2 含量，增加 CO_2 含量，具有保温和自发气调的作用，从而获得适宜的控制蔬菜质量的综合环境。沟藏通常用于寒冷地区和要求贮藏温度较高的蔬菜的短期贮藏，常见于直根、块茎类蔬菜，在北方用于冬季贮藏萝卜、胡萝卜等根菜类蔬菜较为普遍。

（3）窖藏　窖藏为利用深入地下的地窖进行的贮藏，窖藏略与沟藏相似，主要区别为，窖内留有活动空间，结构上留有供人员进出的门洞等，可供贮藏期间人员进出检查贮藏情况之用。另外，窖内配备了一定的通风、保温设施，可以调节和控制窖内的温度、湿度、气体成分。其优点是便于检查及调节温、湿度，适于贮藏多种蔬菜，贮藏效果较好。窖藏在中国各地有多种形式，窖的设置有临时、半永久性及永久性之分，按构造分为棚窖、井窖、窑窖三类。

窖藏在地面以下，受土温的影响很大；同时由于通风口，受气温的影响也很大。这两个因素影响的相对程度，会依据窖的深度、地上部分的高度以及通风口的面积和通风效果而有变动。窖藏控制蔬菜质量一方面是通过利用土地的隔热保温性以及窖体的密闭性保持稳定的温度和较高的湿度，另一方面又可以应用简单的通风设备来调节控制窖内的温度与湿度，在贮藏环境控制反方面较沟藏与堆藏增强了主动性。

2. 土窑洞贮藏

土窑洞贮藏是我国西北地区的传统贮藏方式。多建在丘陵山坡处，要求土质坚实，可作为永久性的贮藏场所。具有结构简单，造价低，有较好的保温性能，贮藏效果好等特点。

土窑洞是利用土层中稳定的温度和外界自然冷源的相互作用来降低窖内温度，创造适宜的贮藏条件。平面结构形式有大平窑、子母窑和砖砌窑洞等类型，后两种类型是由大平窑发展而来的，其中应用比较普遍的有大平窑和母子窑两类。

土窑洞的特点是利用深厚的土层，形成与外界环境隔离的隔热层，又是自然冷源的载体，土层温度一旦下降，上升则很缓慢，在冬季蓄存的冷量，可周年用于调节窑温。母子窑的性能比大平窑更好。可在窑内存放冰或积雪，甚至配备一定的机械制冷设施，可进一步降低调控温度，能更好更长地保持适宜的贮藏条件。

土窑洞的温度管理管理大体上可分为秋季管理（降温阶段管理）、冬季管理（蓄冷阶段管理）、春、夏季管理（保温阶段管理）三个阶段。土窑洞本身四周的土层要求保持一定的含水量，才能防止窑壁土层由于干燥而引起裂缝，甚至塌方。另外，窑洞经过连年的通风管理，土中的大量水分会随气流而流失。故土窑洞贮藏必须有可行的加湿措施。具体加湿措施有冬季窑内贮雪、贮冰；窑洞地面洒水；果品出窑后窑内灌水等。

3. 通风库贮藏

通风库贮藏是在棚窖的基础上演变而成，是具有良好隔热性能的永久性建筑，通风库设置了完善的通风系统和绝缘设施，降温和保温效果大大提高。

通风库的优点是库房设有热绝缘结构，保温效果好，具有设施建筑比较简单，投资较低，无须特殊设备，操作方便，管理方便，贮藏量大等优点，是产地节能贮藏的一种贮藏方式。在我国北方地区普遍应用。缺点是温度调节范围有限，难于用来长期贮藏蔬菜产品，劳动强度大，温湿度调节的相互牵连大，常造成湿度过低，产品干耗上升。

通风库应建在地势高燥，周围无高大建筑物挡风，四周畅旷、通风良好的地方。地下水位应低于库位1m以上，达不到要求时在地坪设隔湿层。通风库的吞吐量较大，要求交通及水电设施方便，同时距离产销地点较近。通风库的方向应根据阳光照射和风向等因素选择。北方以南北走向为宜，可减少冬季北面寒风（迎风面）的袭击，有利保温；南方则以东西长为宜，可利用北面的风口引风降温，同时在南侧采取加厚绝缘层或设置走廊。

通风库有地上式、半地下式及地下式三种基本形式。地上式的库体全部在地面上，受气温影响较大，适宜于地下水位高或温暖的地区，多应用于南方地区。地下式的库体全部处在地面以下，受气温影响较小，保温性能好，适宜于高寒、以保温为主的北方地区或地下水位低等地区使用。半地下式，则介于两者之间，库体约有一半处于地面以上，另一半处在地面以下，库温既受气温影响，又受土温影响，可用土壤为隔热材料，能节省部分建筑材料，还可利用气温增加通风降温的效果，适宜于较温暖的地区采用。

通风库的库型可根据地区气候条件和地下水位的高低进行选择。大体上，华北地区宜采用半地下式库，但在地下水位较高的低洼地带，无法建造半地下库时，也可采用地上式；在有严寒冬季的东北、西北地区，则可采用保温好的地下式库。

通风库一般可在秋、冬、春季连续使用。近年来各地大力发展夏菜贮藏，通风库可以周年利用。使用上应注意：一方面要在出入库的空档抓紧时间作好库房的清扫、消毒及维修工作，另一方面是要做好夏季的通风管理，在高温季节应停止或仅在夜间通风。在管理上需特别注意采后病害的交叉传染的问题。

（二）冷库贮藏技术

机械冷库贮藏是指在利用良好隔热材料建筑的仓库中，利用制冷剂的相变特性，通过机械制冷系统的作用，产生冷量并将其导入库房中，将库内的热传送到库外，使库内的温度降低并保持在利于延长产品贮藏寿命的水平的贮藏方式。根据不同贮藏商品的要求，控制库房内的温、湿度条件在合理的水平，并适当加以通风换气。机械冷库是一种永久性的、隔热性能良好的建筑。

机械冷藏起源于19世纪后期，可精确控制贮藏温、湿度，不受季节的影响，可满足周年贮藏水果、蔬菜，是目前应用最广泛的蔬菜贮藏方式，但机械冷藏的贮藏库和制冷机械设备需要较多的资金投入，运行成本较高，且贮藏库房运行要求有良好的管理技术。目前，世界范围内机械冷藏库正向着操作机械化、规范化，控制精细化、自动化方向发展。

根据制冷要求不同，机械冷藏库分为高温库（0℃左右）和低温库（低于 - 18℃）两类，蔬菜机械冷藏库为高温冷藏库。冷藏库根据贮藏容量大小划分虽然具体的规模尚未统一，但大致可分为四类。目前，我国贮藏蔬菜产品的冷藏库中，大型、大中型库占的比例较小，中小型、小型库较多。容积在 500m³ 以内（农村建造采用最多的库容积是 90 ~ 120m³），贮藏量在 100t 以下（一般在 10 ~40t）的微型库，是我国产地农民、小型蔬菜批发市场和流通中转良好的蔬菜保鲜场所，可有效地调节蔬菜的淡旺季，实现产品的减损增值。具有建造快、造价较低、操作简单、性能可靠、自动化程度高、保鲜效果良好等特点。微型冷库及配套贮藏保鲜技术是具有中国特色的贮藏保鲜技术，在今后相当一段时间内仍是适合我国目前国情的蔬菜保鲜的主要技术之一。

1. 机械冷库的制冷原理

机械制冷的工作原理就是利用制冷剂从液态变为气态时吸收热的特性，使之封闭在制冷机系统中从液态变为气态而吸热，再从气态转变为液态而放热。在这一互变过程中，可不断地将冷藏库内的热传递到库外，使库内水果或蔬菜的温度随冷藏库温度的下降而降低，并维持恒定的低温条件，达到延缓蔬菜衰老、延长贮藏寿命和保证品质的目的。

（1）制冷系统 机械冷藏库达到并维持适宜的低温，依赖于制冷系统持续不断运行，排除贮藏库房内各种来源的热能。制冷系统是由制冷机械组成的一个密闭循环系统，其中充满制冷剂。压缩机工作时，向一侧加压形成高压区，另一侧因由抽吸作用而成为低压区。以制冷剂气化而吸热为工作原理的制冷系统以压缩式为多。压缩式制冷系统主要由蒸发器、压缩机、冷凝液化器和节流阀（膨胀阀）四大主要部分组成。

除此之外，还有贮液器、电磁阀、油分离器、过滤器、空气分离器、相关的阀门、仪表、管道和风机等其他部件，它们是为了保证和改善制冷机械的工作状况，提高制冷效果及其工作时的经济性和可靠性而设置的，在制冷系统中处于辅助地位（图 5 - 1）。

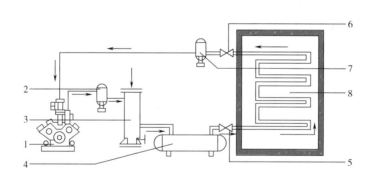

图 5 - 1 制冷系统
1—压缩机 2—油分离器 3—冷凝器 4—贮液器 5—膨胀阀
6—吸收阀 7—氨分离器 8—贮藏库

①压缩机：压缩机是制冷系统的"心脏"，推动制冷剂在系统中循环。压缩机将冷藏库房中由蒸发器蒸发吸热气化的制冷剂通过吸收阀的辅助压缩至冷凝程度，并将被压缩的制冷剂输送至冷凝器。

②冷凝器：冷凝器通过水或空气的冷却作用将由压缩机输送来的高压、高温气态制冷

剂在经过冷凝器时被冷却介质（风或水）吸去热量，促使其凝结液化为液态制冷剂，而后流入贮液器贮存起来。

③节流阀：节流阀（膨胀阀）是控制液态制冷剂流量的关卡和压力变化的转折点，用来调节进入蒸发器的制冷剂的流量，同时起到制冷作用。

④蒸发器：蒸发器是由一系列蒸发排管构成的热交换器，液态制冷剂通过膨胀阀，在蒸发器中由于压力骤减由液态变成气态，在此过程中制冷剂吸收载冷剂的热量，降低库房中温度，将库内的热传递至库外。载冷剂常用空气、水或浓盐液（常用 $CaCl_2$）。

液态制冷剂由高压部分经称膨胀阀进入处于低压部分的蒸发器时达到沸点而蒸发，吸收周围环境的热，达到降低环境温度的目的。压缩机通过活塞运动吸进来自蒸发器的气态制冷剂，并将之压缩处于高压状态，这种高温高压的气体，在冷凝器中与冷却介质（通常用水或空气）进行热交换，温度下降到而液化，以后液态的制冷剂通过节流阀的节流作用和压缩机的抽吸作用，压力下降，使制冷剂在蒸发器中汽化吸热，温度下降，并与蒸发器周围介质进行热交换而使介质冷却，最后两者温度平衡，完成一个循环。运行中的压缩机，一方面不断吸收蒸发器内生成的制冷剂蒸气，使蒸发器内处于低压状态，另一方面将所吸收的制冷剂蒸气压缩，使其处于高压状态。高压的液态制冷剂通过调节阀进入蒸发器中，压力骤减而蒸发。根据贮藏对象的要求人为地调节制冷剂的供应量和循环的次数，使产生的冷量与需排除的热量相匹配，以满足降温需要，保证冷藏库内温度保持在适宜的水平。

（2）制冷剂　制冷剂是在常温下为气态，而又易于液化的物质，利用它从液态汽化吸热而起到制冷的作用。在制冷系统中，制冷剂的任务是传递热量。理想的制冷剂应具备低沸点、低冷凝点、对金属无腐蚀性、不易燃烧、不爆炸、无毒无味、易于检测和易得价廉等特点。目前，生产中常用的有氨（NH_3）和氟利昂等。

①氨（NH_3）：氨是目前使用最为广泛的一种中压中温制冷剂，主要用于中等和较大能力的压缩冷冻机。作为制冷剂的氨，要质地纯净，其含水量不超过 0.2%。氨的潜热比其他制冷剂高，在 0℃ 时，它的蒸发热是 1260kJ/kg。氨还具有冷凝压力低，沸点低，价格低廉等优点。但氨自身有一定的危险性，泄漏后有刺激性味道，对人体皮肤和黏膜等有伤害，若空气中含有 0.5%~0.6%（体积分数）时，人在其中停留 0.5h 就会引起严重过中毒，甚至有生命危险，在含氨的环境中新鲜蔬菜产品有发生氨中毒的可能。另外氨的比体积较大，10℃时，0.2897m^3/kg，用氨的设备较大，占地较多。空气中含量超 16% 时，会发生爆炸性燃烧，所以利用氨制冷时对制冷系统的密闭性要求很严。另外，氨遇水呈现碱性对金属管道等有腐蚀作用，使用时对氨的纯度要求很高。

②卤化甲烷族（氟利昂）：卤化甲烷族是指氟氯与甲烷的化合物，商品名通称为氟利昂，国际上规定用统一的编号（代号）表示。最常用的是氟利昂 12（R12）、氟利昂 22（R22）和氟利昂 11（R11）等。氟利昂对人和产品安全无毒，不会引起燃烧和爆炸，不会腐蚀制冷等设备，但氟利昂汽化热小，制冷能力低，仅适用于中小型制冷机组。另外，氟利昂价格较贵，泄漏不易被发现。最新研究表示，大气臭氧层的破坏，与氟利昂对大气的污染有密切关系。国际上正在逐步禁止使用，并积极研究和寻找替代品，以避免或减少对大气臭氧层的破坏。研究的新型替代制冷剂主要有人工合成型和天然型两类，如R134a、R600a、R507、R404a 等。

（3）冷藏库房的冷却方式　机械冷藏库的库内冷却系统，一般可分为直接冷却（蒸发）、鼓风冷却和盐水冷却三种。

①直接冷却（蒸发）：也称直接膨胀或直接蒸发，是将蒸发器直接装置于冷库中，蒸发器的蛇形管盘绕在库房内天花板下方或四周墙壁，制冷剂在蛇形盘管中直接蒸发，通过制冷剂的蒸发将库内空气冷却。蒸发器一般用蛇形管制成，装成壁管组或天棚管组均可。该系统宜采用氨或二氯二氟甲烷作为制冷剂。

直接冷却的主要优点是库内降温速度快；缺点是蒸发器易结霜影响制冷效果，要经常冲霜，库内温度分布不均匀而且不易控制，接近蒸发器处温度较低，远处则温度较高。此外，如果制冷剂在蒸发管或阀门处泄漏，在库内累积而直接危害蔬菜产品。不适合在大、中型蔬菜冷藏库中应用。

②鼓风冷却：鼓风冷却是现代冷藏库内普遍采用的方式。是将蒸发器安装在空气冷却器（室）内，借助鼓风机的吸力将库内的热空气抽吸进入空气冷却器而降温，冷却的空气由鼓风机直接或通过送风管道（沿冷库长边设置于天花板下）输送至冷库的各部位，形成空气的对流循环，如此循环往复，达到降低库温的目的。高速的空气流动，加速了蔬菜与周围空气的热交换，使库内温度下降快而均匀。蒸发器和鼓风机设在冷藏库内一端的中轴线上，将冷风吹向全库，然后使热空气回流到蒸发器。大型冷藏库常用风道连接蒸发器，延长送风距离，使冷风在库内分布范围扩大，库温下降更加均匀。

鼓风冷却系统在库内造成空气对流循环，冷却速度快，并且通过在冷却器内增设加湿装置而调节空气湿度，库内各部位的温度和湿度较为均匀一致。这种冷却方式由于空气流速较快，如不注意湿度的调节，会加重新鲜蔬菜产品的水分损失，导致产品新鲜程度和质量的下降。在制冷系统中的蒸发器，必须有足够的表面积，使库内的空气与这一冷面充分接触，以使制冷剂与库内空气之温差不致太大。如果两者温差太大，产品在长期贮藏中，就会造成严重失水，甚至萎蔫。

当库内的湿热空气流经用盘管做成的蒸发器时，空气中的水分会在蒸发器上结霜，在减少空气湿度的同时，会降低空气与盘管冷面的热交换。因此，需要有除霜设备。除霜可以用水，也可以使热的制冷剂在盘管内循环，还可以用电热除霜。

③盐水冷却：盐水冷却（间接冷却）的蒸发器不直接安装在冷库内，而是将制冷系统的蒸发器安装在冷藏库房外的盐水槽中，先冷却盐水，再将已降温的盐水泵入库房中的冷却盘管，吸取热量以降低库温，温度升高后的盐水流回盐水槽被冷却，继续输至盘管进行下一循环过程，不断吸热降温。

冷却盘管多安置在冷藏库房的天花板下方或四周墙壁上。制冷系统工作时盘管周围的空气温度首先降低，降温后的冷空气随之下沉，附近的热空气补充到盘管周围，于是形成库内空气缓慢的自然对流，采用这种冷却方式降温需时较长，冷却效益较低，且库房内温度不易均匀，故在蔬菜冷藏库中很少采用。

另一种冷却方式是以盐水或抗冻溶液构成冷却面进行冷却，将前述盐水槽中已冷却的盐水引入冷藏库中，在专设的喷淋塔中喷淋，吸收库内空气的热，用鼓风机将冷风送至各个部位。对于要求在0℃以上的冷藏库，还可以用冷水代替盐水进行冷却。水蒸气还有利于增加库内空气的相对湿度，减少产品水分损失。这种冷却方式中的蒸发器是先将盐水或抗冻液喷淋到有制冷剂通过的盘管上冷却，然后泵入中心盐水喷淋装置中，由管道将仓库内空气引入这一中心盐水喷淋装置，冷却后送回库内，循环往复。具有盐水喷淋装置和风机的蒸发器，没有除霜的问题，但盐水或抗冻液体会被稀释，需适时调整。

2. 机械冷库的构造

机械冷藏库由建筑主体（库房）和机械制冷系统两大部分组成。现代化的冷库还设有温、湿自动检测和控制系统。具体见图 5-2。

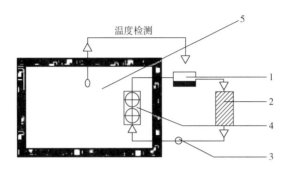

图 5-2 蔬菜冷藏库示意图

1—压缩机　2—冷凝器　3—膨胀阀　4—蒸发器（吊顶风机）　5—库房

（1）机械冷藏库的组成　机械冷藏库是一建筑群体，由主体建筑和辅助建筑两大部分组成。按照构成建筑物的用途不同可分为冷藏库房、生产辅助用房、生产附属用房和生活辅助用房等。

冷藏库是贮藏新鲜蔬菜产品的场所，根据贮藏规模和对象的不同，冷藏库房可分为若干间，以满足不同温度和相对湿度的要求。生产辅助用房包括装卸站台、穿堂、楼梯、电梯间和过磅间等。生产附属用房主要是指与冷藏库房主体建筑与生产操作有密切相关的生产用房，包括整理间、制冷机房、变配电间、水泵房、产品检验室等。

（2）机械冷藏库房的结构　机械冷藏库房主要由支撑系统、保温系统和防潮系统三大部分构成。

①支撑系统：支撑系统是冷库的骨架，是保温系统和防潮系统赖以敷设的主体，由围护结构和承重结构两部分组成，这一部分的施工形成了整个库体的外形，也决定了库容的大小。冷库的围护结构是指冷藏库的墙体、屋顶建筑和地坪。冷库的围护墙体有砖砌墙体、预制钢筋混凝土墙体和现场浇筑钢筋混凝土墙体等形式，在分间冷藏库中还设有冷藏库内墙，内墙有隔热和不隔热两种形式。冷藏库屋顶建筑，除了避免日晒和防止风沙雨雾对库内的侵袭外，还起着隔热和稳定墙体的作用。冷库的地坪一般由钢筋混凝土承重结构层、隔热层、防潮层组成。承重结构主要是指冷藏库建筑的柱、梁、楼板等建筑构件。柱是冷藏库的主要承重构件，在冷藏库建筑中普遍采用钢筋混凝土柱。冷藏库的柱子截面多采用正方形，以便于施工和敷设隔热层。为提高库内的有效使用面积，冷藏库建筑中柱的跨度较大、截面积较小，柱网多采用 6m×6m 格式，大型的冷藏库柱网也有 12m×6m 或 18m×6m 的格式。

②保温系统：保温系统是在冷库四周墙壁、库顶和地面采取隔热处理，设置隔热层，以维持冷藏库内温度的恒定。隔热层设置是冷藏库围护结构的最重要组成部分，要求能最大限度地隔绝库内外热的传递，以保证冷藏库内稳定适宜的低温条件。不仅冷库的外墙、屋面和地面应设置隔热层，而且有温差存在的相邻库房的隔墙、楼面也要做隔热处理。隔热层的厚度、材料选择、施工技术等对冷藏库的性能有重要影响。

a. 隔热材料。用于隔热层的隔热材料应具有如下特征和要求：导热系数（k）小（或热阻值要大），不易吸水或不吸水，质量轻，不易变形和下沉，无自臭味，不易燃烧，不易腐烂、虫蛀和被鼠咬，耐冻，无毒、对人和产品安全，不变形，不下沉便于使用且价廉易得。隔热材料常不能完全满足以上要求，必须根据实际需要加以综合评定，选择合适的材料。不同材料的隔热性能差异很大，有的只能单作隔热材料，有的可作建筑框架材料，也具一定的隔热性能。

b. 隔热层厚度。冷库隔热层的厚度应当使贮藏库的暴露面向外传导散失的热量约与该库的全部热源相等，这样才能使库温保持稳定。冷藏库房围护结构在相同热阻要求下，因材料的导热系数不同，则所需材料厚度不同。在冷库使用期间，围护结构内外温差越大，则热阻值要求越大，隔热层所用材料的厚度也应增加。厚度不够，虽然节省了隔热材料的费用，但冷藏库房保温性能差，耗电费用高，运行成本提高，设备投资及维修费用相应增加。隔热层加厚，虽然隔热材料的投资加大，但提高了隔热性能，则耗电减少，制冷设备投资及维修费用相应下降。

冷藏库的各面受外温影响不同，则隔热层厚度不同。如用平屋顶结构，屋顶直接受阳光照射面积大，隔热层的厚度宜增大；相反，如果冷藏库顶部隔热层之上加有屋盖，形成一层缓冲空间，这样的隔热层厚度可小一些。长时间受阳光照射的墙面比阴面墙壁的隔热层厚度又需大一些。冷藏库建筑的地面温度变化相对较小，但也受地温影响，对隔热层的要求也可灵活处理，厚度和材料要求可低一些，但需坚固。土壤湿度高的地段，地面容易传热，则需加厚隔热层。因此，在选择冷藏库地址时，要考虑在地下水位低的地段建库。

因此，设计人员常根据冷藏库所处地区的实际情况和具体条件决定冷库围护结构合理的热阻值（选择合理的隔热材料和决定其采用的厚度），即选择隔热性能好、价廉易得的最佳材料，根据经济热阻［（一次投资＋运行费）/使用年限］设计合理的隔热层厚度，以保证冷藏库有效而经济地运转。

c. 隔热层的施工方法。隔热层的施工方法有三种形式：一是在现场敷设隔热层；二是采用预制隔热嵌板，预制隔热嵌板的两面是镀锌铁（钢）板或铝合金板，中间夹着一层隔热材料，隔热材料大多采用硬质聚氨酯泡沫塑料。隔热嵌板固定于承重结构上，嵌板接缝一般采用灌注发泡聚氨酯来密封，此法施工简单，速度快，维修容易；三是在现场喷涂聚氨酯，使用移动式喷涂机，将异氰酸和聚醚两种材料同时喷涂于墙面，两者立即起化学反应而发泡，形成所需要厚度的隔热层。这种方法可形成一个整体而无接缝，施工速度快。

库顶有两种隔热处理形式：一种是在冷库库顶直接敷设隔热层，隔热层做在库顶上面的称为外隔热，反贴在库顶内侧的称为内隔热，隔热材料一般用如软木、聚氨酯喷涂等轻质的块状材料；另一种是设置阁楼层，将隔热材料敷设在阁楼层内，一般用膨胀珍珠岩或稻草等松散保温隔热材料。

果品蔬菜冷藏库一般维持的温度在0℃左右，而地温经常在 $10 \sim 15℃$，热量能够由地面不断地向库内渗透，因此，冷库地板也必须敷设隔热层。

③防潮系统：防潮系统是阻止水气向保温系统渗透的屏障，是维持冷库良好的保温性能和延长冷库使用寿命的重要保证。防潮层是围护结构中另一重要组成部分。缺少防潮层时，当空气中的水蒸气分压随气温升高而增大，由于冷库内外温度不同，水蒸气不断由高温侧向低温侧渗透，通过围护结构进入隔热材料的空隙，当温度达到或低于露点温度时，水蒸气就在该处凝结或结冰，导致隔热材料受潮，导热系数增大，隔热性能降低，同时也使隔热材料受到侵蚀或发生腐朽。因此，防潮系统对冷藏库的隔热性能十分重要。

通常在隔热层的外侧（加在向高温的一面，即在冷藏库外墙的内侧加一层隔潮层，以阻止外界热空气进入）或内外两侧敷设防潮层，形成一个闭合系统，以阻止水气的渗入。

常用的隔潮材料有沥青、油毡、水柏油、塑料涂层、塑料薄膜或金属板做成隔潮层。防潮系统敷设时要使完全封闭，包围隔热材料，不留有任何缝隙，尤其是在温度较高的一面。如果只在绝热层的一面敷设防潮层，就必须敷设在绝热层经常温度较高的一面。

当建筑结构中导热系数较大的构件（如柱、梁、管道等）穿过或嵌入冷藏库房围护结构的防潮隔热层时，可形成"冷桥"，也会破坏隔热层和防潮层的完整性和严密性，从而使隔热材料受潮失效，必须采取有效措施消除冷桥的影响。常用的方法有两种，即外置式隔热防潮系统（隔热防潮层设置在地坪、内墙和天花板外侧、外墙屋顶上，把能形成冷桥的结构包围在其里面）和内置式隔热防潮系统（隔热防潮层设置在地板、内墙、天花板内侧）。

3. 机械冷库的使用和管理

机械冷藏库用于贮藏蔬菜时，其效果的好坏受诸多因素的影响，在管理上特别要注意以下方面。

（1）入贮前准备　冷藏库被有害菌类污染常是引起蔬菜腐烂的重要原因。因此，冷藏库在使用前，应对库房和用具进行全面彻底地消毒，以防止蔬菜腐烂变质，并做好防虫、防鼠工作。常用的库房消毒处理方法有：乳酸消毒（按每 $1m^3$ 库容 1mL 乳酸的比例）、过氧乙酸消毒（每 $1m^3$ 库容 5～10mL 的用量）、漂白粉消毒（按每 $1m^3$ 库容 40mL 的 10% 漂白粉溶液的用量）、福尔马林消毒（按每 $1m^3$ 库容 15mL 的福尔马林的比例）、硫黄熏蒸消毒（每 $1m^3$ 库容 5～10g 硫黄的用量）。消毒后需彻底通风换气。库内所有用具（包括垫仓板、贮藏架、周转箱等）用 0.5% 的漂白粉溶液或 2%～5% 硫酸铜溶液浸泡、刷洗、晾干后备用。以上处理对虫害也有良好的抑制作用，对鼠类也有驱避作用。

（2）产品的入贮及堆放　产品入库贮藏时，若已经预冷则可一次性入库后建立适宜的贮藏条件进行贮藏；若未经预冷处理则应分次、分批进行。一般，第一次入贮量以不超过该库总量的 1/5，以后每次以 1/10～1/8 为好。入库时，最好把每天入贮的水蔬菜菜尽可能地分散堆放，以便迅速降温，当入贮产品降到要求温度时，再将产品堆垛到要求高度。

产品入贮时堆放的科学性对贮藏及降温有明显影响。产品堆放的总要求是"三离一隙"，目的是为了使库房内的空气循环畅通，避免死角的产生，及时排除田间热和呼吸热，保证各部分温度的稳定均匀。"三离"是指离墙、离地面、离天花板。"一隙"是指垛与垛之间及垛内要留有一定的空隙，以保证冷空气进入垛间和垛内，排除热量。产品堆放时要防止倒塌情况的发生，可搭架或堆码到一定高度时（如 1.5m），用垫仓板衬一层再堆放的方式来解决。新鲜蔬菜产品堆放时，要做到分等、分级、分批次存放，尽可能避免混贮。

（3）温度控制　温度是决定新鲜蔬菜产品机械冷藏成败的关键，蔬菜冷藏库温控要把握"适宜、稳定、均匀及产品进出库时的合理升降温"的原则。大多数新鲜蔬菜产品在入贮初期降温速度越快越好，入库产品的品温与库温的差别越小越好。要做到温差小，入库时就要做到降温快、温差小，要从采摘时间、运输以及散热预冷等方面采取措施。

在选择和设定适宜贮藏温度的基础上，需维持库房中温度的稳定。冷藏中，要求冷藏库的温度波动尽可能小，最好控制在 ±0.5℃ 以内，尤其是在相对湿度较高时，更应注意降低温度波动幅度。同时，还要求库内各处的温度分布均匀，无过冷过热的死角，防止堆集过大过密，使局部产品受害，这对于长期贮藏的新鲜蔬菜产品来说尤为重要。

机械冷藏库的温度控制是靠调节制冷剂在蒸发器中的流量和气化速率来完成的，温度的调节一般只要给机器设定温度值，变化的调节可自动完成。为了便于了解库内温度变化，要在库内不同位置装置温度计或遥测温度计，做好库内各部分温度的观察和记载工作。出库时，要求将产品尽量升温至接近外温，以防产品结露，缩短货架寿命。

（4）相对湿度管理　相对湿度是在某一温度下空气中水蒸气的饱和程度。空气的温度越高则其容纳水蒸气的能力就越强，贮藏产品的水分损失除直接减轻了重量以外，还会使蔬菜新鲜程度和外观质量下降，食用价值降低，促进成熟衰老和病害的发生。新鲜果品蔬菜的贮藏也要求相对湿度保持稳定。要保持相对湿度的稳定，维持温度的恒定是关键。冷库的相对湿度一般维持在80%～90%时才能使贮藏产品不致失水萎蔫。

冷库湿度调节的方法较多。当相对湿度低时，库房增湿可采用地面洒水，也可将水以雾状微粒喷到空气中去，直接向空气加湿，可直接喷于库房地面或产品上；也有设置空气调节柜，在通风时将外界引入的空气先经加湿装置加湿，机械加湿方法效果很好，易于控制加湿量，冷库内湿度分布也均匀，缺点是增加了蒸发器的结霜。

常见的蔬菜产品的贮藏条件见表5－3。

表5－3　　　　　　　　　　常见蔬菜产品的推荐贮藏条件

种类	温度/℃	相对湿度/%
菠萝	7.0～13.0	85～90
宽皮橘	4.0	90～95
青华菜	0	95～100
大白菜	0	95～100
胡萝卜	0	98～100
花菜	0	95～98
芹菜	0	98～100
甜玉米	0	95～98
黄瓜	10.0～13.0	95
茄子	8.0～12.0	90～95
大蒜头	0	65～70
生姜	13	65
生菜（叶）	0	98～100
蘑菇	0	95
洋葱	0	65～70
青椒	7.0～13.0	90～95
马铃薯	3.5～4.5	90～95
菠菜	0	95～100
番茄（绿熟）	10.0～12.0	85～95
番茄（硬熟）	3.0～8.0	80～90

（5）通风换气 冷藏的蔬菜在贮藏期间会释放出许多有害物质，如乙烯、CO_2等，当这些物质积累到一定浓度后，就会使贮藏产品受到伤害。因此，冷库的通风换气是必要的，通风换气是机械冷藏库管理中的一个重要环节。

实际上中、小型冷库多无专门通风设施，一般冷库日常管理中的库门启闭即可使库内外有足够的气体交换，故小型冷库一般不需太多的通风。蔬菜在中、大型冷库作长期贮藏时，则 CO_2 的积累成为不可忽视的问题，一般可在库内安装通风装置或风扇。通风换气的频率及持续时间应根据贮藏产品的种类、数量和贮藏时间的长短而定。对于新陈代谢旺盛的产品，通风换气的次数要多一些；产品贮藏初期，可适当缩短通风间隔的时间，如10～15d 换气一次，当温度稳定后，通风换气可一个月一次。生产上，通风换气常在每天温度相对最低的晚上到凌晨这一段时间进行，雨天、雾天等外界湿度过大时不宜通风，以免库内温湿度的剧烈变化。

（6）贮藏产品的检查 新鲜蔬菜产品在贮藏过程中，要进行贮藏条件（温度、湿度、气体成分）的检查、核对和控制，并根据实际需要记录、绘图和调整等。另外，还要定期对贮藏库房中的蔬菜产品的外观、颜色、硬度、品质风味进行检查，了解产品的质量状况和变化，做到心中有数，发现问题及时采取相应的解决措施。对产品的检查应做到全面和及时，对于不耐贮的新鲜蔬菜产品间隔3～5d 检查一次，耐贮性好的产品可每间隔15d 甚至更长时间检查一次。检查要做好记录。此外，要注意库房设备的日常维护，及时处理各种故障，保证冷库的正常运行，注意制冷效果、泄漏等的检查，以采取针对性措施如及时除霜等。

（7）出库管理 出库时，若冷藏库内外有较大温差（通常超过5℃），从0℃左右的冷库中取出的产品与周围温度较高的空气接触，会在产品的表面凝结水珠，就是通常所称的"出汗"现象，既影响外观，也容易受微生物的感染发生腐烂。因此，冷藏的果品和蔬菜在出库时、销售前最好预先进行适当的升温处理，再送往批发或零售点。在生产上，升温最好在专用升温间、在冷库外设置临时堆放果箱的周转仓库或在冷藏库房穿堂中进行。升温的速度不宜太快，维持气温比品温高 3～4℃即可，直至品温比正常气温低 4～5℃为止。出库前需催熟的产品可结合催熟进行升温处理。

（三）气调贮藏技术

气调贮藏是调节气体成分贮藏的简称，是将蔬菜放在密封库房内，同时改变贮藏环境中气体成分的一种蔬菜保鲜技术。蔬菜气调贮藏技术的应用，起源于 20 世纪初，50 年代后在美、英等国开始商业运行，70 年代后得到普通应用，被认为是当代贮藏蔬菜效果最好的贮藏方式。我国在 20 世纪 60 年代开始开展气调贮藏的研究，逐步在苹果上推广应用。经过几十年的研究和实践，在气调库的建设和关键配套设备方面取得了很大的发展，近年来，各地兴建了一大批规模不等的气调冷藏库，气调蔬菜产品量不断增加，取得良好效果。

1. 气调贮藏的原理与类型

（1）气调贮藏的基本原理 气调贮藏是在冷藏的基础上发展起来的，其原理就是在一定的适宜温度下，通过改变贮藏环境中的气体成分，降低 O_2 浓度和提高 CO_2 浓度来控制蔬菜的呼吸强度，最大限度地抑制其生理代谢过程，抑制微生物的生长繁殖和乙烯的产生，以达到减少物质消耗、延缓衰老，达到保持品质和延长贮藏寿命的目的。

正常空气中，O_2 浓度约为 21%，CO_2 的浓度为 0.03%，其余为 N_2 等。采收后的新鲜蔬菜产品进行着正常的以呼吸代谢为主的生理活动，表现为吸收消耗 O_2，释放大约等量的 CO_2，并释放出一定热量。适当降低 O_2 浓度或增加 CO_2 浓度，就改变了环境中气体成分的组成，在该环境下，新鲜蔬菜的呼吸作用就会受到抑制，呼吸强度降低，呼吸高峰出现的时间推迟，新陈代谢的速度延缓，减少了营养成分和其他物质的降低和消耗，从而推迟了成熟衰老，为保持新鲜蔬菜的质量奠定了生理基础；同时，较低的 O_2 浓度和较高的 CO_2 浓度能抑制乙烯的生物合成，削弱乙烯刺激生理作用的能力，有利于新鲜蔬菜贮藏寿命的延长；此外，适宜的低 O_2 和高 CO_2 浓度具有抑制某些生理性病害和病理性病害发生发展的作用，减少产品贮藏过程中的腐烂损失。因此，气调贮藏能更好地保持产品原有的色、香、味、质地等特性以及营养价值，有效地延长新鲜蔬菜产品的贮藏期和货架寿命。

（2）气调贮藏的特点　与常温贮藏和冷藏相比，气调贮藏具有下面几方面的显著特点。

①保鲜效果好：气调贮藏由于强烈地抑制了蔬菜产品采后的衰老进程而使贮藏期明显延长，不少产品经气调长期贮藏（如 6～8 个月）之后，仍然保持原有的鲜度及脆性，产品的水分、维生素 C 含量、含糖量、酸度、硬度、色泽、重量等与新采摘状态相差无几，蔬菜质量高，具有市场竞争力。

②贮藏时间长：气调贮藏比普通冷藏库贮藏时间长 0.5～1.0 倍，延长贮期，用户可灵活掌握出库时间，捕获销售良机，创造最佳经济效果，用目前的 CA 技术处理优质苹果，已完全可以达到周年供应鲜果的目的。

③损耗低：气调贮藏有效地抑制了蔬菜产品的呼吸作用、蒸腾作用和微生物的危害，因而也就明显地降低了贮藏期间的损耗了。

④货架期长：气调冷藏库内贮藏的水蔬菜菜，由于长期受到低 O_2 和高 CO_2 的作用，在出库后有一个从"休眠"状态向正常状态转化的过程，使水蔬菜菜出库后的货架期可延长 21～28d，是普通冷藏库的 3～4 倍。

⑤绿色安全：在蔬菜产品气调贮藏过程中，不用任何化学药物处理，所采用的措施全是物理因素，蔬菜产品所能接触到的 O_2、N_2、CO_2、H_2O 和低温等因子都是人们日常生活中所不可缺少的物理因子，因而也就不会造成任何形式的污染，完全符合绿色食品标准。

⑥利于长途运输和外销：气调贮藏后的新鲜蔬菜产品，由于贮后质量得到明显改善而为外销和远销创造了条件，气调运输技术的出现又使远距离大吨位易腐商品的运价比空运降低 4～8 倍，无论对商家还是对消费者都极具吸引力。

⑦具有良好的社会经济效益：气调贮藏由于具有贮藏时间长和贮藏效果好等多种优点，因而可使多种蔬菜产品几乎可以达到季产年销和周年供应，在很大程度上解决了我国新鲜蔬菜产品"旺季烂、淡季断"的矛盾，既满足了广大消费者的需求，长期为人们提供高质量的营养源，又改善了水果的生产经营，给生产者和经营者以巨大的经济回报。

（3）气调贮藏的类型　气调贮藏根据在气体成分控制精度上的不同可分为两大类，即自发气调（MA）和人工气调（CA）。

①自发气调（MA）：利用蔬菜自身的呼吸代谢来降低贮藏环境中氧的浓度，提高 CO_2 浓度，抑制呼吸，延缓新陈代谢，从而实现对产品的保鲜贮藏。理论上有氧呼吸过程中消耗 1% 的 O_2 即可产生 1% 的 CO_2，而 N_2 则保持不变（即 $O_2 + CO_2 = 21\%$）。而生产实践中则常出现消耗的 O_2 多于产出的 CO_2（即 $O_2 + CO_2 < 21\%$）的情况。自发气调方法较简单，

容易操作，但在整个贮藏过程中氧和二氧化碳浓度变化较大，且没有一个恒定的气体指标。自发气调的方法多种多样，常有塑料袋密封贮藏和硅橡胶窗贮藏，如蒜薹简易气调贮藏。

②人工气调（CA）：也称连续法气调，是根据产品的需要和人的意愿精准控制贮藏环境中气体成分的浓度并保持稳定的一种气调贮藏方法。人工气调贮藏由于 O_2 和 CO_2 的比例能够严格控制，而且能做到与贮藏温度密切配合，技术先进，因而贮藏效果好。人工气调是当前发达国家采用的主要方式，也是我国今后发展气调贮藏的主要目标。

气调贮藏经过几十年的不断研究、探索和完善，特别是 20 世纪 80 年代以后有了新的发展，开发出了一些有别于传统气调的新方法，如快速人工气调、低氧人工气调、低乙烯人工气调、双维（动态、双变）人工气调等，丰富了气调理论和技术，为生产实践提供了更多的选择。

2. 气调贮藏的条件

根据对气调反应的不同，新鲜蔬菜产品可分为三类，即：对气调反应优良的，代表种类有蒜薹、绿叶菜类等；对气调反应不明显的，如土豆、萝卜等；介于两者之间气调反应一般的，如核果类等。只有对气调反应良好和一般的新鲜蔬菜产品才有进行气调贮藏的必要和潜力。

（1）气调贮藏的温度要求　气调贮藏时，对于大多数蔬菜，气调贮藏适宜温度略高于机械冷藏，幅度约 0.5℃。新鲜蔬菜保鲜贮藏时，是人们设法抑制了果品蔬菜的新陈代谢，尤其是抑制了呼吸代谢过程。这些抑制新陈代谢的手段主要是降低温度，提高 CO_2 浓度和降低 O_2 浓度等。这些条件均属于果品蔬菜正常生命活动的逆境，而逆境的适度应用，正是保鲜成功的重要手段。任何一种果品或蔬菜，其抗逆性都有一定的限度。气调贮藏对热带亚热带果品蔬菜来说有着非常重要的意义，因为它可以采用较高的贮藏温度从而避免产品发生冷害。当然这里的较高温度也是很有限的，气调贮藏必须有适宜的低温配合，才能获得更好的效果。

（2）气体浓度要求

①低 O_2 处理的效应：气调贮藏环境中降低 O_2 浓度，可以降低呼吸强度和基质的氧化速度，延缓跃变型蔬菜呼吸高峰到来的时间，降低峰值，能够明显抑制叶绿素的降解，抑制乙烯的生物合成，延缓原果胶的降解速度，降低维生素 C 的氧化分解。贮藏前对产品用低 O_2 条件进行处理，对提高产品的贮藏效果也有良好的效果。由此看来，采用低 O_2 处理或贮藏，可成为气调贮藏中加强果实耐贮性的有效措施。

②高 CO_2 处理的效应：在气调贮藏环境中提高 CO_2 浓度，能够抑制呼吸作用和底物的消耗，贮藏前给以高浓度 CO_2 处理，有助于加强气调贮藏的效果。人们在实验和生产中发现，有一些刚采摘的果品或蔬菜对高 CO_2 和低 O_2 的忍耐性较强，而且贮藏前期的高 CO_2 处理对抑制产品的新陈代谢和成熟衰老有良好的效应。低 O_2 和高 CO_2 条件超过产品的忍耐极限时，又会产生负效应，低 O_2 导致缺氧呼吸，高 CO_2 引起生理病害，产生异味，加重腐烂。

③乙烯和臭氧的影响：蔬菜，特别是果实在成熟时和受伤害后，会产生较多的乙烯。微量乙烯（1mg/kg）对蔬菜的呼吸就会产生影响，乙烯还会促进叶绿素的分解。乙烯等低分子不饱和碳氢化合物含量的过分积累，会造成过熟，从而有损蔬菜的品质。但当乙烯被氧化成氧化乙烯时，对蔬菜的成熟则有抑制作用。臭氧可使乙烯氧化成为氧化乙烯，这

样就能防止蔬菜过熟，从而保持良好的新鲜度。

（3）O_2、CO_2和温度的互作效应　气调贮藏，在控制贮藏环境中O_2和CO_2含量的同时，还要控制贮藏环境的温度，并且使三者得到适当的配合。三者之间也会发生相互联系和制约，这些因素对贮藏产品起着综合的影响，即互作效应。适宜的低O_2高CO_2浓度的贮藏效果是在适宜的低温下才能实现。贮藏环境中的O_2、CO_2和温度以及其他影响蔬菜贮藏效果的因素，它们保持一定的动态平衡，形成了适合某种果品或蔬菜长期贮藏的气体组合条件。而当一个条件发生改变时，另外的条件也应随之作相应的调整，这样才可能仍然维持一个适宜的综合贮藏条件。不同的贮藏产品都有各自最佳的贮藏条件组合，但这种最佳组合不是一成不变的，当某一条件发生改变时，可以通过调整另外的因素来弥补由这一因素的改变所造成的不良影响。因此，适合一种产品的适宜气体组合条件可能有多个。常见蔬菜气调贮藏的温湿度范围、气调条件和贮藏期见表5-4。

表5-4　　　　蔬菜气调贮藏的温湿度范围、气调条件和贮藏期

品名	温度范围/℃	相对湿度范围/%	气调条件 O_2体积分数/%	CO_2体积分数/%	贮藏期/月
芹菜	-2~1	90~95	2~4	0~5	3~4
黄瓜	12~13	90~95	2~5	0~5	1~2
青椒	7~9	85~95	2~5	4~6	2
番茄	20~28	80~85	2~5	0~5	1~1.5
胡萝卜	0~5	90~95	1~2	0~5	6~7
菜花	0~1	90~95	2~4	0~5	3~4
菠菜	0~1	95~100	12~16	4~6	3~4
蒜薹	0~1	85~95	2~5	0~5	3~8
大白菜	0~1	85~90	1~6	0~5	4~6
结球甘蓝	3~18	90~95	2~5	0~6	4~6

（4）相对湿度　相对湿度对气调贮藏效果产生重要影响。维持较高的空气相对湿度，对于减少蔬菜产品的水分损失，保持蔬菜新鲜状态具有重要作用。气调贮藏蔬菜产品对库房内的相对湿度一般比冷库高，一般在90%~93%，增湿是气调贮藏库普遍需要采取措施。

（5）动态气调贮藏条件　蔬菜在不同的贮藏时期内，逐步由新鲜向衰老变化，根据蔬菜生理变化特点，在不同时期控制不同的气调指标，以适应蔬菜对气体成分的适应性不断变化的特点，可有效地延缓代谢过程，起到保持其更好的食用品质的效果。此法称为动态气调贮藏（DCA）。西班牙在金冠苹果贮藏中，第一个月维持$V(O_2):V(CO_2)=3:0$，第二个月为3:2，以后为3:5，温度为2℃，相对湿度为98%，贮藏6个月时比一直贮于$V(O_2):V(CO_2)=3:5$条件下的果实保持较高的硬度，含酸量也较高，呼吸强度较低，各种损耗也较少。

3. 气调贮藏的构造

气调贮藏的实施主要是封闭和调气两部分。调气是创造并维持产品所要求的气体组成。封闭则是杜绝外界空气对所创造的气体环境的干扰破坏。目前国内气调贮藏主要方法

有气调冷藏库贮藏和塑料薄膜袋（帐）气调贮藏两类。气调冷藏库主要有两种类型，它们主要表现在库体的不同，而里面的硬件设备则是基本一致的。一是组装库，直接利用隔热气密材料进行组装即可，具有工期短、效率高、质量好的特点，造价相对较高。二是土建库，又可分两种情况：一种是利用原有的冷库，在此基础上加气密层，另一种则是完全重新建造。塑料薄膜袋（帐）气调贮藏主要是利用冷藏库，在普通冷藏库内安装一个和数个气调冷藏库大帐，使帐体与原有库体之间形成夹套，通过帐外制冷和帐内气调来形成一个适于蔬菜长期贮藏的气调环境。塑料薄膜帐多采用无毒聚乙烯（PVC）保鲜膜，上面加设硅橡胶窗等。

气调冷藏库是目前世界上最先进的蔬菜保鲜设施之一。它既能控制库内的温度、湿度，又能控制库内的氧气、二氧化碳、乙烯等气体的含量，通过控制贮藏环境的气体成分来抑制水蔬菜菜的生理活性，使库内的水蔬菜菜处于休眠状态。

气调冷藏库是在传统蔬菜冷库的基础上发展起来的，因此，一方面它同样要求通常冷藏库所具有的良好的隔热性、防潮性；另一方面气调冷藏库体具有自身的特点，最主要的就是要求库体具有较高气密性，目的是减少与外界气体的交换，有利于人为调节库内气体成分；另外要考虑安全性，其结构应能承受得住雨、雪以及本身的设备、管道、水果包装、机械、建筑物自重等所产生的静力和同时还应能克服由于内外温差和冬夏温差所造成的温度应力和由此而产生的构件。由于气调冷藏库是一种密闭式冷库，当库内温度降低时，其气体压力也随之降低，库内外两侧就形成了气压差。此外，在气调设备运行以及气调冷藏库气密试验过程中，都会在围护结构的两侧形成压力差。若不把压力差及时消除或控制在一定的范围内，将对围护结构产生危害。

气调冷藏库的基本构造如图5-3所示。一个完整的气调库可分为五部分，即围护结构、制冷系统、气调系统、控制系统和辅助性建筑。

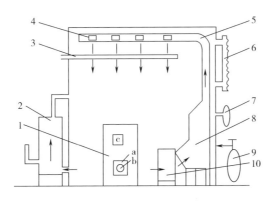

图5-3　气调冷藏库的基本构造

a—气密筒　b—气密孔　c—观察窗

1—气密门　2—CO_2吸收装置　3—加热装置　4—冷气出口　5—冷风管

6—呼吸袋　7—气体分析装置　8—冷风机　9—N_2发生器　10—空气净化器

（1）围护结构　气调库的围护结构与冷库有相同部分，如承重和隔热保温结构，不同的是要求更高的气密结构。气密结构是气调库的关键结构，要求较高的气密性和完整性。气调冷藏库建筑中作为气密材料的有钢板、铝合金板、铝箔沥青纤维板、胶合板、玻璃纤维、增强塑料及塑料薄膜，各种密封胶、橡皮泥、防水胶布等。它主要有两种形式，一是与隔热保温结构做成一体，常用聚氨酯加气密材料现场发泡喷涂等方法；二是在隔热保温结构之外做成独立的气密结构。另外，常规气调库的气密门也非常重要。气调库的气密结构还附有一些压力平衡和安全结构。

（2）制冷系统　气调贮藏并非单纯调节气体，而是建立在低温条件上的气体调节。所以气调贮藏需要有制冷设备，包括冷凝器、压缩机、蒸发器、节流器（膨胀阀）等。与一般冷库基本相同，因气调库气密性强，不方便出入，要求制冷设备有更好的可靠性、无故障运转和更高的安全性。

（3）气调系统　是气调库存的关键部分，它的作用是维持气调库内 O_2 和 CO_2 等气体成分的特定比例，主要通过造气调气设备和测控仪器仪表进行气体成分的贮存、混合、分配、测试和调整等。一个完整的气调系统主要包括四大类设备。

①贮配气设备：贮配气用的贮气罐、瓶，配气所需的减压阀、流量计、调节控制阀、仪表和管道等。通过这些设备的合理连接，保证气调贮藏期间所需各种气体的供给，并以符合新鲜蔬菜所需的速度和比例输送至气调冷藏库房中。

②气体发生系统：完成库内气体调节。主要包括真空泵、制氮机、降氧机、富氮脱氧机（烃类化合物燃烧系统、分子筛气调机、氨裂解系统、膜分离系统）。其中膜分离系统是比较先进的气体发生系统，目前被广泛选用，它利用中空纤维膜，对不同大小的分子，进行有选择性的分离，将压缩空气中的氮与氧分离，达到气调的目的。

③气体净化系统：蔬菜产品气调贮藏时须不断地排除封闭器内过多的 CO_2；此外，蔬菜产品自身释放的某些挥发性物质，如乙烯和芳香酯类，在库内积累会产生有害影响。这些物质可以用气体净化系统清除掉。这种气体净化系统去除的是 CO_2 等气体成分，所以又称为气体洗涤器或二氧化碳吸附器。

④分析监测仪器设备：为满足气调贮藏过程中相关贮藏条件的精确检测，为调配气提供依据，并对调配气进行自动监控。常需配备必要的分析监测仪器设备有采样泵、安全阀、控制阀、流量计、奥氏气体分析仪、温湿度记录仪、测 O_2 仪、测 CO_2 仪、气相色谱仪、计算机等。

（4）控制系统　是制冷控制、气体调节、湿度调节等方面控制的统称，可以集成为一体，也可以分散控制。

（5）辅助性建筑　包括建筑预冷车间、监控室、化验室等。

4. 气调贮藏的管理

（1）气体指标及其调节

①气体指标：气调贮藏按人为控制气体种类的多少可分为单指标、双指标和多指标三种情况。

a. 单指标。仅控制贮藏环境中的某一种气体成分如 O_2 或 CO_2，而对其他气体成分不加调节。有些蔬菜产品对 CO_2 很敏感，则可采用 O_2 单指标，就是只控制 O_2 的含量，CO_2 被全部吸收。O_2 单指标必然是一个低指标，因为当无 CO_2 存在时，O_2 影响植物呼吸的阈值大约为7%，O_2 单指标必须低于7%，才能有效地抑制贮藏产品的呼吸强度。对于多数果品蔬菜来说，单指标的效果难以达到很理想的贮藏效果。但这一方法只要求控制一种气体浓度指标，因而管理较简单，操作也比较简便，容易推广。需要注意的是被调节气体浓度低于或超过规定的指标时，有导致生理伤害发生的可能。

b. 双指标。是指对常规气调成分的 O_2 和 CO_2 两种气体（也可能是其他两种气体成分）均加以调节和控制的一种气调贮藏方法。依据气调时 O_2 和 CO_2 浓度多少的不同又有三种情况：φ（$O_2 + CO_2$）$= 21\%$，φ（$O_2 + CO_2$）$> 21\%$ 和 φ（$O_2 + CO_2$）$< 21\%$。新鲜蔬菜气调贮藏中以第三种应用最多。一般来说，低 O_2 和低 CO_2 指标的贮藏效果较好。

c. 多指标。不仅控制贮藏环境中的 O_2 和 CO_2，同时还对其他与贮藏效果有关的气体成分如乙烯（C_2H_4）、CO 等进行调节。这种气调方法贮藏效果好，但调控气体成分的难度提高，对调气设备的要求较高，设备的投资较大。

上面是人工气调贮藏通用的三种气体指标，自发气调贮藏不规定具体指标，只凭封闭薄膜的透气性同产品的呼吸作用达到自然平衡。可以想象用这种方法封闭容器，容器内的 CO_2 浓度较高，O_2 浓度较低。所以自发气调贮藏一般只适用于较耐高 CO_2 和低 O_2 的蔬菜产品，并限用于较短期的贮运，除非另有简便的调气措施。

②气体的调节：气调贮藏环境内从刚封闭时的正常气体成分转变到要求的气体指标，是一个降 O_2 和升 CO_2 的过渡期，可称为降 O_2 期。降 O_2 之后，则是使 O_2 和 CO_2 稳定在规定指标的稳定期。降 O_2 期的长短以及稳定期的管理，关系到果品蔬菜贮藏效果的好与坏。

a. 自然降 O_2 法（缓慢降 O_2 法）。封闭后利用果实的呼吸作用，逐渐使 O_2 消耗到要求的浓度，同时积累 CO_2。

放风法：每隔一定时间，当 O_2 浓度降至指标的低限或 CO_2 浓度升高到指标的高限时，开启贮藏帐、袋或气调冷藏库，部分或全部换入新鲜空气，而后再进行封闭。此法是最简便的气调贮藏法。此法在整个贮藏期间 O_2 和 CO_2 含量总在不断变动，实际不存在稳定期。在每一个放风周期之内，两种气体都有一次大幅度的变化。每次临放风前，O_2 浓度降到最低点，CO_2 浓度升至最高点，放风后，O_2 浓度升至最高点，CO_2 浓度降至最低点。即在一个放风周期内，中间一段时间 O_2 浓度和 CO_2 浓度的含量比较接近，在这之前是高 O_2 浓度低 CO_2 浓度期，之后是低 O_2 浓度高 CO_2 浓度期。这首尾两个时期对贮藏产品可能会带来很不利的影响。然而，整个周期内两种气体的平均含量比较接近，对于一些抗性较强的果品蔬菜如蒜薹等，采用这种气调法，其效果远优于常规冷藏法。

调气法：双指标总和小于 21% 和单指标的气体调节，是在降 O_2 期去除超过指标的 CO_2，当 O_2 浓度降至指标后，定期或连续输入适量的新鲜空气，同时继续吸除多余的 CO_2，使两种气体稳定在要求指标。

b. 人工降 O_2 法（快速降 O_2 法）。利用人为的方法使封闭后环境中的 O_2 浓度迅速下降，CO_2 浓度迅速上升。实际上该法免除了降 O_2 期，封闭后立即进入稳定期。

充 N_2 法：封闭后先用抽气机抽出气调环境中的大部分空气，然后充入纯度 99% 的 N_2，由 N_2 稀释剩余空气中的 O_2，使其浓度达到要求指标。有时充入适量 CO_2，使之也立即达到要求浓度。此后的管理同前述调气法。

气流法：把预先由人工按要求指标配制好的气体输入封闭容器内，以代替其中的全部空气。在以后的整个贮藏期间，始终连续不断地排出部分气体和充入人工配制的气体，控制气体的流速使内部气体稳定在要求指标。

人工降 O_2 法由于避免了降 O_2 过程的高 O_2 期，所以能比自然降 O_2 法进一步提高贮藏效果。然而，此法要求的技术和设备较复杂，同时消耗较多的 N_2 和电力。

（2）气调贮藏库的使用与管理　要想取得满意的贮藏效果，单纯靠硬件设备是不行的。还应加强贮藏前期、中期、后期的管理。在整个贮藏期间重点做好以下几方面的管理：

①抓好原料的选择，保证贮藏产品的原始质量，用于气调贮藏的新鲜蔬菜产品质量要求很高，如果原料本身已经发病或者成熟度很高，无论怎么高级的贮藏方式都不可能获得满意的贮藏效果；

②产品入库和出库，蔬菜产品入库贮藏时要尽可能做到分种类、品种、成熟度、产地、贮藏时间要求等分库贮藏，不要混贮，入库时，除留出必要的通风、检查通道外，尽量减少气调间的自由空间。这样，可以加快气调速度，缩短气调的时间，使蔬菜尽早进入气调贮藏状态；

③蔬菜预冷和空库降温，入库前先进行空库降温，采用空库降温，可预先将围护结构的蓄热排除，气调贮藏的新鲜产品采收后应立即预冷，加速蔬菜田间热的散发并尽快降低蔬菜温度及呼吸热的产生。在气调间进行空库降温和入库后的预冷降温时，应注意保持库内外的压力平衡，不能封库降温，只能关门降温。尤其是入库后的降温，一定要等蔬菜温度和库温达到并基本稳定在贮藏温度时才能封库，在降温时就急于封库，会在围护结构两侧产生压差，对结构安全造成威胁；

④库房内应保持较高的相对湿度，有利于产品新鲜状态的保持；

⑤气体调节，当库内温度基本稳定后，应速封库降 O_2，进行调气作业。一般来讲气调间的降 O_2 速度越快越好，考虑到在降 O_2 的同时，也应使 CO_2 的浓度升到最佳值；

⑥注意安全性检查，蔬菜从入库到出库，始终做好整个贮藏期蔬菜的质量监测也是非常重要的，每间气调库（间）都应有样品蔬菜箱，放在库门或技术走廊观察窗门能看见和伸手可拿的地方，一般半个月抽样检查一次，包括硬度、糖分、含水量、形态等主要指标。在每年春季，库外气温上升时，蔬菜也到了气调贮藏的后期，抽样检查的时间间隔应适当缩短。留意观察窗门处的隔热效果较差，样品蔬菜的贮藏质量比库内大批蔬菜的质量稍差，样品没有问题，库内大批蔬菜一般就不会有问题。需要特别指出，整个贮期必须严格监视蔬菜的冻、病害的发生。

另外，气调贮藏要求速进整出。不能像普通蔬菜冷库那样随便进出货，库外空气随意进入气调间，这样不仅破坏了气调贮藏状态，而且加快了气调门的磨损，影响气密性。因此，蔬菜出库时，最好一次出完或在短期内分批出完。

在整个贮藏过程中，应经常测定、分析库内气体成分的变化，并进行必要的调节。气调贮藏库的温度、湿度管理与机械冷库基本相同，可以借鉴。

气调库及设备经一个贮季后（一般都在半年以上），必须进行年检大修，详细检修库房的气密性。气密破损的部位在修复后应重新进行气密性试验。各种机器设备、管道阀门、控制仪器仪表、电气部件等均应按说明书的要求进行年检大修。经试运转后，应恢复到原有的性能，为下一贮季做好准备。

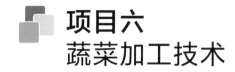

项目六
蔬菜加工技术

【教学目标】

知识：理解和掌握各种果蔬加工的基本原理和工艺流程，掌握各类典型产品的加工工艺及操作方法，并学会分析生产过程存在的技术及技能问题，提出解决问题的方法和措施。能进行典型蔬菜制品的生产（罐制品、干制品、汁制品、糖制品、腌制品、酒制品、速冻制品、最少加工处理蔬菜制品等）；能解决蔬菜制品加工生产过程中的常见质量问题；能进行制订、组织和实施生产计划，具备新工艺、新配方、新产品的实施与研发初步能力。

技能：蔬菜加工原料选择与预处理技术；典型蔬菜制品的生产技术；蔬菜制品加工生产的质量检测与控制技术。

态度：树立食品行业安全意识、社会责任感及职业道德规范，团队合作与协调能力；热爱食品加工事业等职业素养能力。

【教学任务与实施】

教学任务：典型蔬菜制品的生产（罐制品、干制品、汁制品、糖制品、腌制品、酒制品、速冻制品、最少加工处理蔬菜制品等），蔬菜制品加工生产过程中的质量检测与控制。

教学实施：校内校外实训基地。

【项目成果】

典型蔬菜加工制品。

一、 蔬菜加工基本知识

蔬菜加工是以新鲜的蔬菜为原料，经过一定的加工工艺处理，消灭或抑制蔬菜中存在的有害微生物，钝化果蔬中的酶，保持或改进蔬菜的食用品质，制成不同于新鲜蔬菜的产品的过程，称为蔬菜加工。

（一） 蔬菜的化学成分与加工性能

蔬菜外观色泽鲜艳，具有特殊的色、香、味、形，是美味佳肴中不可缺少的食品，蔬菜中含有多种营养成分和大量的水分，这些物质中大多数是维持人体正常生理机能、保持健康所必需的。蔬菜中化学成分的含量和组成比例，直接决定了蔬菜的营养价值和风味特点。蔬菜在采收、贮藏、运输和加工等过程中，这些成分会发生不同变化，从而引起食用价值和营养价值也发生改变，影响加工性能和产品质量。蔬菜中除含有 80% ~ 90% 水分（最高 95%）外，其他化学成分构成了蔬菜的固形物，这些物质主要包括碳水化合物（包括糖、淀粉、果胶物质、纤维素和半纤维素）、有机酸、维生素、含氮物质、色素物质、单宁物质、糖苷、矿物质、脂类及挥发性芳香物质和酶等。在蔬菜的运销、贮藏，加工中，为了充分发挥其应有的经济价值，就必须了解这些化学成分的含量、特性及其变化规律，以便控制采后和加工中蔬菜中化学成分的变化，保持其应有的营养价值和商品价值。

1. 水分

水分是蔬菜的主要成分，其含量依蔬菜种类和品种而异，一般新鲜蔬菜组成中水分占 60% ~ 95%、叶菜类含水都在 90% 以上、根茎菜类含水分 65% ~ 80%。水分的存在是植物完成生命活动过程的必要条件。水分是影响蔬菜嫩度、鲜度和味道的重要成分，与蔬菜的风味品质有密切关系。但是蔬菜含水量高，又是贮存性能差、容易变质和腐烂的重要原因之一。蔬菜采收后，水分得不到补充，在贮运过程中容易蒸散失水而引起萎蔫、失重和失鲜。一般新鲜的蔬菜水分减少 5%，就会失去鲜嫩特性和食用价值，而且由于水分的减少，蔬菜中水解酶的活力增强，水解反应加快，使营养物质分解，蔬菜的耐贮性和抗病性减弱，常引起品质变坏，贮藏期缩短。其失水程度与蔬菜种类、品种及贮运条件有密切关系，因此在采后的一系列操作中，要密切注意水分的变化，除保持一定的湿度外，还要采取控制微生物繁殖的措施。

2. 无机成分（灰分或矿质元素）

蔬菜中矿质元素含量不多，一般含量（以灰分计）在 0.2% ~ 3.4%，其中根菜类 0.6% ~ 1.1%，茎菜类 0.3% ~ 2.8%，叶菜类 0.5% ~ 2.3%，果菜类 0.3% ~ 1.7%，其含量虽少，但在蔬菜的化学变化中，却起着重要作用，对人体也非常重要，是构成人体的成分，并保持人体血液和体液有一定的渗透压和 pH，对保持人体血液和体液的酸碱平衡，维持人体健康上是十分重要的。所以常吃水蔬菜菜，才能维持人体正常的生理进机能，保持身体健康。

蔬菜中矿物质的 80% 是钾、钠、钙等金属成分，此外，蔬菜中还含多种微量矿质元素，如锰、锌、钼、硼等，对人体也具有重要的生理作用。蔬菜中大部分矿物质是和有机酸结合在一起，其余的部分与果胶物质结合。与人体关系最密切的而且需要最多的是钙、磷、铁，在蔬菜中含量也较多，菠菜和甜菜时中的钙呈草酸盐状态存在，不能被人体吸收，而甘蓝、芥菜中的钙呈游离状态，容易被人体吸收。蔬菜中矿物质易被人体吸收，而且被消化后分解的物质大多呈碱性反应，可以综合鱼、肉、蛋和粮食中所含的蛋白质、脂肪、淀粉等被消化后产生的酸性产物，起到调节人体酸、碱平衡的作用。

3. 维生素

蔬菜中含有多种维生素，如维生素 A 源、维生素 B_1、维生素 B_2、维生素 C、维生素 D 及维生素 P 等，蔬菜是食品中维生素的重要来源，对维持人体的正常生理机能起着重要作用。虽然人体对维生素需要量甚微，但缺乏时就会引起各种疾病。蔬菜中维生素种类很多，一般可分为水溶性维生素和脂溶性维生素两类，其中以 B 族维生素和维生素 C 最为重要，现将主要维生素的功能和特性分述如下。

（1）水溶性维生素 此类维生素，易溶于水，所以在蔬菜加工过程中应特别注意保存。

①维生素 B_1（硫胺素）：豆类中维生素 B_1 含量最多，维生素 B_1 是维持人体神经系统正常活动的重要成分，也是糖代谢的辅酶之一。当人体中缺乏维生素 B_1，常引起脚气病，发生周围神经炎、消化不良和心血管失调等。在酸性环境中稳定，在中性和碱性环境中对热敏感，易发生氧化还原反应。罐藏蔬菜或干制品能较好地保存维生素 B_1，在沸水中烫漂会破坏维生素 B_1，有一部分溶于水中。

②维生素 B_2（核黄素）：甘蓝、番茄中含量较多。维生素 B_2 耐热、耐干燥及氧化，在蔬菜加工中不易被破坏；但在碱性溶液中遇热不稳定。它是一种感光物质，存在于视网膜中，是维持眼睛健康的必要成分，在氧化作用中起辅酶作用。干制品中维生素 B_2 能保持活性。维生素 B_2 缺乏易得唇炎、舌炎。

③维生素 C（抗坏血酸）：维生素 C 在水蔬菜菜中是次要成分，但在人类营养中对防止坏血病起着重要作用。事实上，人类饮食中 90% 的维生素 C 是从水蔬菜菜中得到的，人体对维生素 C 的日需要量为 50mg，许多产品在不到 100g 水解组织中就含有这么多维生素 C。蔬菜中维生素 C 含量高的青椒、菜花、雪里蕻、苦瓜为 80mg 以上，而一般的叶菜类及根茎菜均在 60mg 以下。

维生素 C 的含量与蔬菜的品种、栽培条件等有关，也因蔬菜的成熟度和结构部位不同而异。如野生的蔬菜维生素 C 含量多于栽培品种；在蔬菜中露地栽培的品种又多于保护地栽培的，成熟的番茄维生素 C 含量高于绿色末熟番茄。蔬菜中维生素 C 含量，随成熟逐渐增加，蔬菜含促进维生素 C 氧化的抗坏血酸酶，这种酶含量越多，活力越大，蔬菜贮藏中维生素 C 保存量越少，而且温度增高，充分氧的供给会加强酶的活力，所以用减少氧的供给、降低温度等措施，以抑制抗坏血酸酶的活力，减少蔬菜贮藏、加工中维生素 C 的损失是十分必要的。

干制时用二氧化硫熏蒸或漂烫，罐藏时密封、排气以减少氧气含量都是用来抑制酶的活力。有些水蔬菜菜，如结球甘蓝、番茄、辣椒、柑橘等，抗坏血酸酶的含量低，故贮藏中维生素 C 破坏得少，而菠菜、菜豆、青豌豆中的抗坏血酸酶含量多，贮藏中维生素 C 含量极不稳定，在 20℃ 下贮藏 1 ~ 2d，抗坏血酸减少了 60% ~ 70%，贮藏在 0 ~ 2℃，则下降速度减缓。抗坏血酸在碱性溶液中较稳定，维生素 C 对紫外线不稳定，因此，不宜将玻璃瓶罐头放在阳光下。干制品应密封包装以免维生素 C 被氧化。铜与铁具有催化作用，加速维生素 C 氧化，故在加工时应避免使用铜铁器具。

（2）脂溶性维生素 脂溶性维生素能溶于油脂，不溶于水。

①维生素 A 原（胡萝卜素）：植物体中不含维生素 A，但有维生素 A 原即胡萝卜素。蔬菜中的胡萝卜素被人体吸收后，在体内可以转化为维生素 A。它在人体内能维持黏膜的正常生理功能，保护眼睛和皮肤等，能提高对疾病的抵抗性。它在贮藏中损失不显著。含胡萝卜素较多的蔬菜有胡萝卜、菠菜、空心菜、香菜、韭菜、南瓜、芥菜等，蔬菜可为人体提供日需要维生素 A 的 40% 左右，若长期缺乏维生素 A，人的视觉将受到损伤。蔬菜中的 β-胡萝卜素能在人体中转化为维生素 A，蔬菜中所含胡萝卜素大部分为 β-胡萝卜素。胡萝卜中含量最高，为 8 ~ 11mg/100g，菠菜中含 2.5 ~ 5.0mg/100g。胡萝卜素耐高温，但在加热时遇氧易氧化。罐藏及蔬菜汁能很好地保存胡萝卜素，干制时易损失，漂洗和杀菌均无影响，在碱性溶液中较稳定。

②维生素 B_5：即维生素 PP，在维生素类中最稳定，不受光、热、氧破坏，绿叶蔬菜中含量较高，缺乏维生素 B_5 主要症状是癞皮病。

③维生素 P：又称抗通透性维生素，在柑橘、芦笋中含量多，维生素 P 能纠正毛细血管的通透性和脆性，临床用于防治血管性紫癜、视网膜出血、高血压等。

④维生素 E 和维生素 K：这两种维生素存在于植物的绿色部分，性质稳定。葛根、莴苣富含维生素 E；菠菜、甘蓝、菜花、青番茄中富含维生素 K。维生素 K 是形成凝血酶原和维持正常肝功能所必需的物质，缺乏时会造成流血不止的危险病症。

4. 碳水化合物

碳水化合物是干物质中的主要成分，其含量仅次于水。它包括糖、淀粉、纤维素、半纤维素、果胶物质等。

（1）糖类　蔬菜中的糖类可分为单糖、双糖和多糖。糖类是蔬菜体内贮存的主要营养物质，是影响制品风味和品质的重要因素，糖的各种特性如甜度、溶解度、水解转化吸湿性和沸点上升等均与加工有关。

糖的甜度与含糖种类有关，若以蔗糖的甜度为 100 计，则果糖的甜度为 173、葡萄糖为 74、麦芽糖为 32 等。

单糖和双糖主要有葡萄糖、果糖和蔗糖，是微生物可以利用的主要营养物质。不同的蔬菜所含的糖也不同，如胡萝卜，主要含蔗糖、甘蓝含葡萄糖、番茄含糖量为 1.9% ~ 4.9%，甘蓝为 2.5% ~ 5.7%，洋葱为 6.8% ~ 10.5%，糖分是蔬菜菜贮藏的呼吸底物，所以经过一段时间贮藏后，由于糖分被呼吸吸消耗，其甜味下降。若贮藏方法得当，可以降低糖分的损耗，保持蔬菜品质。但有些种类的蔬菜，由于淀粉水解所致，使糖含量测值有升高现象。糖分含量的测定方法有几种，常用的方法是菲林氏氧化还原法。多糖为大分子物质，蔬菜中所含的多糖主要有淀粉、纤维素、半纤维素和果胶类物质。

（2）淀粉　淀粉是一种多糖，因为它是由多个单糖分子组成的，未成熟的果实含淀粉较多，随着果实的成熟或后熟而逐渐减少，有些果实如柑橘，充分成熟后则没有淀粉的存在。蔬菜中含淀粉较多的有豆类、马铃薯、甘薯等。

淀粉在采收后贮藏期间会在酶的作用下变成麦芽糖和葡萄糖：

$$\text{淀粉} \xrightleftharpoons[\text{或 H}^+]{\text{淀粉酶}} \text{麦芽糖} \xrightleftharpoons[\text{或 H}^+]{\text{麦芽糖酶}} \text{葡萄糖}$$

提取淀粉的农产品应防止酶解，以提高淀粉产量。淀粉在酶的作用下生成葡萄糖，也可在一定条件下发生可逆反应，由葡萄糖合成淀粉。马铃薯在低温下贮藏变甜，转入较高温度下贮藏一段时间，甜味又消失，就是发生了可逆反应的结果。

蔬菜中淀粉含量以块根、块茎、豆类等蔬菜含量最多，如莲藕、山药、芋头、马铃薯等，而叶菜类蔬菜基本上不积累淀粉；有些则会随着生长的进行积累，如豌豆、甜玉米、荸荠等，这些蔬菜的酶类是使单糖、双糖逐步聚合为淀粉，从平常的观察中也可以看到，比较老的甜玉米外观已不再是透明，荸荠断面的色泽变白，甜度明显降低，因此对这些蔬菜必须在淀粉含量低时及时采收，否则品质下降；有些蔬菜中的酶类则随着生长过程的进行或贮存时间的延长，淀粉逐渐被酶类水解为糖，甜度明显增加，薯类随着贮存的进行淀粉也逐渐被水解，刚采收的白薯并不甜，但经过一段时间的贮存后，甜度明显增加，这对鲜食有利，但对淀粉加工则不利，所以在加工淀粉时，首先都是先把原料干燥，防止淀粉水解。

（3）果胶物质　蔬菜中另一类非常重要的多糖是果胶物质。果胶物质主要以原果胶、果胶和果胶酸三种形式存在，这三种形式不同的特性，影响着蔬菜的感官和加工特性。

①原果胶：不溶于水，常与纤维素和半纤维素结合，称为果胶纤维，起着黏接细胞作用，是水蔬菜菜硬度的决定因素。

②果胶：存在于细胞液中，可溶于水，无黏接作用。

③果胶酸：果胶在果胶酶的作用下分解为不具黏性的果胶酸和甲醇，果实变成软烂状态。

原果胶不溶于水，在未成熟的蔬菜中含量丰富，使蔬菜质地坚硬。随着蔬菜的成熟与老化，原果胶水解为水溶性果胶，组织崩溃，在苹果和某些梨中表现为发绵。果胶在果胶酯酶的作用下脱酯而成为果胶酸，它不溶于水，无黏性。这一系列的变化是果实成熟后逐渐变软的原因。

蔬菜在贮藏加工期间，其体内的果胶物质不断地变化，可简单表示为：

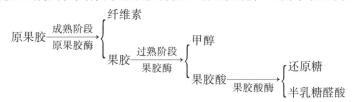

在制作混浊果蔬汁时需要保留一定量的果胶。由于果胶酸不溶于水，蔬菜加工中常用这种方法来澄清果汁、果酒；低甲氧基果胶和果胶酸能与钙盐等多价离子形成不溶于水的物质，加工中用来增加制品的硬度和保持块形（如在蔬菜罐头、泡菜加工中常用氯化钙作为固形剂就是这个原因）。

（4）纤维素和半纤维素　这两种物质都是植物的骨架物质细胞壁的主要构成部分，对组织起着支持作用。纤维素在蔬菜皮层中含量较多，它又能与木素、栓质、角质、果胶等结合成复合纤维素。这对蔬菜的品质与贮运有重要意义。蔬菜成熟衰老时产生木素和角质使组织坚硬粗糙，影响品质。如芹菜、菜豆等老化时纤维素增加，品质变劣。纤维素不溶于水，只有在特定的酶的作用下才被分解。许多霉菌含有分解纤维素的酶，受霉菌感染腐烂的果实和蔬菜，往往变为软烂状态，就是因为纤维素和半纤维素被分解的缘故。蔬菜中纤维素含量为 0.2% ~ 2.8%，根菜类为 0.2% ~ 1.2%。半纤维素在植物体中有着双重作用，既有类似纤维素的支持功能，又有类似淀粉的贮存功能。蔬菜中分布最广的半纤维素为多缩戊糖，其水解产物为己糖和戊糖。人体胃肠中没有分解纤维素的酶，因此不能被消化，但能刺激肠的蠕动和消化腺分泌，因此有帮助消化的功能。

5. 有机酸

果蔬中所含有机酸主要有柠檬酸、苹果酸、酒石酸、草酸，而且常以一两种为主。柑橘、番茄主要含柠檬酸，苹果、樱桃含苹果酸，桃、杏含苹果酸和柠檬酸，葡萄含有酒石酸，草酸多含于蔬菜中，如菠菜、竹笋等。有机酸除了赋予蔬菜酸味外，也影响加工过程，如影响果胶的稳定性和凝胶特性，影响色泽和风味等。

各种不同的酸在相同的用量下，给人的感觉不一，其中以酒石酸最强，其次为苹果酸、柠檬酸。在味觉上酸有降低糖味的作用，通常以水蔬菜菜中总糖含量与总酸含量的比值，即糖酸比作为蔬菜风味的指标。蔬菜里的有机酸，还可以作为呼吸基质，它是合成能量三磷酸腺苷（ATP）的主要来源，同时它也是细胞内很多生化过程所需中间代谢物的提供者，在贮藏中会逐渐减少，从而引起蔬菜风味的改变，如苹果、番茄等贮藏后变甜了。

6. 色素物质

蔬菜产品及原料的色泽对人们有着很大的影响，正常的鲜艳的色泽对人们有很强的吸引力，而且在大多数情况下，色泽作为判定成熟度的一个指标，同时，蔬菜的色泽同其风味、组织结构、营养价值和总体评价也有一定的关系。有色水果，如胡萝卜、番茄、辣椒等，其中起主要作用的是三种色素物质：类胡萝卜素、叶绿素和花青素。虽然说蔬菜中只有这几种色素，但是由于其含量和比例的不同，就形成了各种色泽的蔬菜，这些色素也起着各自不同的作用。胡萝卜、南瓜、的色泽直接取决于类胡萝卜素的比率和总的含量；而对红色蔬菜而言，起主要作用的是花青素，花青素溶于水，随着加工过程的进行，回逐步从蔬菜内部跑出来，渗透到汤汁或罐内溶液中，从而影响产品感官。花青素性质不稳定，随着溶液的 pH 变化而变化，酸红碱蓝中性无色，与铁、铜、锡等金属接触变蓝色、蓝紫或黑色，在加工中避免与铁、铜物质接触。叶绿素是多数绿色蔬菜的主要色素物质，这些色素物质的性质和含量同蔬菜的护色工艺有着重要关系。其在酸性条件容易被破坏，变为暗绿色至绿褐色的脱镁叶绿素，使产品颜色变暗。绿色蔬菜放到沸水中烫漂，绿色转深，这是由于细胞中的空气被排除，致使细胞壁变得更透明，色泽也就转深。叶绿素在碱性条件下可皂化水解为叶绿酸、叶绿醇和甲醇，仍保持绿色，这是在加工中蔬菜保绿的理论依据。

7. 单宁物质

绝大部分的果品中都含有单宁物质，蔬菜除了茄子、蘑菇等以外，含量较少。单宁物质普遍存在于未成熟的果品内，果皮部的含量多于果肉。常见果品中单宁表现比较明显的主要是柿子和葡萄。单宁具有特有的味觉，其收敛对蔬菜制品的风味影响很大，单宁与合适的糖酸共存时，可有非常良好的风味，但单宁过多则会使风味过涩，同时，单宁会强化有机酸的酸味。单宁具有一定的抑菌作用，单宁还易于蛋白质发生作用，产生絮状沉淀，这一特性常被以来澄清和问的果汁和果酒。

8. 酶

酶是由生物的活细胞产生的有催化作用的蛋白质。在新鲜水蔬菜菜细胞中进行的所有生物化学反应都是在酶的参与下完成的。酶控制着整个生物体代谢作用的强度和方向。

新鲜蔬菜的耐贮性和抗病性的强弱，与它们代谢过程中的各种酶有关，在贮藏加工中，酶也是引起水蔬菜菜品质变化的重要因素。如番茄在 50d 贮藏期内，由于转化酶的水解活性加强，引起糖量降低，酸度增加，因此糖酸比下降，风味品质恶化。苹果和梨成熟过程中，蔗糖含量显著增加，随后又迅速下降，转化酶起了重要作用。因为首先淀粉大量水解造成蔗糖积累，然后是蔗糖的水解。

耐藏品种甘蓝维生素 C 损失比不耐藏品种缓慢，这与抗坏血酸氧化酶的活力低有关。番茄、鳄梨和香蕉等在成熟期间变软，是由于果胶酶作用的结果。洋葱的贮藏性与果胶酶含量性和抗病性成正相关。所以贮藏水蔬菜菜应采用低温等措施以抑制酶的活力，保持良好品质。

许多具有后熟作用的水蔬菜菜，如青口大白菜，未成熟的番茄、南瓜、南方产的大冬瓜，等在适宜的条件下贮藏一段时间，由于淀粉酶的作用，使淀粉水解成糖，甜味增加，提高了食用品质。

除了这几种物质外，蔬菜中还含有很多其他物质，如含氮物质、糖苷类、芳香物质等物质，竹笋中的天冬氨酸、辣椒中的辣椒素、大蒜中的蒜油、芥菜中的芥子油等跟产品的鲜味、风味有一定关系。

（二）蔬菜的败坏与加工保藏方法

1. 蔬菜的败坏的原因

蔬菜原料的易腐性的表现主要是变质、变味、变色、分解和腐烂。据资料显示，目前，蔬菜采后损失约为总产量的 40% ~ 50%，有些发展中国家还要高，达 80% ~ 90%。由于果品蔬菜含有丰富的营养成分，所以极易造成微生物感染，同时，进行的呼吸作用也会造成变质、变味等不良影响。

蔬菜的败坏主要是微生物败坏和化学败坏两方面的原因造成的。

（1）微生物败坏　微生物种类繁多，而且无处不在，蔬菜营养丰富，为微生物的生长繁殖提供了良好的基地，极易滋生微生物。蔬菜败坏的原因中微生物的生长发育是主要原因，由微生物引起的败坏通常表现为生霉、酸败、发酵、软化、腐烂、变色等。

（2）化学败坏　采后发生的各种化学变化会造成原料色泽、风味的变化。这类变化或者是由蔬菜内部本身化学物质的改变（如水解）或由于蔬菜与氧气接触发生作用，也可能是与加工设备、包装容器等接触发生反应，主要表现为色泽和风味的变化。色泽变化包括酶促褐变、非酶褐变、叶绿素和花青素在不良处理条件下变色或褪色，胡萝卜素的氧化等；变味主要是由于蔬菜的芳香物质损失或异味产生而引起的；蔬菜中果胶物质的水解会引起蔬菜软烂而造成品质败坏，而维生素受光或热分解的损失，不仅造成了风味的变化，而且使营养损失。

2. 蔬菜加工保藏方法

按保藏原理分类，可将食品保藏技术大致划分成四大类。

（1）维持食品最低生命活动的保藏方法　此法主要用于保藏新鲜蔬菜原料。任何有生命的生物体都具有天然的免疫性，以抵御微生物入侵。采收后的新鲜蔬菜仍然进行着生命活动，但是因脱离植株，不再有养料供应，故其化学反应只能向分解方向进行，不再合成。因此，生命活动越旺盛，蔬菜内贮存物质的分解越迅速，贮存量急剧减少，组织结构也就随之而迅速瓦解或解体，不易久藏。若采用低温（0 ~ 5℃）、一定湿度和适宜的气体比例下贮藏，就能抑制蔬菜呼吸作用和酶的活力，并延缓储存物质的分解，延长蔬菜贮藏期。

（2）抑制食品生命活动的保藏方法　在某些物理化学因素的影响下，食品中微生物和酶的活动也会受到抑制，从而也能延缓其腐败变质，属于这类的保藏方法有冷冻保藏、高渗透压保藏（如干制、腌制、糖渍等）、烟熏及使用添加剂等。

（3）运用发酵原理的食品保藏方法　这是培养某些有益微生物，进行发酵活动，建立起能抑制腐败菌生长活动的新条件，以延缓食品腐败变质的保藏措施。乳酸发酵、醋酸发酵和酒精发酵等主要产物——酸和酒精就是抑制腐败菌生长的有效物质。如泡菜、酸黄瓜、酸奶等就是采用这类方法保藏的食品。

（4）利用无菌原理的保藏方法　利用热处理、微波、照射、过滤等方法处理，将食品中腐败菌数量减少或消灭到能长期贮藏所允许的最低限度，并维持这种状况，以免贮藏期内腐败变质。密封、加热杀菌和防止再次污染是保证罐藏食品长期贮藏的技术关键。

（三） 蔬菜加工原料预处理

1. 蔬菜加工对原料的要求

原料是加工的物质基础。一种加工品是否优质，除受设备和技术影响外，还与原料是否对路、品质好坏和加工适性的优劣有密切关系，要使加工品高产、优质、低消耗，就要特别重视加工原料的生产，在加工工艺技术和设备条件一定的情况下，原料的好坏直接决定着加工制品的质量，对于某些产品，如乳瓜、豇豆、番茄和青刀豆只有某些品种符合加工要求，而这一类品种并不一定具有良好的鲜食品质，这种品种称为加工专业种。总的来说，蔬菜加工要求有合适的原料种类品种、合适的成熟度和新鲜、完整、卫生。

（1）原料种类和品种

①原料本身的特性：蔬菜的种类和品种繁多，虽然都可以加工，但由于各种原料自身的组织结构和所含化学成分的不同，所适宜加工的产品也不同。例如，国光苹果适宜制作果汁、果酒，不适合制作脆片，富士苹果则适合鲜食、制脆片和加工罐头等。

②各种加工品的制作要求：各种加工产品对加工原料也有一定的要求。例如，制作蜜饯类产品要求原料为组织致密、肉质厚、耐煮制、果胶含量高的品种，根据加工的要求，选用适宜的蔬菜种类和品种，是获得加工品高产、优质的首要条件。而如何选择合适的原料，这就要根据各种加工品的制作要求和原料本身的特性来决定。

（2）原料成熟度　蔬菜的成熟度是表示原料品质与加工适性的重要指标之一。果实的成熟即完成了细胞、组织或器官的发育之后进行的一系列营养积累和生化变化，表现出特有的风味、香气、质地和色彩的过程，该过程中蔬菜的组织结构和化学成分均在发生不断的变化。例如，可食部分由小长大，果实由硬变软，果实中糖分增加，酸分减少，苦味物质减少，淀粉和糖类发生相互转化等。

各类加工品对原料成熟度要求是比较严格的，同类原料用于不同加工品采收时期也不同，如豇豆泡菜加工，加工中严格掌握成熟度，对于提高产品的质量和产量均由重要的实际意义。

（3）新鲜度　加工所用蔬菜必须新鲜、完整，否则，蔬菜一旦发酵变化就会有许多微生物的侵染，造成蔬菜腐烂，这样不但品质差，而且导致加工品带菌量增加，使杀菌负荷加重，而按原定的杀菌公式即有可能导致加工品的杀菌不足。若增加杀菌时间或升高杀菌温度则会导致食用质和营养成分的下降。

加工原料越新鲜，加工的品质越好，损耗率也越低。因此，从采收到加工应尽量缩短时间，这就是为什么加工厂要建在原料基地附近的原因。果品蔬菜多属易腐农产品，某些原料如番茄，不耐重压，易破裂，极易被微生物侵染，给以后的消毒杀菌带来困难。这些原料在采收、运输过程中，极易造成机械损伤，若及时进行加工，尚能保证成品的品质，否则这些原料严重腐烂，导致其失去加工价值或造成大量损耗，影响企业的经济效益。如蘑菇、芦笋要在采后 2～6h 内加工，青刀豆、蒜薹、莴苣等不得超过 1～2d；如大蒜、生姜等采后 3～5d，表皮干枯，去皮困难；甜玉米采后 30h 就会迅速老化，含糖量下降近一半，淀粉含量增加近一倍，水分也大大下降，势必影响到加工品的品质。因此，在自然条件下，从采收到加工不得超过 6h。

总之，蔬菜要求从采收到加工的时间尽量短，如果必须放置或进行远途运输，则应有一系列的保藏措施。如蘑菇等食用菌要用盐渍保藏；甜玉米、豌豆、青刀豆及叶菜类最好立即进行预冷处理；番茄、蒜薹等最好入冷藏库贮存。同时在采收、运输过程中防止机械损伤、日晒、雨淋及冻伤等，以充分保证原料的新鲜。

蔬菜原料的生物性决定了其新鲜度不容易保持，但是，蔬菜采收季节性强，上市集中，加工需要量又大，为了维持均衡生产和延长加工期，不能及时进行加工的原料，可以采用暂时贮存的措施，以保证原料的新鲜度。常用的保存方法有以下三种。

①短期贮存：设置阴凉、清洁、通风、不受日晒雨淋的场所，在自然条件下临时贮存。由于贮存条件不能控制，贮存时间很短。

②较长期贮存：通过控制贮存环境中的温度和湿度，使采收后的蔬菜的生命活动仍在进行，但营养素消耗降到最低，使原料保持新鲜和较好的品质，可以较长期贮存。

③防腐保存：防腐保存主要盐腌、亚硫酸防腐和防腐剂防腐三种方法。

2. 蔬菜加工原料的预处理

蔬菜制品加工的前处理（又称为预处理）对其制成品的生产影响很大，如处理不当，不但会影响产品的质量和产量，而且会对以后的加工工艺造成影响。为了保证质量、降低损耗，顺利完成加工过程，必须认真对待加工前的预处理。

蔬菜加工的前处理主要包括选别、分级、清洗、去皮、切分、修整、漂烫（预煮）、硬化、抽空等工序。这些工序中对制品影响最大的有分选、去皮、漂烫及工序间护色。尽管蔬菜种类和品种各异，组织特性相差很大，加工方法不同，但加工前的预处理过程却基本相同。

（1）分选　蔬菜加工选择原料需要考虑的三个条件：品种、成熟度和新鲜度。通常情况下，分选包括原料的去杂和分级。去杂工作主要靠人工完成，剔除原料中的腐败、腐烂果，混入原料中的树枝、沙石等杂质。分级是按照加工品的要求采用不同的标准进行分级。常用的分级标准有大小分级、成熟度分级、色泽分级和品质分级。通常情况下，视不同的蔬菜种类和这些分级内容对蔬菜加工制品的影响程度分别采取一种或多种分级方法。例如，制作罐头、蜜饯及干制品需要大小一致、形态整齐的果品，可以用分级板简单进行大小分级即可；果蔬汁、果蔬酒类对原料的大小无要求，主要在于成熟度、色泽和香气；青豌豆的分级主要采用盐水浮选法——因为成熟度高的豌豆含有较多的淀粉，固比重较大，在特定比重的盐水种利用其上浮或下沉将其分开，比重越小等级越高。

（2）去皮　蔬菜（除大部分叶菜类以外）外皮一般口感粗糙、坚硬，虽有一定的营养成分，但口感不良，对加工制品均有不良的影响。如榨菜外皮等外皮含有纤维素、外皮木质化；甘薯、马铃薯的外皮含有单宁物质及纤维素、半纤维素等；竹笋的外皮纤维质，不可食用。因而一般要求去皮。去皮必须要做到适度，去掉不合要求的部分即可。去皮不足，不合要求，要增加工作量，去皮过度，原料消耗大，增加成本。只有在加工某些果脯、蜜饯、果蔬汁时才因为要打浆或榨汁或其他原因才不用去皮。

常用的去皮方法有手工去皮、机械去皮、化学去皮、热力去皮。

①手工去皮：应用刨、刀等工具人工去皮，应用较广，其优点是去皮干净、损失率少，并可有修整的作用，同时也可去心、去核、切分等同时进行，在蔬菜原料质量较不一致的情况下能显示出其优点，但这种方法费工、费时、生产效率低。

②机械去皮：主要用于一些比较规整的蔬菜原料，生产上常用的有旋皮机和擦皮机。擦皮机用于一些质地较硬的蔬菜原料，如马铃薯、萝卜的去皮，通过摩擦将皮擦掉，旋皮机主要用于水果等可对苹果、梨、柿子、猕猴桃等去皮，然后用水冲洗干净。

③化学去皮：主要有酸或碱液去皮和酶法去皮两种。

碱液去皮是蔬菜原料去皮应用最广泛的，其原理是通过碱液对表皮内的中胶层溶解，从而使果皮分离，表皮所含的角质、半纤维素具有较强的抗腐蚀能力，中层薄壁组织主要由果胶组成，在碱的作用下，极易腐蚀溶解，而可食部分多为薄壁细胞，抗酸碱的腐蚀，碱液掌握适度，就可使表皮脱落。常用的碱为氢氧化钠（廉价）、氢氧化钾、碳酸钠、碳酸氢钠等。处理方法主要有：浸碱法和淋碱法。浸碱法即将一定浓度、温度的碱液装入容器，将原料投入，不断搅拌，经过适当的时间捞起原料，用清水冲洗干净即可。淋碱法主要要采取淋碱去皮机，用皮带传送原料，碱液加热后用高压喷淋，通过控制传送速度，达到去皮的目的，淋碱法常合用擦皮机原理。

影响碱液去皮效果的因素主要有碱液的浓度、温度和作用时间。浓度、温度和时间呈反比，浓度大、温度高则所用时间短，温度高、时间长又可降低使用浓度，如果浓度和时间确定，要提高去皮效率只有提高温度，所以要辩证地掌握好三要素之间的关系。

碱液去皮的优点很多，适应性广，几乎所有的蔬菜都可以用碱液去皮，且对原料表面不规则、大小不一的原料也能达到良好的去皮效果；掌握适度时，损失率少，原料利用率高；节省人工、设备。但必须注意碱液的强腐蚀性。

④热力去皮：利用90℃以上的热水或蒸汽去皮。因果皮突然受热，细胞会膨胀破裂，果胶胶凝性降低，使果皮和果肉分离。蒸汽去皮主要用在桃上。据美国佐治亚大学一名教授介绍，他目前已研制出另外一种热力去皮法，利用的是红外线，使物料表皮的温度在几秒钟内迅速升到几百度的高温烤焦皮层而除去，由于除去的只是烤焦的一层，其损失率比常规的热力去皮大大减少，同时由于作用时间大大缩短，其对营养物质的损失也降到最低。

⑤其他去皮方法：其他去皮方法还有冷冻去皮、真空去皮等。

冷冻去皮是将蔬菜在冷冻装置中达轻度表面冻结，然后解冻，使表皮松弛后去皮。这一点我们在日常生活中也有体会。主要用于番茄、桃的去皮。

真空去皮是将成熟的蔬菜先行加热，使其升温后果皮与果肉分离，接着进入有一定真空度的真空室内，适当处理，使果皮下的液体迅速"沸腾"，皮与肉分离，然后破除真空，冲洗或搅动去皮。

综上所述，去皮的方法很多，应根据生产条件、蔬菜的状况而适当采用。

（3）漂烫　蔬菜的漂烫生产上常称为预煮。它是指将原料加热到一定的温度以达到所要的目的的一种操作。

①漂烫的作用：

a. 钝化酶的活力。蔬菜内的酶如果不被钝化，可能会引起蔬菜风味、组织结构及感官方面的变化。这些对冷冻干燥食品或速冻食品尤为重要。

b. 软化组织。通过加热可以排除蔬菜内部组织内的气体，使组织软化。

c. 保持和改进色泽。由于酶的钝化和内部气体的排除，减少了褐变的条件，从而保持了色泽。这一点对绿色蔬菜尤为重要。

d. 去除不良风味。通过漂烫可以去除某些蔬菜中的不良风味。

e. 降低蔬菜中的微生物数量。漂烫的温度和作用时间可以使大量的微生物死亡。这对速冻制品很重要。

②操作方法：通常和蔬菜的特性及制品的加工过程有关，常用的方法有两种，一种是

浸泡法，是将原料浸入一定温度的热水中，保持一定时间，然后取出，冷却；另一种是喷射蒸汽法，是将原料传送进入隧道，采用高温高压蒸汽进行喷射，达到灭酶和灭菌的效果。

③漂烫的损失：漂烫有其优点，但也会带来损失，浸泡法中还会损失大量的可溶性固形物，喷射蒸汽法由于作用时间相对较短，损失也较少，漂烫中对热和氧气敏感的维生素C 的损失最为明显。但是漂烫的损失可以通过在达到漂烫效果的前提下，尽量缩短漂烫时间和减少原料同氧气的接触而降到最低。

（4）护色处理　蔬菜在采收后或加工中去皮后，如果不进行及时处理就会产生颜色变化。有些蔬菜，如荷兰豆、蚕豆等，由于其中无色花青素的存在而在加工过程中变为浅粉色，这同其他原料是不同的，但是这种变色可以通过改变加工条件而消除。番茄酱或调味番茄酱加工后出现褐色或褐红色的现象，是由于加工过程中使用了过多的有绿色的原料番茄的缘故，这种变化同绿番茄中所含的脱镁叶绿素在加工中的变化有关。马铃薯在干制或其他加工过程中变黑，则同羰氨反应有关，在加热的情况下，马铃薯中含量很高的糖可以和氨基酸发生反应，形成黑色的物质。

综合上面提到的例子，可以把蔬菜在加工过程中发生的褐变分为酶促褐变和非酶褐变。酶促褐变会导致一些色素的生成，而多酚氧化酶是引起蔬菜变黑的主要酶类，许多果蔬菜如苹果、梨、香蕉、马铃薯、葡萄、柿子等在去皮或切分过程中如果不加以处理会很快变黑，而菠萝、橘子、番茄则不会出现这种情况，这种褐变反应的发生必须要求同时具备多酚氧化酶、多酚类底物和氧气，同时要有少量 Cu^{2+} 的存在，前面三个条件必须同时存在，解决的办法就是消除其中的一个或多个因素。

蔬菜中叶绿素的存在会引起非酶褐变，羰氨反应也会产生非酶褐变。针对蔬菜加工中出现的这两种褐变，可以采取相应的处理方法进行消除。对于由脱镁叶绿素引起的非酶褐变可以采用增加镁盐的方法防止，而对由羰氨反应引起的褐变，可以通过降低原料中还原糖的含量或在加工前用二氧化硫处理消除。

对于由于多酚氧化酶引起的酶促褐变，通常可以采用化学法和物理法两种方法进行控制。

①化学方法：要控制酶促褐变，就要至少控制三个要素中的一个。许多种化学物质如抗坏血酸、柠檬酸、亚硫酸及其盐、钙盐、硫脲、L－半胱氨酸（后两者在土豆片、苹果上已经证明有效）等都可以起到减缓作用。亚硫酸盐现在已经被很多国家禁用，我国的许多种蔬菜产品出口就受到这个限制。出口型真空冷冻脱水山药的护色，采用无硫、纯天然复合护色剂可以解决问题。如抗坏血酸在食品中的作用是多方面的，它可以作为营养强化剂、抗氧剂（通过和氧结合，抗坏血酸变成脱氢抗坏血酸，起到防止酶促褐变的作用）、金属螯合剂等。目前常用的化学护色剂有：抗坏血酸、柠檬酸、钙盐、氯化钠、亚硫酸及其盐类，常使用这些物质的水溶液对蔬菜进行护色处理。

②物理方法：蔬菜预处理中漂烫的主要目的有一条就是要钝化酶的作用，也就是说加热处理是破坏酶作用的一种非常有效的途径。另外实验已经证明，高压也有钝化酶活力的作用。如对蔬菜原料进行达到 610MPa 时，高压会引起蛋白质变性，从而也就影响了其催化作用。

（5）其他预处理　当然蔬菜加工过程的预处理还包括清洗、切分、抽空等步骤。

①清洗：清洗是蔬菜加工中不可缺少的工序，清洗的目的是为了除去蔬菜表面的泥

土、尘土、微生物和残留的农药。蔬菜的清洗方法有多种，主要包括手工清洗和机械清洗，而机械清洗又包括滚筒式、喷淋式、压气式和桨叶式，具体采用哪种方法，要视生产条件、蔬菜形状、质地、表面状态、污染程度、夹带泥土量以及加工方法而定。

②切分：并非所有的原料都需要切分，只对需要罐装的进行切分，根据需要可以采用手工或机械进行切分。

③抽空：某些蔬菜原料，如苹果、番茄等内部组织较松，含空气较多，对加工特别是对罐藏不利，进行抽空是在一定介质中使原料处于真空状态下，达到将其中的空气抽出，代之以介质（糖水或盐水）的目的。

二、 蔬菜腌制品加工技术

蔬菜腌制是我国古老的传统加工方法。其加工简易、成本低廉、风味多样、容易保存，并具有独特的色、香、味，有许多的名优特产品，是人们餐桌和烹饪不可缺少的加工制品。

（一） 蔬菜腌制品的分类

蔬菜腌制是利用食盐以及其他物质添加渗入到蔬菜组织内，降低水分活度、提高结合水含量及渗透压或脱水等作用，有选择地控制有益微生物活动和发酵，抑制腐败菌的生长，从而防止蔬菜变质，保持其食用品质的一种保藏方法。在蔬菜腌制品中，有不少名特产品。不但国内驰名，而且远销国外。如重庆涪陵榨菜、四川泡菜、宜宾芽菜、北京大头菜、江浙酱菜等。低盐、增酸、适甜是蔬菜腌制品发展的方向。蔬菜腌制品种类很多，目前按原料和加工原理等方法可以分为以下类型。

1. 按工艺与辅料不同分类

根据商业行业标准 SB/T 10297—1999《酱腌菜分类》规定，根据加工工艺与辅料不同，将蔬菜腌制品分为 11 类（表 6 – 1）。

表 6 – 1　　　　　　　　　　按工艺和辅料不同的蔬菜腌制品分类

	酱曲醅菜	酱曲醅菜是蔬菜咸坯经甜酱成曲醅制而成的蔬菜制品
	甜酱渍菜	甜酱渍菜是蔬菜咸坯经脱盐、脱水后，再经甜酱酱渍而成的蔬菜制品
	黄酱渍菜	黄酱渍菜是蔬菜咸坯经脱盐、脱水后，再经黄酱酱渍而成的蔬菜制品
酱渍菜类	甜酱、黄酱渍菜	甜酱、黄酱渍菜是蔬菜咸坯经脱盐、脱水后，再经黄酱和甜酱酱渍而成的蔬菜制品
	甜酱、酱油渍菜	甜酱、酱油渍菜是蔬菜咸坯经脱盐、脱水后，用甜面酱和酱油混合酱渍而成蔬菜制品
	黄酱、酱油渍菜	黄酱、酱油渍菜是蔬菜咸坯经脱盐、脱水后，用黄酱和酱油混合酱渍而成的蔬菜制品
	酱汁渍菜	酱汁渍菜是蔬菜咸坯经脱盐、脱水后，用甜酱汁或黄酱酱汁浸渍而成的蔬菜制品
	糖渍菜	糖渍菜是蔬菜咸坯经脱盐、脱水后，采用糖渍或先糖渍后蜜渍制作而成的蔬菜制品
糖醋渍菜类	醋渍菜	醋渍菜是蔬菜咸坯用食醋浸渍而成的蔬菜制品
	糖醋渍菜	糖醋渍菜是蔬菜咸坯，经脱盐、脱水后，用糖醋液浸渍而成的蔬菜制品
虾油渍菜类	虾油渍菜是以蔬菜为主要原料，先经盐渍，再用虾油浸渍而成的蔬菜制品	

续表

糟渍菜类	酒糟渍菜	酒糟渍菜是蔬菜咸坯，用新鲜酒糟与白酒、食盐、助鲜剂及辛香料混合糟渍而成的蔬菜制品
	醪糟渍菜	醪糟渍菜是蔬菜咸坯，用醪糟与调味料、辛香料混合糟渍而成的蔬菜制品
糠渍菜类		糠渍菜是蔬菜咸坯用稻糠或粟糠与调味料、辛香料混合糠渍而成的蔬菜制品
酱油渍菜类		酱油渍菜是蔬菜咸坯用酱油与调味料、辛香料混合浸渍而成的蔬菜制品
清水渍菜类		清水渍菜是以叶菜为原料，经过清水熟渍或生渍而制成的具有酸味的蔬菜制品
盐水渍菜类		盐水渍菜是将蔬菜用盐水及辛香料混合生渍或熟渍而成的蔬菜制品
盐渍菜类		盐渍菜是以蔬菜为原料，用食盐腌渍而成的湿态、半干态、干态蔬菜制品
菜脯类		菜脯是以蔬菜为原料，采用果脯工艺制作而成的蔬菜制品
菜酱类		菜酱是以蔬菜为原料，经预处理后，再拌和调味料、辛香料制作而成的糊状蔬菜制品

2. 按加工保藏原理分类

根据蔬菜腌制加工中是否有发酵作用，可分为以下两类。

（1）发酵性腌制品 腌渍时食盐用量较低，在腌制过程中有显著的乳酸发酵现象，利用发酵产物乳酸与食盐、辛香料等的综合作用，来保藏蔬菜并增进其风味。根据腌渍方法和产品状态，可分为半干态发酵和湿态发酵两类。

①半干态发酵腌渍品：先将菜体风干或人工脱去部分水分，然后进行盐腌，自然发酵后熟而成，如榨菜、冬菜。

②湿态发酵腌渍品：用低浓度的食盐溶液浸泡蔬菜或用清水发酵白菜而成的一种带酸味的蔬菜腌制品，如泡菜、酸白菜。

（2）非发酵性腌制品 腌渍时食盐用量较高，使乳酸发酵完全受到抑制或只能轻微进行，主要靠高浓度的食盐和辛香料等的综合作用来保藏蔬菜并增进其风味。分以下四种。

①盐渍品：用较高浓度的盐溶液腌渍而成，如咸菜。

②酱渍品：通过制酱、盐腌、脱盐、酱渍过程而制成，如酱菜。

③糖醋渍品：将蔬菜浸渍在糖醋液内制成，如糖醋蒜。

④酒糟渍品：将蔬菜浸渍在黄酒酒糟内制成，如糟菜。

3. 其他分类

按原料和生产工艺的特点可分为酱菜类、泡菜类、酸菜类、咸菜类和糖醋菜类等，在生产上常采用这种分类方法。此外，按产品的物理性状可分为湿态、半干态和干态蔬菜腌制品。

（二）腌制品加工的基本原理

蔬菜腌渍的基本原理主要是利用微生物的发酵作用、食盐的防腐作用、蛋白质的分解作用及其他一系列的生物化学作用，抑制有害微生物的活动和增加产品的色香味，增强制品的保藏性能。

1. 盐在蔬菜腌制中的作用

（1）食盐的脱水作用 食盐溶液具有很高的渗透压，对微生物细胞发生强烈的脱水作用。一般微生物细胞液的渗透压力在 350~1670kPa，一般细菌也不过 300~600kPa。而 1% 的食盐溶液就可产生 610kPa 的渗透压力。在高渗透压的作用，使微生物的细胞发生质壁分离现象，造成微生物的生理干燥，迫使它处于假死状态或休眠状态，所以蔬菜腌制时，常用 10% 以上的食盐溶液，以相当于产生 6100kPa 以上的渗透压，来抑制微生物活动，达到保存的目的。

（2）食盐的防腐作用 食盐分子溶入水后发生电离，并以离子状态存在，溶液中的一些 Na^+、K^+、Ca^{2+}、Mg^{2+} 等在浓度较高时会对微生物发生生理毒害作用。

（3）食盐溶液对酶活力的影响 酶是一种由蛋白质构成的生物催化剂。其作用倚赖于特有构型，食盐溶液中 Na^+、Cl^- 与酶蛋白质分子中肽键结合，破坏了酶的空间构型，使其催化活性降低，使微生物的生命活动受到抑制。

（4）食盐溶液降低微生物环境的水分活度 食盐在溶液离子水化作用，降低水分活度，使微生物可利用的水分相对减少，从而抑制了有害微生物的活动，提高了蔬菜腌制品的保藏性。

（5）食盐溶液中氧气的浓度下降 食盐能降低水中氧的溶解度，O_2 很难溶解于盐水中，形成缺氧环境，抑制好气性微生物的活动，同时，只要盐浓度适当，又不影响乳酸菌的活动，使制品得以更好地保存。

2. 腌制过程中微生物的发酵作用

发酵是指微生物无氧条件下的产能代谢。蔬菜在腌渍过程中进行乳酸发酵，并伴随酒精发酵和醋酸发酵。各种腌制品在腌渍过程中的发酵作用都是借助于天然附着在蔬菜表面上的各种微生物的作用进行的。

（1）乳酸发酵 任何蔬菜腌制品在腌制过程中都存在乳酸发酵，有强弱之分。乳酸细菌广布空气、蔬菜表面、加工水及容器中，是乳酸细菌利用单糖或双糖作为基质积累乳酸的过程，它是发酵性腌制品腌渍过程中最主要的发酵作用。根据发酵机理和产物可分为以下三种类型。

①正型乳酸发酵：乳酸菌能将单糖、双糖发酵成乳酸，不产生任何其他物质，此种发酵作用在腌制中占主导作用。

$$C_6H_{12}O_6 \rightarrow 2CH_3CHOHCOOH$$

②异型乳酸发酵：异型乳酸菌除将单糖、双糖发酵成乳酸外，还可以产生其他物质（酒精、二氧化碳）。

$$C_6H_{12}O_6 \rightarrow CH_3CHOHCOOH + C_2H_5OH + CO_2 \uparrow$$

异型乳酸菌粘在腌制品表面，产生黏性物质，使之硬度不够，产品变软。因此应避免此菌的为害，此菌只在腌制初期发现，当食盐浓度加高到 10% 或乳酸含量达 0.7% 以上，便会受到抑制。

（2）酒精发酵 酵母菌将蔬菜中的糖分解成酒精和二氧化碳。酒精发酵生成的乙醇，对于腌制品后熟期中发生酯化反应而生成芳香物质是很重要的。

$$C_6H_{12}O_6 \rightarrow 2C_2H_5OH + 2CO_2$$

（3）醋酸发酵 在蔬菜腌制过程中还有微量醋酸形成。醋酸是由醋酸细菌氧化乙醇而生成的。极少量的醋酸对成品无影响，可大量的就会对成品有影响。醋酸菌是好气性菌，隔离空气可防止醋酸发酵。

$$CH_3CH_2OH + O_2 \rightarrow 2CH_3COOH + H_2O$$

制作泡菜、酸菜需要利用乳酸发酵，而制造咸菜酱菜则必须将乳酸发酵控制在一定的限度，否则咸酱菜制品变酸，成为产品败坏的象征。

3. 蛋白质的分解及其他生化作用

在蔬菜腌制及制品后熟过程中，所含的蛋白质受微生物和蔬菜本身所含的蛋白水解酶的作用逐渐被分解为氨基酸。这一变化是腌制品具有一定光泽、香气和风味的主要原因。

（1）鲜味的形成　蛋白质水解所生成的各种氨基酸都具有一定的风味。蔬菜腌制品鲜味的主要来源是由谷氨酸与食盐作用生成谷氨酸钠。

$$COOH \cdot CH_2 \cdot CH_2 \cdot CH (NH_2) \cdot COOH + NaCl \rightarrow HCl + COONa \cdot CH_2 \cdot CH (NH_2) \cdot COOH$$

谷氨酸、其他多种氨基酸如天门冬氨酸，这些氨基酸均可生成相应的盐，使腌制品鲜味增强。此外乳酸等本身也能赋予产品一定的鲜味。

（2）香气的形成　香气是评定蔬菜腌制品质量的一个指标。产品中的风味物质，有些是蔬菜原料和调味辅料本身所具有的，有些是在加工过程中经过物理变化、化学变化、生物化学变化和微生物的发酵作用形成的。

腌制品的风味物质还远不止单纯的发酵产物。在发酵产物之间，发酵产物与原料或调味辅料之间还会发生多种多样的反应，生成一系列呈香呈味物质，特别是酯类化合物。如蛋白质水解生成氨基丙酸与酒精发酵产生的酒精作用，失去一分子水，生成的酯类物质芳香更浓。氨基酸种类不同，所生成的香质也不同，其香味也各不相同。芥菜中有一黑芥子苷在黑芥子酶的作用下产生刺激性气味的芥子油（它可促进食欲，使人愉快）。蔬菜腌制品中加入花椒、辣椒来和各种混合香料可增加腌制品的香气。氨基酸与4-羟基-3-戊烯醛作用生成芳香脂类和氧气。放出的氧气是使氧化酪氨酸变成黑色素，黄褐色的主要来源。干制、糖制品中不需要黑色素的生成，须防止，而腌制品则需黑色素。

（3）色泽的形成　在蔬菜腌制加工过程中，色泽的变化和形成主要通过下列途径.

①褐变：蔬菜中含有多酚类物质、氧化酶类，所以蔬菜在腌制加工中会发生酶促褐变。

对于深色的酱菜、酱油渍和醋渍的产品来说，褐变反应所形成的色泽正是这类产品的正常色泽。

而对于有些腌制品来说，褐变往往是降低产品色泽品质的主要原因。所以这类产品加工时就要采取必要的措施抑制褐变反应的进行，以防止产品的色泽变褐、发暗。

抑制产品酚酶的活力和采取一定的隔氧措施，是限制和消除盐渍制品酶促褐变的主要方法，而降低反应物的浓度和介质的 pH、避光和低温存放，则可抑制非酶褐变的进行。采用二氧化硫或亚硫酸盐作为酚酶的抑制剂和羰基化合物的加成物，以降低羰氨反应中反应物的浓度，也能防止酶促褐变和非酶褐变，而且有一定的防腐能力和避免维生素 C 的氧化。但使用这种抑制剂也有一些不利的方面，它对原料的色素（如花青素）有漂白作用，浓度过高还会影响制品的风味，残留量过大甚至会有害于食品卫生。生产中加入抗坏血酸也可抑制酶褐变的发生。蔬菜腌制品在发酵后熟期，蛋白质水解产生酪氨酸，在酪氨酸酶的作用下，经过一系列反应，生成一种深黄褐色或黑褐色的物质，称为黑色素，使腌制品具有光泽。腌制品的后熟时间越长，则黑色素形成越多。

②吸附外来色素：蔬菜腌制品中的辅料酱油、酱、食醋、红糖等，在腌制过程中，蔬

菜组织细胞吸附辅料中的色素与风味物质，使腌制品呈现某种色泽。此外腌制原料本身或在腌制过程中添加食用色素，也可使腌制品具有相应色泽。

4. 香料与调味料的防腐作用

香辣调料的防腐作用一些香料和调味品，如大蒜、生姜、醋、酱、糖液等，在腌制品中起着调味作用，同时还具有不同程度的防腐能力。如大蒜组织中含有蒜氨酸，在细胞破碎时，蒜氨酸在蒜氨酸酶的作用下分解为具有强烈杀菌作用的挥发性物质，即蒜素。又如十字花科蔬菜如芥菜等组织中含有芥子苷，在芥子分解酶的作用下，能分解为芥子油，也具有很强的防腐能力。而豆蔻、香菜、芹菜等所含的精油其防腐能力相对较弱。另外，醋可以降低环境的 pH，有利于杀菌。

5. 腌渍蔬菜的保脆与保绿

（1）保绿　酱腌菜在腌制过程中失绿的原因主要有：蔬菜中的叶绿素在酸性介质中叶绿素容易脱镁形成脱镁叶绿素，变成黄褐色而使其绿色无法保存；生产非发酵性的腌制品时，如咸菜类在其后熟过程中，叶绿素稍退后也会逐渐变成黄褐色或黑褐色。

蔬菜在腌制中保持绿色的措施：①先将原料经沸水烫漂，以钝化叶绿素酶，防止叶绿素被酶催化而变成脱叶醇叶绿素（绿色褪去），可暂时的保持绿色；②在烫漂液中加入微量的碱性物质如碳酸钠或碳酸氢钠，可控叶绿素变成叶绿素钠盐，也可使制品保持一定的绿色；③在生产实践中，将原料浸泡在井水中（这种水含有较多的钙，属硬水），待原料吐出泡沫后才取出进行腌渍，也能保持绿色，并使制品具有较好的脆性。

（2）保脆　蔬菜在腌制和保存过程中，如处理不当，可造成组织软化现象，蔬菜的脆性主要与鲜嫩细胞的膨压和细胞壁的原果胶变化有密切关系，其失脆的原因主要是蔬菜失水萎蔫致使细胞膨压降低，脆性减弱。另外一个原因是果胶物质的水解，腌制品在加工中如原果胶在酶的作用下水解为果胶，再进一步水解为果胶酸等产物时，细胞彼此分离，导致其组织软烂。过熟以及受损伤的蔬菜，其原果胶被蔬菜本身含有的酶水解，使蔬菜在吨制前就变软；另一方面，在腌制过程中一些有害微生物活动所分泌的果胶酶类将原果胶逐步水解。

蔬菜腌制品加工常用的保脆措施有：①晾晒和盐渍用盐量必须恰当，保持产品一定含水量，以利于保脆；②蔬菜要成熟适度，不受损伤，加工过程中注意抑制有害微生物活动；③腌制前将原料短时间放入溶有石灰的水或氯化钙溶液中浸液，石灰水中的钙离子能与果胶酸作用生成果胶酸钙的凝胶。常用的保脆剂是钙盐（如氯化钙或石灰水），其用量以菜重的 0.05% 为宜。

6. 蔬菜腌制与亚硝胺

N-亚硝基化合物是指含有 =NNO 基的化合物，此种化合物具有致畸、诱突、致癌性。胺类、亚硝酸盐及硝酸盐是合成亚硝基化合物的前体物质，存在于各种食品中，尤其是质量不新鲜的或是加过硝酸、亚硝酸盐保存的食品中。

一些蔬菜中含有大量硝酸盐，如萝卜、大白菜、芹菜、菠菜等，在酶或细菌作用下，硝酸盐可以被还原成亚硝酸盐，提供了合成亚硝基化合物的前体物质。由表 6-2 可以看出硝酸盐含量在各类蔬菜中是不同的，叶菜类大于根菜类，根菜类大于果菜类。

表6-2 蔬菜可食部分硝酸盐的含量

品种	波动范围/（mg/kg）	品种	波动范围/（mg/kg）
萝卜	1950	西瓜	38~39
芹菜	3620	茄子	139~256
白菜	1000~1900	青豌豆	66~112
菠菜	3000	胡萝卜	46~455
洋白菜	241~648	黄瓜	15~359
马铃薯	45~128	甜椒	26~200
大葱	10~840	番茄	20~221
洋葱	50~200	豆荚	139~294

新鲜蔬菜腌制成咸菜后，硝酸盐的含量下降，而亚硝酸盐的含量上升，亚硝酸盐产生在有时间关系，一般在腌制4~8d出现高峰，在食用时注意成熟后再食用大大可减少其影响。在加工过程中，乳酸菌是抗酸菌、耐盐菌，不能还原硝酸盐，因此乳酸发酵不会产生亚硝胺，同时，蔬菜含有的食用纤维、胡萝卜素、维生素B、铁质、维生素C、维生素E等营养素可以减弱硝酸盐的危险性。在加工过程中对含硝酸盐较多的蔬菜尽量低温贮存，注意厌氧条件和清洁卫生防止杂菌感染以及培育含硝酸盐少的优良蔬菜品种都可以减少亚硝酸盐。

7. 影响腌制的因素

蔬菜腌制工艺中影响腌制的因素有食盐浓度、酸度、温度、原料的组织及化学成分气体成分等。

（1）食盐浓度

①食盐对微生物有抑制作用：一般说来，对腌制有害的微生物对食盐的抵抗力较弱。霉菌和酵母菌对食盐的耐受力比细菌大得多，酵母菌的抗盐性最强（表6-3）。

表6-3 微生物能耐受的最大食盐浓度

菌种名称	大肠杆菌	丁酸菌	变形杆菌	酒花酵母菌	霉菌（产生乳酸）	霉菌	酵母菌
食盐浓度/%	12	13	8	6	8	10	25

②调味、控制生化变化作用：主要指对蛋白酶、果胶酶的作用。

蔬菜腌制中食盐浓度一般，1%用于调味，泡酸菜在4%~6%；糖醋菜在1%~3%，半干态盐渍菜类如榨菜、冬菜通常需要较长期贮存，并进行缓慢发酵，用盐量较多，为10%~14%；酱渍菜为8%~14%；用盐保存原料或盐渍半成品菜，用盐量多使用饱和或接近饱和的食盐溶液。

（2）酸度 蔬菜腌制中，有益的微生物（乳酸菌和醋酸菌）都比较耐酸，其他有害微生物抗酸能力都不如乳酸菌和酵母菌。pH在4.5以下时，能抑制大多有害微生物活动。pH对原料中的果胶酶和蛋白酶的活性都有影响，当pH为4.3~5.5时，活性最弱，而蛋白酶在pH为4.0~5.5时活性最强，所以一般pH为4.0~5.0时对于保脆和提高风味有利，但在 pH 为 4.0～5.0，人们的味觉会感到过酸。

（3）温度　对于腌制发酵来说，最适宜温度在 20～32℃，但在 10～43℃范围内乳酸菌仍可以生长繁殖，为了控制腐败微生物活动，生产上常采用的温度为 12～22℃，仅所需时间稍长而已。

（4）原料的组织及化学成分　原料体积过大，致密坚韧，有碍渗透和脱水作用。为了加快细胞内外溶液渗透平衡速度，可采用切分、搓揉、重压、加温来改变表皮细胞的渗透性。

（5）气体成分　蔬菜腌制中有益的乳酸发酵和酒精发酵都是嫌气的条件进行的，而有害微生物酵母菌和霉菌均为好气性。在加工工艺中这种嫌气条件对于抑制好氧性腐败菌的活动是有利的，也可防止原料中维生素 C 的氧化。酒精发酵以及蔬菜本身的呼吸作用会产生二氧化碳，造成有利于腌制的嫌气环境。

此外，腌制蔬菜的卫生条件和腌制用水质量等也对腌制过程和腌制品品质有影响。

（三）盐渍菜类加工技术

咸菜类的腌制品，必须采用各种脱水方法，使原料成为半干态，并需盐腌、拌料、后熟，用盐量 10% 以上，色、香、味的主要来源靠蛋白质的分解转化，具有鲜、香、嫩、脆回味返甜的特点。下面以榨菜的加工为例。

榨菜以茎瘤芥的膨大茎（称青菜头）为原料，经去皮、切分、脱水、盐腌、拌料、装坛、后熟转味而成，称坛装榨菜。再以坛装榨菜为原料，经切分、拌料、装袋（复合薄膜袋）、抽空密封、杀菌冷却而成，称方便榨菜。

榨菜为中国特产，1898 年始创于重庆涪陵，故有"涪陵榨菜"之称。最初在加工过程中，曾用木榨压出多余水分，故名榨菜。在国内外享有盛誉，为世界三大名腌酱菜之一。原为四川（重庆）独产，现已发展至浙江、福建、江苏、江西、湖南及台湾等地，仅重庆现在年产量约 70 万吨，畅销国内外。

榨菜生产由于脱水工艺不同，又有四川榨菜（川式榨菜）与浙江榨菜（浙式榨菜）之分，前者为自然风脱水，后者为食盐脱水，形成了两种榨菜品质上的差别。

1. 重庆榨菜

良好的重庆榨菜应具有鲜、香、嫩、脆，咸辣适当，回味返甜，色泽鲜红细腻（辣椒末），块形美观等特点。

（1）工艺流程

选料 → 分类划块 → 串菜晾晒 → 下架剥皮 → 头腌 → 翻池 → 二腌 → 修剪看筋 → 整形分级 → 淘洗 → 压榨 → 拌料 → 装坛 → 扎口 → 后熟及清口 → 成品

（2）操作要点

①原料选择：原料宜选择组织细嫩、紧密，皮薄粗纤维少，突起物圆钝，凹沟浅而小，呈圆球形或椭圆形，体形不宜太大的菜头。菜头含水量宜低于 94%，可溶性固形物含量应在 5% 以上。加工青菜头的品种比较好的为永安小叶、涪杂 5 号等。

采收时期一般在立春前后 5d 最好，雨水前 10d 次之，雨水后采收品质最差。采收时青菜头茎已膨大，薹茎形成即将抽出时（称冒顶），即时采收，称"冒顶砍菜"。采收较早，品质虽优，但亩产低；较迟采收，薹茎抽出，菜头多空心，含水量增高，可溶性固形物相对降低，而且组织逐渐疏松，细胞间隙加大，纤维素逐渐木质化，肉质变老同时开始抽薹消耗大量的营养物质或因内外细胞组织膨大率不一致而形成空心，或因局部细胞组织失水而形成白色海绵状组织，使原料消耗率加大，成品的品质也有所下降。因此应根据不同品种的特性掌握适当的收获期，以保证榨菜加工的优质高产。采收后，剃尽菜叶、菜匙，切去叶簇、菜根，两头见白，按单个质量150g以上，无棉花包及腐烂，选作加工用。

②搭架：选好后的青菜头先置于菜架上晾晒，脱去一部分水分后才可进行腌制。架地宜选择河谷或山脊，风向、风力好，地势平坦宽敞之处，菜架由檩木、脊绳和牵藤组成，顺风向搭成"X"形长龙，"X"两侧搭菜晾晒。

③剥皮穿串：收购入厂的菜头要及时剥除基部的粗皮老筋，但不伤及上部的青皮。原料质量250~300g的可划开或不划开，300~500g者划成两块，500g以上者划成3块，分别划成150~250g质量的菜块。划块时要大小均匀，青白齐全，呈圆形或椭圆形，用长约2m的篾丝或聚丙烯丝将剥划菜块，根据大小分别穿串。穿菜时切面向外，每串两端回穿牢固。每串菜块质量为4~5kg。

④晾架：将穿好的菜串搭挂在菜架两侧，切面向外，青面向内，上下交错，稀密一致，不得挤压。任其自然风吹脱水，故称风脱水。菜块在晾架期，受自然气候影响很大。若遇短时间下雨或大雾，只要气温低，风力大对菜块品质尚无大碍。但若久雨不晴或时雨时晴或久晴无风时，则很容易使菜块变质腐烂。如果时雨时晴菜块易于抽薹、空心；太阳特大时菜块易于发硬即表面虽已干成硬壳，而肉质依然没有软化还仍然是硬的，出现外干内湿现象。

⑤下架：在晾晒菜块时如果自然风力能保持2~3级，7~8d可达到适当的脱水程度，菜块即可下架，准备进行腌制。如果天气不好，风力又小，则晾晒时间应适当延长，但要注意烂菜现象出现。凡脱水合格的干菜块，用手捏之，周身柔软而无硬心，表面皱缩而不干枯，无霉烂斑点、黑黄空花、发梗生芽棉花包及泥沙污物。每个菜块质量以70~90g为宜。下架成品率，头期菜的下架率为40%~42%、中期菜为36%~38%、尾期菜为34%~38%。

⑥腌制：下架后的干菜块应立即进行腌制。生产都利用菜池进行腌制。其大小规格各地不同。一般长为3.3~4m的，深只有2.3~3.3m的。池底及四壁用水泥涂抹。生产500t榨菜需用上述4m×4m×2.3m的菜池12个，其中10个用来腌菜、2个用来贮存盐水。这两种规格的菜池每个约可容纳菜块25t。

腌制方法是采用分三次加盐腌制。每次腌制后要脱水，故称"三腌三榨"。

第一道盐腌：先将干菜块称量入池，每层菜块750~1000kg，厚40~50cm，每100kg菜块用盐4kg，均匀撒在菜块上。池底4~5层菜块可预留10%的食盐作为盖面盐用。经过72h（即3d）后，即可起池。起池时利用池内渗出的菜盐水，边淘洗边起池边上囤。池内剩余的盐菜水应立即转入菜盐水专用贮存池内。上囤时所流出来的菜盐水也应使其流入专用菜水池内贮存。囤高不宜超过1m，同用2~3人在囤上适当踩压，以滤去菜块上所附着的水分。上囤可以调节菜块的干湿，起到将菜块上下翻转的作用。经上囤24h后即成半熟菜块是第一道腌制。

第二道盐腌：第一道腌制上囤完毕的菜块再入池腌制称为第二道盐腌。操作方法与第一次腌制法相同。只是每层半熟菜块质量为600~800kg，按每100kg半熟菜块加盐6kg（即6%）。池底4~5层仍须扣留盖面盐10%，装满压踩紧加盖面盐，早晚再压紧一次，经过7d，然后再按上法起池上囤，经24h后即成为毛熟菜块，应及时转入修剪看筋工序。

入池腌制的菜块，应经常注意检查，按时起池，以防菜块变质发酸。一般说来第一道腌制时所加食盐比例较少在气温逐渐上升的后期最易发生"烧池"现象，如果发现发热变酸或气泡放出特别旺盛时即应立即起池上囤，压干明水后转入第二道池加盐腌制，即可补救。如果修剪看筋工序来不及，可以适当延长第二道腌制留池的时间，早晚均要进行追踩一次并加入少量面盐以防变质。

如因久晴无风或久雨无风而使菜块表面变硬，组织呈棉絮状或发生腐烂时，就应及时处理。菜块虽未达到下架的干湿程度，立即下架入池腌制，进行盐脱水。按每100kg菜块用盐2kg，腌制24h后，即行起池上囤，后再按正常腌制方法腌制。

⑦修剪看筋和整形分级：用剪刀仔细地剔毛熟菜块上的飞皮、叶梗基部虚边，再用小刀削去老皮，抽去硬筋，削净黑斑烂点以不损伤青皮、菜心和菜块形态为原则。同时根据选块标准认真挑选。大菜块、小菜块及碎菜块分别堆放。

⑧淘洗：分级的菜块分别用已澄清的菜盐水经人工或机械进行淘洗以除净菜块上的泥沙污物。淘洗后的菜块，上囤，经24h待沥干菜块上所附着的水分之后，即为毛熟菜块。

⑨拌料装坛：淘洗上囤后的菜块，按每100kg加入食盐大块6kg，小块5kg，碎块4kg；辣椒末1.1kg；花椒0.03kg及混合香料末0.12kg，置于菜盆内充分拌和。混合香料末的配料比例为八角45%、白芷3%、山柰15%、朴桂8%、干姜15%、甘草5%、砂头4%、白胡椒5%，混合研细成末。食盐、辣椒、花椒及香料面等宜事先混合拌匀后再撒在菜块上。充分翻转拌和务使每一块菜块都能均匀粘满上述配料，立即进行装坛。每次拌和的菜不宜太多以200kg为宜。装坛时因要加入食盐故又称为第三道腌制。

榨菜坛应选用两面上釉经检查无沙眼缝隙的坛子。菜坛系用陶土烧制而成，呈椭圆形，每个坛子可装菜35~40kg。先将空坛倒置于水中使其淹没，视其有无气泡放出，若无气泡逸出则为完好之证。反之，必有沙眼和缝隙，可用水泥或碗泥涂敷干后使用。检查完毕将菜坛充分洗净倒沥干水分待用。

装坛时先在地面挖一坛窝，将空坛置于窝内，勿使坛子摇动，以便操作，每坛宜分5次装满，每次装菜要均匀，分层压紧，以排出坛内空气切勿留有空隙。装满后将坛子提出坛窝过称标明净重。在坛口菜面上再撒一层红盐0.06kg（配制红盐的比例为食盐100kg加辣椒面2.5kg拌和均匀备用）。在红盐面上又交错盖上2~3层干净的包谷壳，再用干萝卜叶扎紧坛口封严。随后即可入库贮存待其发酵后熟。

⑩后熟及"清口"：刚拌料装坛的菜块，其色泽鲜味和香气，还未完全形成。经存放后熟一段时间后，生味逐渐消失，蜡黄色泽。鲜味及清香气开始显现。在后熟期中食盐和香料要继续进行渗透和扩散，各种发酵、蛋白质的分解以及其他成分的氧化和酯化作用都要同时进行，其变化相当复杂。一般说来榨菜的后熟期至少需要2个月，当然时间长一些品质会更好一些。良好的榨菜应该保持其良好的品质达1年以上，新的人工快熟工艺可在3个月成熟。在后熟过程中，榨菜会出现"翻水"现象，即拌料装坛后，在贮存期中坛口菜叶逐渐被翻上来的盐水浸湿进而有黄褐色的盐水由坛口溢出坛外，称为"翻水"。这是由于装坛后气温逐渐上升，坛内的各种微生物分解菜块的营养物质（特别是糖分）所产生的气体越来越多，迫使坛内的菜水向坛口外溢，气体也由此而出，这是一种正常现象。装坛后1个月之内还无翻水现象出现的菜坛，说明菜块已出问题，要及时开坛检查补救。每次翻水后要把坛口的菜叶去掉，观察坛口榨菜是否已下沉。如果发现下沉就要添加少量新的榨菜扎紧坛颈和坛口，然后再用坛口菜把坛口如前扎紧。如果发现榨菜有一部分已经生

霉，就应将霉榨菜取出另行处理，同时添加新榨菜装满塞紧并更换新的坛口菜叶，把坛口塞实扎紧。这一操作称为"清口"。装坛后宜放在阴凉干燥的地方贮存后熟，每隔 1 ~ 1.5个月要进行一次敞口清理检查称为即大致清口 2 ~ 3 次之后，坛内的发酵作用已近尾期，即可以开始用水泥封口，中间还要留一个小孔，如果密封了，会有爆坛破裂的危险。

⑪成品运销：经装坛存放 3 ~ 4 个月后，不再翻水，表示榨菜已后熟，榨菜特征显现，再进行清口检查。合格者，用水泥密封坛口。在水泥的中心位置打一小孔，以利气体排出。加竹箩外包装，便可运销。

成品理化指标：水分含量 70% ~ 74%，食盐含量（以 NaCl 计）12% ~ 15%，总酸量（以乳酸计）0.45% ~ 0.70%。

（3）榨菜加工过程中副产品的利用 重庆榨菜的加工过程中除正产品即坛装榨菜外尚有碎菜、盐菜叶、菜皮、菜耳、有头菜尖及榨菜酱油等副产品。充分利用好这些副产品，对于降低成本，增加收入和满足市场对于各种花色品种的腌制品的需要均具有重要的意义。

①有头菜尖：新鲜菜头在 150g 以下的小菜头可连菜尖一并腌制。在加工前仍需去皮去筋，串成排块，上架风干与大菜块相同。待半干后即可下架入池腌制。按每 100kg 干原料第一次入池加盐 3kg；二次入池加盐 4kg。二次腌毕后同样需要用已澄清的菜盐水淘洗干净，上囤压干明水后，再行拌料装坛。进坛盐为 6kg，加入混合香料面 0.12kg，花椒 0.03kg。辣椒面可加或不加。食盐与香料花椒混合后撒在有头菜尖上充分拌和后即可装坛。良好的有头菜尖，其风味并不亚于榨菜。

②碎菜：在榨菜加工过程中的改刀菜，踩碎了的菜及修剪下来不足 15g 的小粒菜均称为碎菜，其质量并不亚于三级榨菜。经淘洗囤干明水后按每 100kg 加盐 4kg、辣椒面 1kg、混合香料 0.12kg 及花椒 0.03kg，充分拌和后即可装坛。经发酵后熟后仍不失为一种比较好的碎形榨菜。

③菜皮及菜耳：青菜头剥皮穿串时所剔除下来的叶片叶梗和老皮，可按新鲜原料每100kg 第一次加盐 3kg 进行腌制，第二次加盐 5kg，进坛盐为 4kg。在第二次腌制后利用已澄清的菜盐水进行淘洗，囤干明水后，再按每 100kg 加入食盐 4kg（称为进坛盐）、辣椒面1kg、花椒 0.03kg、混合香料 0.12kg，充分拌和后装坛，俟其后熟后即成菜皮。至于修剪毛熟菜块所剔下来的叶梗、飞皮虚边等，经淘洗上囤压干明水后，再按每 100kg 原料加入食盐 4kg、辣椒面 1.5kg、花椒 0.03kg、拌和均匀后装坛。

④盐菜尖及盐菜：将青菜头的嫩菜尖和菜叶分别进行晾晒，半干时下架入池腌制。按每 100kg 原料第一次下池加盐 3kg、二次加盐 4kg，进坛盐 4.5kg。100kg 盐菜尖或盐菜叶约用食盐 12kg。其操作方法与菜皮相同。半干菜尖收购进厂后即按上述方法进行腌制。如果是全干菜叶则需先用盐水预泡到一定程度后，再按上述方法腌制。二次腌毕起池时再用盐水淘洗一次，起池上囤压干明水后，加入混合香料 0.12kg、花椒 0.03kg，不再加盐充分拌和后即可装坛贮存。

⑤榨菜酱油：干菜块在第一次和第二次腌制过程中有大量的菜水渗透出来，两次菜水混合后其含盐量大致在 7.0% ~ 8.0%，其中还含有大量的可溶性营养物质如氨基酸、糖分及其他可溶性固形物。这些菜水澄清后用来淘洗修剪后的菜块，其含盐量和营养物质也不会减少。这种菜盐水使经澄清、除去泥沙污物之后可熬制榨菜酱油。将已澄清的盐菜水倾入大铁锅内加入少许老姜、八角、山奈、甘草及花椒或用布包裹适当的混合香料面置于锅

内一并熬煮浓缩。待菜水蒸发浓缩到 28~30°Bé 时，颜色即转变为深褐色或酱紫色，与酱油的色泽极相似，立即起锅再用细布过滤一次。冷却后即成具有榨菜风味，香气浓郁，味道鲜美呈酱红色的榨菜酱油。每 3~3.5kg 菜盐水可以熬制浓缩成 1kg 榨菜酱油。榨菜酱油的浓度较高虽散装也不易败坏，一般趁热装瓶密封再行巴氏灭菌一。榨菜酱油可作凉拌菜及面食时调味用，其风味独特可口。

2. 冬菜的加工

（1）南充冬菜 南充冬菜的生产迄今也有近百年的历史，是南充著名的特产之一。它的特点是成品色泽乌黑而有光泽，香气特别浓郁，风味鲜美，组织嫩脆，可以增进食欲，深受各地广大群众的欢迎。

①工艺流程：

原料选择 → 晾菜 → 剥剪 → 揉菜 → 腌制 → 上囤 → 拌料装坛 → 后熟

②操作要点：

a. 原料选择。南充冬菜以芥菜为原料，目前生产上所使用的品种有三种。

箭杆菜：系南充腌制冬菜历史悠久的品种，由箭杆菜制成的冬菜，组织嫩脆，鲜味和香气均浓厚，贮存 3 年以上，组织依然嫩脆而不软化且鲜香味越来越浓，色泽越来越黑。但箭杆菜的单位面积产量较低。近年来此品种的栽培逐渐有所减少。

乌叶菜：此品种是南充目前加工冬菜的主要品种。单位面积产量大大超过箭杆菜，但是制成冬菜后成品品质不及箭杆菜，且存放 3 年以上组织便开始软化、失去脆性是其缺点。

杂菜：凡叶用芥叶中非箭杆菜又非乌叶菜的各种品种都属于杂菜。杂菜的叶身较大且多纤维，制成冬菜的品质远不及乌叶菜，因而不耐久贮，容易失去脆性。因此在生产上应尽量剔除杂菜以免影响制品的质量。

b. 晾菜。每年 11 月下旬至翌年 1 月份是砍收冬菜原料的季节，要实时采菜。如果过早，则产量低；如果过迟，菜开始抽薹，组织变老，不合规格。菜在砍收后应就地将菜根端划开以利晾干，俗称划菜。划菜时视基部的大小或划 1 刀或划 2 刀，但均不要划断，以便晾晒。将划好的菜整株搭在菜架上。大致经过 3~4 周，外叶全部萎黄，内叶片萎蔫而尚未完全变黄，菜心（或称菜尖）也萎缩时下架，每 100kg 新鲜芥菜（或称青菜）上架晾晒至 23~25kg。

c. 剥剪。下架后，进行剥剪。外叶已枯黄称为老叶菜只能供将来作坛口菜封口用。中间的叶片及由菜心（菜尖）上修剪下的叶片尖端可供作二菜制之用。菜经过修剪后才是供制作冬菜的原料。每 100kg 新鲜原料晾干后可以收到萎菜尖 10~12kg、二菜约 5kg、老叶菜 8~9kg。

d. 揉菜。每 100kg 萎尖菜一次加盐 13kg，即用盐量为 13%。揉菜时要从上到下，次第抽翻，一直搓揉到菜上看不见盐粒，菜身软和为止，随即倾入菜池内，层层压紧。揉菜时要预留面盐。

e. 下池腌制。每一个菜池约可容纳萎尖菜 5t。菜池的修建与榨菜相同，但要深些。充分搓揉后的萎尖菜倾入菜池后要刨平压紧。由于冬菜的腌制系一次加盐，因此入池后不久就有大量的菜盐水溢出，菜干则溢汁少，菜湿则溢汁多。为了排除菜盐水可在池底设一孔道，菜盐水经此孔流出。菜池装满后，可在菜面撒一层食盐（不包括 13% 的用盐量）后铺上竹席，用重物加压，以利于继续排除菜水。

f. 翻池上囤。菜池装满经过 1 月后，即应进行翻池一次。翻池时每 100kg 菜加花椒 0.1%～0.2%，撒面盐一层铺上竹席再加重物镇压，以便压出更多的菜水。如此可以在池内继续存放 3 个月之久。如果不进行翻池也可以采用上囤的办法，即将菜池内的菜挖刨出来，堆放压紧在竹编苇席之中，称为上囤。上一层菜撒一层花椒其用量与上同，囤高可达 3m 以上，囤围可大、可小，一般可囤压 100～150t 菜。囤面撒食盐一层后也铺上竹席再加重物镇压。上囤的时间长短以囤内不再有菜水外溢为止，需 1～2 个月不等。然后即可进行拌料装坛了。冬菜腌制时的用盐量实际上不止 13%。

g. 拌料装坛。南充冬菜拌和香料的比例很大，每 100kg 上述翻池或上囤后的菜尖加入香料粉 1.1kg。香料的配料是花椒 400g、香松 50g、小茴香 100g、八角 200g、桂皮 100g、山奈 50g、陈皮 150g、白芷 50g。以上合计 1.1kg。由于冬菜加入的香料比例很大，因此南充冬菜的成品特别芳香，为其最大的特点。

装坛容器用大瓦坛装菜，每坛约可装菜 200kg。先挖一土窝稳住瓦坛，随即把已和好香料的菜装进坛内，待装到整个坛子的 1/4 时，即用各种形式的木制工具由坛心到坛边或杵或压，时轻时重的进行细致的、反复的排杵压紧。坛内不可留有空隙或者左实右虚，否则有空气留在里面就会使冬菜发生霉变。装满后即用已加盐腌过的干老菜叶扎紧坛口。咸老叶菜按每 100kg 老菜加食盐 10kg 腌制后晒干即成。坛口扎紧后再用塑料薄膜把坛口捆好或用三合土涂敷坛口也可。

h. 晒坛后熟。装坛后要置于露地曝晒，其目的是增加坛内温度，有利于冬菜内蛋白质分解和各种物质的转化与酯化作用，一般至少要晒 2 年，最好晒 3 年。冬菜的色泽头年由青转黄，二年由黄转乌，三年由乌转黑产生香气，达到成品标准。

（2）北京冬菜　北京冬菜又称为京冬菜，北京和天津一带均有此种菜加工。利用北京产的大白菜作为原料，于每年 10 月份下旬到 11 月份下旬加工制成的一种蔬菜腌制品，其风味与四川冬菜完全不同。制成品呈金黄色，具有香甜味，在北方供荤食炒菜及汤菜用，颇受群众欢迎。

大白菜收获后，先将外部老叶除去，将菜叶先切成宽约 1cm 的细条，再横切成方形或菱形，铺在席上晒干。每 100kg 鲜菜在整理后晾干，脱水到 12～20kg 或称为"菜坯"，到含水量已减少到 60%～70%。按每 100kg"菜坯"加入食盐 12kg 并充分搓揉，装入缸内，随装随压，再撒上面盐，然后将缸口封闭。过 2～3d，将菜取出，按每 100kg 加盐腌制后的"菜坯"再添加蒜泥 10～20kg、酱油 1kg、料酒 10～12kg、花椒 250g，味精 400g，如前法装入瓷坛内，并密封坛口。然后置于室内任其自然后熟，次年春天即可成熟。如果进行加温促使其后熟过程加快即可提前成熟。凡加入了大蒜泥的冬菜称为"荤冬菜"，未加蒜泥者则称为"素冬菜"。

在次年春季即 3 月份上旬至 4 月份下旬，也可进行大白菜的腌制，成品称为"春菜"，其腌制法与冬菜相同。装坛后必须密封坛口置于阴凉处后熟。也可在后熟完毕后取出晒干再装坛压紧密封，可长期保存。北方各省大白菜的产量很大，特别在产区这种加工方法比较普遍。

（四）酱菜类加工技术

酱菜是世界食用的腌制品之一。我国酱菜历史悠久，各地有不少名优产品，如浙江绍兴贡瓜、酱黄瓜、陕西潼关酱笋、扬州似锦酱菜、北京甜酱八宝菜。北方酱菜多用甜酱酱渍，成品略带甜味，南方多用酱油和豆酱，咸鲜味重。

1. 酱菜加工工艺流程

原料选择 → 盐腌 → 脱盐 → 酱渍 → 成品

2. 酱菜加工操作要点

（1）盐腌 原料经充分洗净后削去其粗筋须根黑斑烂点，根据原料的种类和大小形态可对剖成两半或切成条状、片状或颗粒状。小型萝卜，小嫩黄瓜，大蒜头，薤头、苦薤头及草食蚕等不改变。

原料准备就绪后即可进行盐腌处理。盐腌的方法分干腌和湿腌两种。干腌法就是用占原料鲜重 14%～16% 的干盐直接与原料拌和或与原料分层撒腌于缸内或大池内。此法适合于含水量较大的蔬菜如萝卜、莴苣及菜瓜等。湿腌法则用 25% 的食盐溶液浸泡原料。盐液的用量约与原料重量相等。适合于含水量较少的蔬菜如大头菜、苤蓝、薤头及大蒜头等。盐腌处理的期限随蔬菜种类不同而异，一般为 7～20d 不等。

无论进行酱渍或糖醋渍，原料必须先用盐腌，只有少数蔬菜如草食蚕、嫩姜及嫩辣椒可以不先用盐腌而直接进行酱渍。在夏季果菜原料太多，加工不完，需要长期保存时，则用盐腌时应使其含盐量达到 25% 或者达到饱和并置于烈日之下曝晒，由于盐水表面水分蒸发，在液面会自然形成一层食盐结晶的薄膜，这层盐膜，（或称为盐盖）把液面密封起来可以隔离空气和防止微生物的侵入。同时日晒时菜缸内的温度可以达到 50℃ 左右，这种温度对于某些有害微生物在饱和食盐溶液内是无法生存的。

（2）酱渍 酱渍是将盐腌的菜坯脱盐后浸渍于甜酱或豆酱（咸酱）或酱油中，使酱料中的色香味物质扩散到菜坯内，也即是菜坯、酱料各物质的渗透平衡的过程。酱菜的质量决定于酱料好坏。优质的酱料酱香突出，鲜味浓，无异味，色泽红褐，黏稠适度。

盐腌的菜坯食盐含量很高，必须取出用清水浸泡进行脱盐处理后才能进行酱渍。一般采用流动的清水浸泡，脱盐的效果较快。夏季浸泡 2～4h，冬季浸泡 6～7h 即可。脱盐，含盐量在 2%～2.5%，用口尝尚能感到少许咸味而又不太显著时为宜。脱盐处理完毕即可取出菜坯沥干明水后进行酱渍。

酱渍的方法有三种：其一即直接将处理好的菜坯浸没在豆酱或甜面酱的酱缸内；其二即在缸内先放一层菜坯再加一层酱，层层相间地进行酱渍；其三即将原料如草食蚕、嫩姜等先装入布袋内然后用酱覆盖。酱的用量一般与菜坯重量相等，但酱的比例越大越好，最少也不得低于 3:7，即酱为 30kg，菜坯为 70kg。

在酱渍的过程中要进行搅动，使原料能均匀地吸附酱色和酱味。同时使酱的汁液能顺利地渗透到原料的细胞组织中去，表里均具有与酱同样鲜美的风味和同样的色泽和芳香。成熟的酱菜不但色香味与酱完全一样而且质地嫩脆，色泽酱红呈半透明状。

在酱渍的过程中，菜坯中的水分也会渗出到酱中，直到菜坯组织细胞内外汁液的渗透压力达到平衡时才停止。当这一平衡来到时就是酱菜即已成熟。酱渍时间的长短随菜坯种类及大小而异，一般需半个月左右。在酱渍期间应经常翻拌可以使上下菜坯吸收酱液比较均匀，如果在夏天酱渍由于温度高，酱菜的成熟期限可以大为缩短。

由于菜坯中仍含有较多的水分，入酱后菜坯中的水分会逐渐渗出使酱的浓度不断降低。为了获得品质优良的酱菜，最好连续进行三次酱渍。即第一次在第一个酱缸内进行酱渍，1 周后取出转入第二个酱缸之内，再用新鲜的酱再酱渍 1 周，随后又取出转入第三个酱缸内继续又酱渍 1 周。至此酱菜才算成熟。已成熟的酱菜在第三个酱缸内继续存放可以长期保存不坏。

第一个酱缸内的酱重复使用两三次后则不适宜再用，可供榨取次等酱油之用。榨后的酱渣再用水浸泡，脱去食盐后，还可供作饲料用。第二个酱缸内的酱使用两三次后可改作为下一批的第一次酱渍用，第三个酱缸内的酱使用两三次后可改作为下一批的第二次酱渍用，下一批的第三个酱缸则另配新酱。如此循环更新即可保证酱菜的品质始终维持在同一个水平上。

在常压下酱渍，时间长，酱料耗量也大，新型工艺采用真空酱渍菜，将菜坯置密封渗透缸内，抽一定程度真空后，随即吸入酱料，并压入净化的压缩空气，维持适当压力及温度十几小时到 3d，酱菜便制成，较常压渗透平衡时间缩短 10 倍以上。

在酱料中加入各种调味料酱制成花色品种。如加入花椒、香料、料酒等制成五香酱菜；加入辣椒酱制成辣酱菜；将多种菜坯按比例混合酱渍或已酱渍好的多种酱菜按比例搭配包装制成八宝酱菜、什锦酱菜。

（五）泡酸菜类加工技术

1. 泡菜的加工

泡酸菜是世界三大名酱腌菜之一。在中国历史悠久，泡酸菜具有制作简便、经济实惠、营养卫生、风味美好、食用方便、不限时令、易于贮存等优点，又具有咸、甜、酸、辣、脆，开胃解腻的特点，以前只能家庭作坊式生产，随着工艺技术研究已可工厂化生产。

（1）工程流程

（香料→ 煎煮 ）→食盐→ 配盐水 → 过滤

↓

原料挑选、整理 → 清洗 → 晾干（或腌坯） → 切分 → 装坛 → 注盐水、加香料（可直接加香料包） →

加盖密封 → 发酵 →成品原料→ 选别 → 修整 → 洗涤 → 入坛泡制 → 发酵成熟 →成品

（2）操作要点

①泡菜的品质规格：优质泡菜清洁卫生，色泽鲜丽，咸酸适度，含盐量2%～4%，含酸（乳酸计）0.4%～0.8%，组织细嫩，有一定的甜味及鲜味，并带有原料的本味。

②原料选择：适合加工泡菜的蔬菜较多，要具有组织紧密、质地嫩脆、肉质肥厚，不易发软，富含一定糖分的幼嫩蔬菜均可作泡菜原料，根据其原料的耐贮性可分为以下三类：

a. 可贮泡 1 年以上的：子姜、薤头、大蒜、苦薤、茎蓝、苦瓜、洋姜；

b. 可贮泡 3～6 个月的：萝卜、胡萝卜、青菜头、草食蚕、四季豆、辣椒；

c. 随泡随吃，只能贮泡 1 个月左右的：黄瓜、莴笋、甘蓝。

叶菜类如菠菜、苋菜、小白菜等，由于叶片薄，质地柔嫩，易软化，不适宜制作泡菜。

③容器选择：泡菜坛以陶土为原料两面上釉烧制而成，坛形两头小中间大，坛口有坛沿为水封口的水槽，5～10cm 深，可以隔绝空气，水封口后泡菜发酵中产生二氧化碳，可以通过水放出来。也可用玻璃钢、涂料铁制作，这些材料不与泡菜盐水和蔬菜起化学变化。

泡菜坛使用前要进行仔细的检查：检查坛是否漏气、有砂眼或裂纹，可将坛倒覆入水中检查；观察坛沿的水封性能，即坛沿水能否沿坛口进入坛内，如果能进入说明水封性能好；听敲击声为钢音则质量好，若为空响、嘶哑音及破音则坛不能使用。泡菜坛有大有小，小者可装 1 ~ 1.5kg，大的可装数百斤。应放置通风、阴凉、干燥、不直接被日光照射和火源附近，从贮泡产品的质量来说陶土的比玻璃要好。使用前要进行清洗，再用白酒消毒。

④原料预处理：原料进行整理，如子姜要去秆，剥去鳞片，四季豆要抽筋，大蒜去皮，总之去掉不可食及病虫腐烂部分，洗涤晾晒，晾晒程度可分为两种：一般原料晾干明水即可，也可对含水较高的原料，让其晾晒表面脱去部分水，表皮蔫萎后再入坛泡制。

原料晾晒后入坛泡制也有两种方法：在泡制量少时，多为直接泡制。工厂化生产时，先出坯后泡制，利用 10% 食盐先将原料盐渍几小时或几天，如黄瓜、莴笋只需 2 ~ 3h，而大蒜需 10d 以上。出坯的目的主要在于增强渗透效果，除去过多水分，也去掉一些原料中的异味，这样在泡制中可以尽量减少泡菜坛内食盐浓度的降低，防止腐败菌的滋生。但由于出坯原料中的可溶性固形物的流失，原料营养素有所损失，尤其是出坯时间长，养分损失更大。对于一些质地柔软的原料，为了增加硬度，可在出坯水中加入 0.2% ~ 0.3% 的氧化钙。

⑤泡菜盐水的配制：泡菜盐水因质量及使用的时间可分为不同的等级与种类。

a. 等级。

一等盐水：色泽橙黄，清晰、不浑浊，咸酸适度，无病，未生花长膜。

二等盐水：曾一度轻微变质、生花长膜，但不影响盐水的色、香、味，经补救后颜色较好，但不发黑浑浊。

三等盐水：盐水变质，浑浊发黑，味不正，应废除。

b. 种类。

陈泡菜水：经过 1 年以上使用，甚至几十年或世代相传，保管妥善，用的次数多质量好，可以作为泡菜的接种水。

洗澡泡菜水：用于边泡边吃的盐水，这种盐水多是咸而不酸，缺乏鲜香味，由于泡制中要求时间快，断生则食，所以使用盐水浓度较高。

新配制盐水：水质以井水或矿泉水为好，含矿物质多，但水应澄清透明，无异味，硬度在 16 度以上。自来水硬度在 25 度以上，可不必煮沸以免硬度降低。软水、塘水、湖水均不适宜作泡菜用水。盐以井盐或巴盐为好，海盐含镁较多，应炒制。

配制盐水时，按水量加入食盐 6% ~ 8%。为了增进色、香、味，还可以加入 2.5% 黄酒、0.5% 白酒、1% 米酒、3% 白糖或红糖、3% ~ 5% 鲜红辣椒，直接与盐水混合均匀。香料如花椒、八角、甘草、草果、橙皮、胡椒，按盐水量的 0.05% ~ 0.1% 加入，或按喜好加入。香料可磨成粉状，用白布包裹或做成布袋放入。为了增加盐水的硬度还加入 0.05 ~ 0.1% $CaCl_2$。

配制盐水时应注意：浓度的大小决定于原料是否出过坯，未出坯的用盐浓度高于已出坯的，以最后平衡浓度在 2% ~ 4% 为准；为了加速乳酸发酵可加入 3% ~ 5% 陈泡菜水以接种；糖的使用是为了促进发酵、调味及调色的作用，一般成品的色泽为白色，如白菜、子姜就用白糖，为了调色可改用红糖。香料的使用也与产品色泽有关，因而使用中也应注意。

⑥泡制与管理：

a. 入坛泡制。经预处理原料装入坛内。方法是先将原料装入坛内的一半，要装得紧实，放入香料装，再装入原料，离坛口 6～8cm，用竹片将原料卡住，加入盐水淹没原料，切忌原料露出液面，否则原料因接触空气而氧化变质。盐水注入至离坛口 3～5cm。1～2d 后原料因水分的渗出而下沉，再可补加原料，让其发酵。如果是老盐水，可直接加大原料，补加食盐、调味料或香料。

b. 泡制期中的发酵过程。蔬菜原料入坛后所进行的乳酸发酵过程也称为酸化过程，根据微生物的活动和乳酸积累量多少，可分为 3 个阶段：

发酵初期：异型乳酸发酵为主，此期的含酸量约为 0.3%～0.4%，时间 2～5d，是泡菜初熟阶段。

发酵中期：正型乳酸发酵。由于乳酸积累，pH 降低，嫌气状态，植物乳杆菌大量活跃，细菌数可达（5～10）×10^7/mL，乳酸积累可达 0.6%～0.8%，pH3.5～3.8，大肠杆菌、腐败菌等死亡，酵母、霉菌受抑制，时间 5～9d，是泡菜完熟阶段。

发酵后期：正型乳酸发酵继续进行，乳酸量积累可达 1.0% 以上，当乳酸含量达 1.2% 以上时，所有的乳酸菌也受到抑制，发酵速度缓慢乃至停止。此时不属泡菜阶段，而属于酸菜阶段。

泡菜风味食用品质来看，发酵应控制在泡菜的乳酸含量要求达 0.4%～0.8%，如果在发酵初期取食，成品咸而不酸，有生味；在发酵末期取食，则含酸过高。

（3）泡菜的成熟期　原料的种类、盐水的种类及气温对成熟也有影响。夏季气温较高，用新盐水生产，一般叶菜类需泡 3～5d，根菜类需 5～7d，而大蒜、薤头要半月以上，而冬天则需延长一倍的时期，用陈泡菜水则成熟期可大大缩短，从品质来说陈泡菜水的产品比新盐水的色香味更好。

（4）泡制中的管理

①水槽的清洁卫生：用清洁的饮用水或 10% 的食盐水，放入坛沿槽 3～4cm 深，坛内的发酵后期，易造成坛内的部分真空，使坛沿水倒灌入坛内。虽然槽内为清洁水，但常时暴露于空间，易感染杂菌甚至蚊蝇滋生，如果被带入坛内，一方面可增加杂菌，另方面也会减低盐水浓度。以加入盐水为好。使用清洁的饮用水，应注意经常更换，在发酵期中注意每天轻揭盖 1～2 次，以防坛沿水的倒灌。

②经常检查：由于生产中某些环节放松，泡菜也会产生劣变，如盐水变质，杂菌大量繁殖，外观可以发现连续性急促的气泡，开坛时甚至热气冲出，盐水浑浊变黑，起旋生花长膜乃至生蛆，有时盐水还出现明显涨缩，产品质量极差。这些现象的产生，主要是微生物的污染、盐水浓度、pH 及气温等条件的不稳定造成。发生以上情况，可采用如下的补救措施：变质较轻的盐水，取出盐水过滤沉淀，洗净坛内壁，只使用滤清部分，再配入新盐水，还可加入白酒、调味料及香料。变质严重完全废除。坛面有轻微的长膜生花，可缓慢注入白酒，由于酒比重轻可浮在表面上，起杀菌作用。

在泡菜的制作中，可采用一些预防性的措施，一些蔬菜、香料或中药材，含有抗生素，而起到杀菌作用，如大蒜、苦瓜、红皮萝卜、红皮甘蔗、丁香、紫苏等，对防止长膜生花都有一定的作用。

泡菜成品也会产生咸而不酸或酸而不咸，主要是食盐浓度不宜而造成。前者用盐过多，抑制了乳酸菌活动；后者用盐太少，乳酸累积过多。产品咸而发苦主要是由于盐中含镁，可倒出部分盐水更换，盐也进行适当处理。

③泡菜中切忌带入油脂以防杂菌感染：如果带入油脂，杂菌分解油脂，易产生臭味。

（5）成品管理　一定要较耐贮的原料才能进行保存，在保存中一般一种原料装一个坛，不混装。要适量多加盐，在表面加酒，即宜咸不宜淡，坛沿槽要经常注满清水，便可短期保存，随时取食。

（6）商品包装　我国泡菜目前以初步未形成工业化生产，但规模和产品较单一，主要原因是未解决包装、运输、销售问题。

2. 酸菜的加工

将蔬菜原料剔除老叶，整理，洗净，装入木桶或大罐中，上压重石，注入清水或稀盐水淹没，经1~2个月自然进行乳酸发酵而成，乳酸积累可达1.2%以上，产品（即酸菜）得以保存。

（1）北方酸菜　北方酸菜是以大白菜、甘蓝为原料，原料收获后晒晾1~2d或直接使用，去掉老叶及部分叶肉，株形过大划1~2刀，在沸水中烫1~2min，先烫叶帮后放入整株，使叶帮约透明为度，冷却或不冷却，放入缸内，排成辐射状放紧，加水或2%~3%的盐水，加压重石。以后由于水分渗出，原料体积缩小，可补填原料直到离盛器口3~7cm，自然发酵1~2个月后成熟，菜帮乳白色，叶肉黄色。存放冷凉处，保存半年，烹调后食用。

四川北部的川北酸菜，多以叶用芥菜为原料，制作方法同上。

（2）湖北酸菜　以大白菜为原料，整理，晾晒100kg菜至60~70kg后腌制，按重量加入6%~7%食盐，腌制时，一层菜一层盐，放满后加水淹没原料，自然发酵需50~60d成熟，成品黄褐色，直接食用或烹调。

（3）欧美酸菜　以黄瓜或甘蓝丝制作，加盐2.5%，加压进行乳酸发酵，可使酸分积累按乳酸计在1.2%以上。

（六）糖醋菜类加工技术

糖醋菜得以耐存，是由于醋酸具有防腐性，醋酸含量达1%时可有效防止产品的败坏。加糖目的在于调味和着色。糖醋菜仍属腌制范畴。

1. 糖醋菜加工工艺流程

原料→ 加盐腌制（乳酸发酵、除不良风味） → 糖醋渍（改善风味） →成品

2. 糖醋菜加工操作要点

（1）糖醋黄瓜　选择幼嫩短小肉质坚实的黄瓜，充分洗涤，勿擦伤其外皮。先用8°Bé的食盐水等量浸泡于泡菜坛内。第2天按照坛内黄瓜和盐水的总重量加入4%的食盐，第3天又加入3%的食盐，第4天起每天加入1%的食盐。逐日加盐直至盐水浓度能保持在15°Bé为止。任其进行自然发酵2周。发酵完毕后，取出黄瓜。先将沸水冷却到80℃时，即可用以浸泡黄瓜，其用量与黄瓜的重量相等。维持65~75℃约15min，使黄瓜内部绝大部分食盐脱去，取出，再用冷水浸漂30min，沥干待用。

糖醋香液的配制：冰醋酸配制2.5%~3%的醋酸溶液2000mL，蔗糖400~500g，丁香1g，豆蔻粉1g，生姜4g，月桂叶1g，桂皮1g，白胡椒粉2g。将各种香粉碾细用布包裹置于醋酸溶液中加热至80~82℃，维持1h或1.5h，温度切不可超过82℃，以免醋酸和香油挥发。也可采用回流萃取。1h后可以将香料袋取出随即乘热加入蔗糖，使其充分溶解。俟冷后再过滤一次即成糖醋香液。

将黄瓜置于糖醋香液中浸泡，约半个月后黄瓜即饱吸糖醋香液变成甜酸适度又嫩又脆、清香爽口的加工品。

如果进行罐藏，可将糖醋香液与黄瓜以质量比为40:60同置于不锈钢锅内加盖热至80~82℃，维持3min，并趁热装罐。装时黄瓜不宜装得太紧，然后加注香液使满，加盖密封。虽不再行杀菌也可长期保存。

如果香液中不加糖则称为醋渍制品，以酸味为主。这样浸渍的产品就是通常所谓的酸黄瓜。酸黄瓜制品有两种，一种就是利用泡菜坛子进行乳酸发酵所制成的乳酸黄瓜；另一种就是利用食醋香液浸渍而制成的醋酸黄瓜。

（2）糖醋大蒜　大蒜收获后即时进行加工。选鳞茎整齐、肥大、皮色洁白、肉质鲜嫩的大蒜头为原料。先切去根和叶，留下假茎长2cm，剥去包在外面的粗老蒜皮即鳞片，洗净沥干水分。按每100kg鲜蒜头用盐10kg。在缸内每放一层蒜头即撒一层盐，装到大半缸时为止。另备同样大小的空缸作为换缸之用。换缸可使上下各部的蒜头的盐腌程度均匀一致。每天早晚要各换缸一次。一直到菜卤水能达到全部蒜头的3/4高时为止。同时还要将蒜头中央部分刨一坑穴，以便菜卤水流入穴中，每天早中晚用瓢舀穴中的菜卤水，浇淋在表面的蒜头上。如此经过15d结束，称为咸蒜头。

将咸蒜头从缸内捞出，置于席上铺开晾晒，以晒到相当于原重的65%~70%时为宜。日晒时每天要翻动一次。晚间或收入室内或妥为覆盖以防雨水。晒后如有蒜皮松弛者需剥去，再按每100kg晒过的干咸蒜头用食醋70kg、红糖32kg，先将食醋加热到80℃，再加入红糖令其溶解。也可酌加五香粉即山奈、八角等少许。先将晒干后的咸蒜头装入坛中，轻轻压紧，装到坛子的3/4处，然后将上述已配制好了的糖醋香液注入坛内使满。基本上蒜头与香液的用量相等。并在坛颈处横挡几根竹片以免蒜头上浮。然后用塑料薄膜将坛口捆严，再用三合土涂敷坛口以密封之。大致2个月后即可成熟，当然时间更久一些，成品品质会更好一些。如此密封的蒜头可以长期保存不坏。每100kg鲜大蒜原料可以制成咸大蒜90kg、糖醋大蒜头72kg。

糖醋大蒜头如使用红糖而呈红褐色，如果不用红糖而改用白糖和白醋，制品就呈乳白色或乳黄色，极为美观。大蒜中含有菊糖在盐腌发酵过程中，其所含的菊糖可以转化为果糖，故咸大蒜食时也觉其有甜味。

三、 速冻蔬菜加工技术

速冻蔬菜是将新鲜蔬菜经过加工预处理后，利用低温使之快速冻结并贮藏在-18℃或以下，达到长期贮藏的目的。起始于20世纪30年代，其品质好，接近新鲜果蔬的色泽、风味和营养价值，保存时间长，可随时供应，食用方便，近20年来，由于生活水平提高，冷链运输和冰箱的普及等而发展迅猛，速冻蔬菜的主要消费国是美国、欧洲及日本，其中美国即是消费国也是出口国。日本也是速冻蔬菜的消费大国。45%来自美国，35%为中国。

我国于20世纪60年代开始发展速冻蔬菜，为出口大国，年创汇2亿美元。生产企业300多家，销往欧美及日本，劳动力成本低、原料经济便宜，竞争力强。

蔬菜的种类包括果菜类、瓜类、豆类、叶菜类、茎菜类、根菜类、食用菌类等，如马铃薯、甜玉米、青刀豆、毛豆、蚕豆、菠菜、菜花、胡萝卜、马蹄、藕、芋头、蒜、青椒等。

（一）速冻蔬菜生产的基本原理

1. 冷冻对微生物和酶的影响

低温对微生物有抑止或致死作用。尤其是 $-5 \sim -1℃$（最大冰晶形成带），致死率最高。在 $-18℃$ 几乎能阻止所有的微生物。冻藏时间越长，微生物死亡越多。冷冻中交替冻融，微生物死亡越快。

（1）引起食品变质腐败的微生物中，酵母菌及霉菌比细菌耐低温能力强，而部分嗜冷细菌在低温下缓慢活动，一般最低温度活动范围：嗜冷细菌 $-8 \sim 0℃$、耐低温霉菌与酵母菌 $-12 \sim -8℃$。因此，防止微生物繁殖的临界温度是 $-12℃$，但 $-12℃$ 不能有效抑制酶的活力和各种生化反应，这些要求应低于 $-18℃$。

冷冻不能完全杀死微生物，有部分微生物生存，尤其是孢子和芽孢，幸存的微生物在冷冻时会受到抑制，但在解冻时会迅速恢复活动而造成败坏，故要创造良好卫生条件，如引入 GMP、HACCP 等。

（2）温度每下降 $10℃$，酶的活力就减少 $1/3 \sim 1/2$，但低温不能完全抑止酶的活力。冷冻产品的色泽、风味、营养等变化，有许多酶参与，造成褐变、变味、软化等。低温可显著降低酶促反应，但不能破坏酶的活性，在 $-18℃$ 以下，酶仍缓慢活动，有的在 $-73℃$ 时仍有活力，在解冻时酶活力增强，使色泽、风味、质地变劣，故在冻结前要进行破坏或抑制酶活力的处理措施。此外若不钝化或抑制酶活力，直接冻结贮藏几周后，其色泽、风味等也变差。

2. 蔬菜的冻结过程

蔬菜制品在冻结中表现为时间与温度的冻结温度曲线：蔬菜冻结过程中温度逐步下降，一般可分为三个阶段，如图6-1所示。

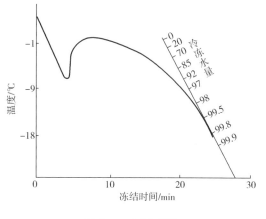

图6-1　过冷现象

（1）初阶段　从初温至冻结点：放出显热，降温快、曲线陡，形成晶核，其中有过冷现象，其过冷点稍低于冻结点（冰点），在贮藏学中是果蔬的冻害的开始。冻结点随溶液浓度（可溶性固形物）增大而降低，蔬菜水多，冻结点高 $-1.5 \sim -0.5℃$，果品水少，冻结点低 $-2.5 \sim -1.0℃$。

（2）中阶段　从冻结点至 $-5℃$，此过程中 80% 水冻结成冰，潜热大、降温慢、曲线平缓，整个冷冻过程中的绝大部分热是在此阶段放出。

（3）终阶段　从 $-5℃$ 至终温（$-18℃$），主要是冰的降温和其余水结冰，曲线不及初阶段陡。

3. 冻结速度对产品质量的影响

结冰包括晶核的形成和晶体的增长两个过程，冻结速度影响冰晶形成的数量、大小及其分布，从而影响冻结食品的质量。一般食品中的水分 90% 被冻结时才能控制和生化反应，冻结过程中的各种变化，如物理变化、化学反应、细胞组织变化及生物化学变化有最大可逆性才称为良好冻结，而冻结时生成冰晶的数量和大小对冻结的可逆性有很大意义，一般冻结速度快，水分重新分布不显著，冰晶形成小而多，而且分布均匀，对细胞组织损伤小，复原性好，可最大程度保持果蔬的原有品质；否则容易使细胞组织损伤大，细胞壁破坏，解冻后汁液流失严重，失去果蔬的原有品质。果蔬组织的结构脆弱、细胞壁薄、含水量高，因此应快速冻结，形成细小的冰晶体，而且让水分在细胞内原位冻结，使冰晶体分布均匀，才能避免组织损伤。

结冰率：冻结时果蔬中的水分转化成冰晶体的百分比。

最大冰晶生成区：大多数冰晶体在 0～5℃ 形成，有 80% 水分结冰为保证冻结，应以最快的冻结速度通过最大冰晶生成区，一般食品中心在 30min 内通过最大冰晶生成区称为速冻，超过 30min 为慢冻。

影响产品质量的因素还有冻结设备、冻结温度、风速、物料种类、大小、堆放厚度、冻结初温以及冻藏的温度与时间等因素。

速冻食品从原料开始一直到产品食用均应最大限度地保持其新鲜品质，其保藏原则包括：

3C 原则：规定保持品质要做到冷却（Chilling）、清洁（Cleaning）和小心（Care）。

3P 原则：产品质量取决于原料（Products）、加工工艺（Processing）和包装（Package）。只有优质的原料，科学的加工方法，同时采用防湿和气密性的包装，才能获得高的早期质量。

3T 原则：产品的最终质量即耐藏性（Tolerance）取决于在冷藏链中流通的温度（Temperature）和时间（Time）。冷速食品的从生产后到食用期质量的变化取决于冻藏期间的温度高低，湿度越低，且不波动，质量变化越少。冻结食品的耐藏性和温度、时间之间存在的关系称之为冻结食品的 T. T. T 概念。

优质速冻食品应具备以下五个要素：

①冻结要在 -30～-18℃ 的温度下进行，并在 20min 内完成冻结。

②速冻后的食品中心温度要达到 -18℃ 以下。

③速冻食品内水分形成无数针状小冰晶，其直径应小于 100μm。

④冰晶体分布与原料中液态水分的分布相近，不损伤细胞组织。

⑤当食品解冻时，冰晶体融化的水分能迅速被细胞吸收而不产生汁液流失。

（二）蔬菜速冻工艺

不同的蔬菜原料在速冻加工中，工艺略有差别。如豆类一般采用整果速冻；叶菜类有的采用整株冻结，有的进行切段后冻结；块茎类和根菜类一般切条、切丝、切块或切片后再速冻。

1. 蔬菜速冻大致工艺流程

原料→ 剔选 → 清洗 → 去皮、切分 → 烫漂 → 冷却 → 沥干 → 速冻 → 包装 →成品

2. 操作要点

（1）原料选择 果品和蔬菜加工品中，速冻制品是能够保持其"原汁原味"的最佳加工方式。要获得最佳的品质，需有上好的原料，没有优质的原料，就没有优质的产品。

这句话用于速冻制品则更为恰当，也可以认为，投入的原料直接决定了速冻制品的质量，在严格控制工艺的条件下，速冻制品的质量就是蔬菜原料质量的体现。

①原料特性：蔬菜采收的季节性强，是一类富含维生素、矿物质、胡萝卜素和大量水分的食品原料，也是一类极易腐烂变质的原料。适时采收，适时加工是获得优质产品的关键，同时还要选择适宜的加工品种。

蔬菜在速冻加工工艺上有所区别。果品要充分体现出原果实的色泽、香气和味道，因而对成熟度有一定的要求：不成熟的果实往往糖酸比例构成达不到要求，果实产生的香气也不充分，一些果品还含有较多量的单宁物质，内部含有的淀粉转化的过程也没有完成，这些都对会影响速冻后的品质。蔬菜的速冻加工，要求原料新鲜、组织脆嫩，内部纤维含量少，不像果品一样要求特定的成熟度，相反，当其成熟后对加工品质不利，即蔬菜要求在组织幼嫩状态下加工速冻。同时，蔬菜一定要新鲜，要求及时采收，及时加工，最好在当天加工完毕，不能当天加工完的也要做好贮存，防止原料大量失水、枯萎。

适宜速冻的蔬菜的种类很多，如果菜类（可食部分为菜的果实和幼嫩的种子）有青刀豆、荷兰豆、嫩蚕豆、豌豆、青椒、茄子、番茄、黄瓜、南瓜等；叶菜类（可食部分为植物的叶和嫩茎）有菠菜、油菜、韭菜、香菜、香椿、芹菜、苋菜、荠菜等；块茎根菜类（可食用部分食根部和变态茎）有马铃薯、芋头、芦笋、莴苣、竹笋、胡萝卜、山药、甘薯、牛蒡等；食用菌类（可食部是无毒真菌的子实体）有双孢菇、香菇、凤菇、金针菇、草菇等以及花菜类（可食部分为植物的花部器官）的菜花和西蓝花。

速冻蔬菜食品加工厂，由于需要新鲜原料供应，应建立自己的原料供应基地，距离加工厂越近越好。从加工厂的质量控制看，目前原料供应中存在问题较多：一是厂家有时原料标准把握不严，尤其在原料收购这一关管不好，收来的不是优质原料，导致产品加工过程中投入加大；二是原料运输中无法保证质量，体现在运输工具落后，途中保护措施不力，结果当原料经长途运输进入工厂时，内部产生了大量的热量，使得整批原料作废，一些不负责任的厂家使用此类原料进行生产加工，其产品质量可想而知；三是原料进厂后，较少采用有效的保护性措施和手段，当时、当天加工不完的原料任期自然停放，同样也大大降低了原料的质量。加工厂要根据生产规模建好原料冷藏设施，进厂后要及时处理加工。

②原料的贮藏：蔬菜速冻加工时的原料贮藏，不同于蔬菜的长期保鲜，其主要目的是为了暂时存放原料以保证原料质量不会受太大的影响。原料贮存的时间要依据加工时的季节和原料的种类而定。夏季高温季节，要求蔬菜尽可能及早加工，收购原料也应掌握当天收获当天加工，不要无限制地收来超过日加工能力的原料。原料进厂后要及时进行降温处理，并故人低温贮藏库，库温根据情况一般维持在0℃左右。晚秋及冬季，蔬菜原料一般大多都充分成熟（叶菜类除外），用于速冻加工的原料主要是成熟的果实和根菜以及部分叶菜类。由于环境温度较低，相对对原料的影响较小，贮藏中要减轻蔬菜原料的失水，但冬季要防止原料低温冻伤。冻伤后的原料在前处理中就会显现出来，色香味会发生一定的变化，对产品质量同样会有严重的影响。

③原料的选择：蔬菜原料与速冻产品的质量有着非常紧密的关系，原料选择是控制产品质量的第一道关口。原料进厂后，要根据情况进行分选，将不合格的部分先从整批原料中挑出来，合格的进入下道工序。选料一定不能心慈手软，否则将会对速冻产品的加工过

程和产品质量造成不可挽回的影响。

原料投产前还要经过认真仔细地剔选，严格去除不合格原料。那些发生腐烂、有病虫害、畸形、老化、枯黄、失水过重的原料，一定不能投入生产，并在各道工序中层层把关，随时发现随时剔除。原料中如果混入了不同的品种，也要全部选出来，因为不同品种间加工习性和产品质量要求各不相同，如果混杂对产品质量也会有较大影响，尤其对加工产品的色香味等感官质量影响显著。

（2）清洗　原料运进加工厂后，要先进入原料车间进行清洗，清洗前不得进入其他车间。采收后的蔬菜原料，表面黏附了大量的灰尘、泥沙、污物、农药及杂菌，是一个重要的卫生污染源。原料清洗这一环节，是保证加工产品符合食品卫生标准的重要工序，一定要彻底清洗，保证原料以洁净状态进入下道工序。对于不同的原料要采用不同的清洗方法和措施。污染农药较重的果品和蔬菜，要用化学试剂洗涤，如用盐酸、漂白粉、高锰酸钾等浸泡后再加以清洗，保证不将农药污物带入加工车间。叶菜类、果菜类、根菜类都要相应使用不同的清洗设施，使洗涤达到最佳的效果。

洗涤设备有多种形式，如转筒状洗涤机、振动网带洗涤机、喷淋式洗涤机、高压喷水冲洗机、高压气流洗涤机等。一般都配有大型原料洗涤槽和传送带。

清洗车间是一个比较脏乱的车间，要与其他车间严格隔离开，更不能与其他工序合用一个车间。车间内要严格卫生管理。要定时清理、及时消毒，污物污水应排除通畅，车间内冲刷方便。

（3）去皮与切分　蔬菜原料外皮一般角质化和纤维化较重，习惯上人们均不食用外皮。如果带皮加工，厚硬的外皮也给加工过程带来了不便，造成产品质量不均匀，感官质量不佳。去皮时要连带去除原料的须根、果柄、老筋、叶菜类的根和老叶等。切分的目的，一是使原料经切分后，大小相规格一致，产品质量均匀，包装整齐；二是切分后的原料工艺处理方便，工艺参数便于统一，使后续工艺流程容易控制。相反，如果不经过切分，则很难在同一工艺参数下使原料达到同样的处理效果，而且会加大处理的难度。切分的缺点是造成原料在处理过程中的损失加重。切分时果品和果菜类要除掉果芯、果核和种子。切分的规格，一般产品都有特定的要求，切分的形状主要有块、片、条、段、丁、丝等，都要根据原料的具体状况而定。切分时要求切的大小、厚度、长短、形态均匀一致，掌握统一的标准严格管理。

目前国内食品加工企业，在原料处理上自动化水平不高，部分原料的去皮和切分还是采用手工处理。我国蔬菜原料处理机械的研究和开发，近年来也发展很快，各种去皮去核机、切片机、切丝机、切块机应运而生。食品加工厂要及时选择使用适应自身加工水平的原料处理机械，以提高生产效率和产品质量。

（4）烫漂与冷却　即将整理好的原料放入沸水或热蒸汽中加热处理适当的时间。通过烫漂可以全部或大部分地破坏原料中的氧化酶、过氧化物酶及其他酶并杀死微生物，保持蔬菜原有的色泽，同时排除细胞组织中的各种气体（尤其是氧气），利于维生素类营养素的保存。热烫还可软化蔬菜的纤维组织，去除不良的辛辣涩等味，便于后来的烹调加工。烫漂中要掌握的关键是热处理的温度和时间，过高的温度和过长的时间都不利于产品的质量。烫漂的时间是根据原料的性质、酶的耐热性、水或蒸汽的温度而定，一般几秒钟至数分钟（表6-4）。

表6-4　　　　　　　　　　蔬菜在沸水中（95~100℃）热处理的时间

蔬菜种类	时间/min	蔬菜种类	时间/min
小白菜	0.5—1	马铃薯块	2—3
菜豆	1.5—2	冬笋片	2—3
菜花	2—3	南瓜	3
豌豆	1.5—2	莴苣	3—4
荷兰豆	1—1.5	蘑菇	3—5
青菜	0.5—1	青豆	2—3

烫漂的时间并非一成不变，要根据原料的老嫩、切分的大小以及酶的活力强弱来规定时间，因而生产中必须经常作过氧化酶物活力的检验。

烫漂的方法有热水烫漂法、蒸汽烫漂法、微波烫漂法和红外线烫漂法等，如果用沸水热处理，烫漂的容器设施一定要大，当投入一定量的原料后，不至于导致急剧降温，水可以立即再沸腾，水只有处于沸腾状态，才有较好的烫漂效果。生产中烫漂时间要严格掌握好，防止烫漂过度或不足。叶菜类烫漂，一般要根部朝下叶朝上，根茎部要先入水烫一段时间后再将菜叶浸入水中。有些蔬菜遇到金属容器会变色，因而烫漂容器要采用不锈钢制成。

烫漂后的原料要立即冷却，使其温度降到10℃以下。冷却的目的是为了避免余热对原料中营养成分的进一步毁坏，避免酶类再度活化，也可避免微生物重新污染和大量增殖。原料热烫时间过长或不足、烫后不及时冷却都会使产品在贮藏过程中发生变色变味，质量下降，并使贮藏期缩短。此外，研究证明，冻结前蔬菜的温度每下降1℃，冻结时间大约缩短1%，因此可以通过冷却大大地提高速冻生产效率。冷却的方法有冷水浸泡、冲淋、喷雾冷却、冰水冷却、空气冷却及混合冷却等，用冷水冲淋冷却或用冰水直接冷却要比空气冷却快得多，在实际生产中应用较多。采用冷水冷却，至少要经过两次以上的冷却处理，特别在水温较高时。

（5）沥干　原料经过一系列处理后表面黏附了一定量的水分，这部分水分如果不去掉，在冻结时很容易结成冰块，既不利于快速冻结，也不利于冻后包装。这些多余的水分一定要采取措施将其沥干。

沥干的方式很多，有条件时可用离心甩干机或振动筛沥干，也可简单地把原料放入箩筐内，将其自然晾干。

（6）快速冻结　沥干后的蔬菜，要整齐地摆放在速冻盘内，或以单体进行快速冻结。要求蔬菜在冻结过程中，要在很短的时间内（不超过20min）迅速通过最大冰晶形成带（-5 ~ -1℃），冻品的中心温度应在-18℃以下，才能保证质量。快速深温冻结可使物料内90%的水分在原位置冻结成细小的冰晶体，不会对蔬菜组织造成破坏，还有利于保存维生素C和保护原有色泽。

（7）包装　速冻食品之所以能够长时间贮藏不变质，包装起了很重要的作用，包装是贮藏好速冻蔬菜制品的重要条件。包装的作用包括：可以有效地控制速冻蔬菜制品内部冰晶的升华，即防止水分由产品表面蒸发而形成干燥状态；防止产品在长期贮藏中接触空气而发生氧化，引起变色、变味、变质；阻止外界微生物的污染，保持产品的卫生质量；便于产成品的运输、销售和食用；利用自身的包装装潢可吸引消费者，起到宣传广告的作用。

速冻蔬菜制品要经过冷却、冻结、冻藏、解冻等工序，因而用于速冻制品的包装材料需具备耐低温、耐高温、耐酸碱、耐油、气密性好和能进行印刷等性能。

①速冻食品常用的包装材料：速冻食品的包装材料从用途上可分为内包装、中包装和外包装材料。内包装材料有聚乙烯、聚丙烯、聚乙烯与玻璃纸复合、聚酯复合、聚乙烯与尼龙复合、铝箔等；中包装材料有涂蜡纸盒、塑料托盘等；外包装材料有瓦楞纸箱、耐水瓦楞纸箱等。

为了改善纸包装的性能，包装食品时常采用经处理过的纸，如羊皮纸、牛皮纸、蜡纸、玻璃纸及瓦楞纸等。随着人们环保意识的提高，纸包装的应用会有越来越广阔的前景。

②特种包装的工艺要点：速冻食品的包装形式，随着人们要求的多样化也发生了深刻的变化。大包装、小包装、适量包装、充气包装和真空包装等特种包装形式已越来越多地出现在人们的面前，使不同的人群有了多种选择的余地。

包冰衣蔬菜制品在速冻结束后，快速在0~2℃的洁净水中浸没数秒钟，利用其自身的低温，可以在制品表面形成一层薄薄的冰壳，这一处理称为包冰衣。冰衣可以看作是最简单的包装，尽管其结构比较疏松、脆弱，但对速冻蔬菜制品却可以起到非常独特的保护作用。

冰衣能够保持冻后产品内部的水分，避免失水干缩，同时对外界污染和外来空气起到一定的阻碍作用，对于速冻蔬菜制品的质量保持有着十分重要的意义。

（8）除金属　包装后的制品变成了产品，可以直接投放市场。产品的质量是企业竞争的基础，而食品质量的基础便是保证其内部的洁净、卫生。金属、毛发及其他杂物被称为食品的恶性杂质，要严格剔除，否则会导致严重的贸易纠纷。除金属杂质，目前食品企业一般广泛采用金属探测仪，当包装食品经过金属探测仪时，如果内部混有金属类杂质，探测仪会发出警报，并将其从流水线上剔除。但无论如何，对杂质的控制还应主要加强食品加工过程中的质量管理，每一道工序严格把关，车间内要严格按照规程管理，杜绝金属类杂质进入车间，才是控制食品质量的关键。

（三）速冻方法与设备

随着技术的进步发展很快，主要体现在自动化程度和工作效率大幅度提高。速冻的方法较多，但按使用的冷却介质与食品接触的状况可分为两大类，即间接接触冷冻法和直接接触冷冻法，具体方法介绍如下。

1. 鼓风冷冻法

如果将蔬菜原料放在隔热的低温室内，并在静态的空气中进行冻结的方法，就是一种缓冻法。这是空气冻结法的一种，是一种比较古老、费用最低、速度最慢的冻结方法。常在缓冻室冻结的食品有牛肉、猪肉、箱装家禽肉、盘装整条鱼以及一定规格包装的蛋品等，而果品和蔬菜的冻结出于对产品质量的考虑，均采用速冻的方法。

鼓风冻结法也是一种空气冻结法，它主要是利用低温和空气高速流动，促使食品快速散热，以达到速冻的目的；有时生产中使用设备尽管有差别，但食品速冻时都在其周围有高速流动的冷空气循环，因而不论采用的方法有何不同，能保证周围空气畅通并使之能和食品密切接触是速冻设备的关键所在。速冻设备内采用的空气温度为 -46 ～ -29℃，强制的空气流速为 10 ～ 15m/s。这种方法比缓守法要快 6 ～ 10 倍。鼓风速冻设备内空气流动方式并不一定相同，空气可在食品的上面流过，也可在下面流过。逆向气流是速冻设备中最常见的气流方式，即空气的流向与食品传送方向相反。由于冷风的进向与产品通过的方向相向而遇，冻结食品在出口处与最低的冷空气接触，可以得到良好的冻结条件，使冻结食品的温度不至于上升，也不会出现部分解冻的可能性。

在鼓风冷冻时，对未包装的食品，不论是在冻结过程中还是在食品冻结后，食品内的水分总是有损耗。这就会带来两种不良的后果，一是食品表面干缩而出现冻伤；二是冻结设备的蒸发管和平板表面出现结霜现象，为了维持传热效果，就必须经常清霜。鼓风时干燥冷空气从食品表面带走水分，造成冷冻干燥，因而出现冻伤，会使冻结食品在色泽、质地、风味和营养价值方面发生不可逆性变化。现在已对此提出了解决的方法，首先将原料在 -4℃ 的高湿空气中预冷，然后再完成冻结，充分缩短冻结时间减轻制品的水分损耗。

2. 流化床式冻结器

在鼓气冻结设备中，如果让气流从输送带的下面向上鼓风并流经其上的原料时，在一定的风速下，会使较小的颗粒状食品轻微跳动，或将物料吹起浮动，形成流化现象。这样不仅能使颗粒食品分散，并且还会使每一颗粒都能和冷空气密切接触，从而解决了食品冻结时常互相粘连的问题，这就是流化冻结法。流化冻结法适合于冻结，散体食品的速冻又称为单体速冻法，国外称作 IQF。这是当前冻结设备中被认为是比较理想的方法，特别适宜于小型水果如青豆、玉米粒等的速冻。

流化床是流体与固体颗粒复杂运动的一种形式，固体颗粒受流体的作用，其运动形式已变成类似流体的状态。在流态化速冻中，低温空气气流自下而上吹送，置于筛网上的颗粒状、片状、小块状食品，在强力气流作用下形成类似沸腾状态，像流体一样运动，并在运动中被快速冻结。

3. 间接接触冻结法

用制冷剂或低温介质冷却的金属板同食品密切接触并使食品冻结的方法称为间接接触冷冻法。这是一种完全用热传导方式进行冻结的方法，其冻结效率取决于它们的表面相互间密切接触的程度，可用于冻结未包装或用塑料袋、玻璃纸或是纸盒包装的食品。这是一种常用的速冻方法，其设备结构是由钢或铝合金制成的金属板并排组装起来的，在板内配有蒸发关或制成通路，制冷剂在管内（或冷媒在通路内）流过。各板间放入食品，以液压装置使板与食品贴紧，以提高平板与食品之间的表面传热系数。由于食品的上下两面同时进行冻结，故冻结速度大大加快。厚度 6 ～ 8cm 的食品在 2 ～ 4h 内可被冻好。被冻物的形状一般为扁平状，厚度也有限制。该装置的冻结时间取决于制冷剂或冷媒的温度、金属板与食品密切接触程度、放热系数、食品厚度及食品种类等。制冷剂温度与制冷剂种类有关，在以直接膨胀式供液时，当液氨的蒸发温度为 -33℃ 时，平板的温度可在 -31℃ 以下。以冷媒间接冷却时所用的不冻液多为氯化钙，也有用传统的氯化钠。有机溶液不冻液有酒精、甘油等。当盐水温度为 -28℃ 时，平板的温度在 -26℃ 以下。使用平板冻结装置时必须使食品与板贴紧，如果有空隙，则冻结速度明显下降。因而包装时食品装载量宜满。以便使之与金属板接触紧密。

一般食品与板的接触压力为 0.007 ～ 0.03MPa。另外冻结时间随食品表面与平板间的传热系数和食品的厚度而变化，厚变越大，食品表面与平板间的传热系数越小，其冻结时间也越长。

金属平板冻结装置有卧式和立式两种，设计类型也很多，有间歇式、半自动及自动化装置。其优点是：①不需通入冷风，占地空间小，每冻结 1t 食品装置占 6 ~ 7m³（鼓风式冻结设备占 12m³）；②单位面积生产率高，为每日 2 ~ 3t/m² 以上；③制冷剂蒸发温度可采用比空气冻结装置低的温度，因而降低能耗，大约为鼓风冻结装置耗能量的 70%。

4. 直接接触冻结法

散态或包装食品在与低温介质或超低温制冷剂直接接触下进行冻结的方法称为直接接触冻结法。直接接触冻结法中常用的制冷介质可分为两大类：一是与制冷剂间接接触冷却的液态或气态介质，如盐水、甘油、糖液、空气等；二是蒸发时本身能产生制冷效应的超低温制冷剂，如氮、特种氟利昂、液态二氧化碳及干冰等。与空气或其他气体相比，液态介质的传热性能好，如盐水的传热系数是空气的 7 ~ 10 倍，当盐水冷媒静置时，传热系数 $k = 233$ ［W/（m² · K）］，盐水冷媒流动时，$k = 233 + 1420v$ ［W/（m² · K）］，v 是冷媒的流速（m/s）。此外，液态介质还能和所有的食品及食品所有的部位密切接触，因而热阻很低，传热迅速，在液态介质中，食品能够在很短时间内完全冻结。

直接接触冻结法中并不是所有介质或超低温制冷剂都能使用，必须满足一定的条件。和未包装食品接触的介质必须无毒、清洁、纯度高、无异味、无外来色素及漂白作用等。对于包装食品，介质也必须无毒并对包装材料无腐蚀作用。

近年来，利用超低温制冷剂进行食品速冻的技术和方法正在逐步被人们重视，并成为冷冻干燥中最有效的冻结方法。所用的超低温制冷剂是沸点非常低的液化气体如沸点为 -196℃的液氮和 -79℃的二氧化碳等。现在很多国家已将液氮作为直接接触冻结食品的最重要的超低温制冷剂。

液氮作为无毒无味的惰性气体，不与食品成分发生化学反应，当液氮取代食品内的空气后，能减轻食品在冻结和冻藏时的氧化作用。在大气压力下，液氮是在 -196℃时缓慢沸腾并吸收热量，从而产生制冷效应，无须预先用其他制冷剂冷却。液氮的超低温沸点还对食品自然散热有强有力的推动作用，原来用其他方法不能冻结的食品，现在用液氮就可以使其完全冻结。如肉质肥厚的意大利种番茄片，其细胞具有较强免受冻伤的能力，使用液氮冻结，就能制成品质优良的速冻制品。

液氮冷冻通常采用液氮浸渍冷冻、液氮喷射冷冻、利用液氮蒸汽川流于产品之中冷冻三种形式。从目前看，液氮速冻装置中采用液氮喷射冷冻的较多。从原理上来分析，液氮速冻具有传热效率高，冻结速度快；降低氧化变质，冻结质量好；干耗少；设备结构简单，易操作，安装面积小，比变通设备节省约 5/6；其优点还在可冻结许多特殊的食品，如豆腐、蘑菇、番茄等高水分柔软的食品。

二氧化碳也常用作超低温制冷剂。其冻结方式有两种：一是将 -79℃升华的干冰和食品混合在一起使其冻结；二是在高压下将液态二氧化碳喷淋在食品表面，液态二氧化碳在压力下降情况下就在 -79℃时变成干冰霜。冻后食品的品质和液氮冻结相同。同量干冰气化时吸收的热量为液氮的 2 倍，因而二氧化碳冻结比用液氮还要经济一些。

现在，国外还有人开发了用高纯度食用级氟利昂作为超低温制冷剂冻结食品的方法。但在低温介质和超低温制冷剂的选择上，一定要非常慎重，要考虑到食品安全性因素以及环境保护的需要。

（四） 速冻蔬菜的冻藏、 流通与食用

1. 速冻蔬菜的冻藏

完成速冻的蔬菜制品要及时进行贮藏，对速冻蔬菜制品冻藏的主要目的就是尽一切可能阻止食品中的各种变化，保证其速冻的品质。贮藏过程中食品品质变化取决于食品的种类和状态、冻藏工艺和工艺条件的正确性以及贮藏时间等。只有原始品质较高和品种适宜的食品，才能达到长期贮藏之目的。食品包装也很重要，包装不良，要保证食品的质量根本就无法想象。食品贮藏室内必须具备良好的清洁卫生状态。不存在对食品有害的物质，如异味、异臭以及能引起氧化的各种化学物质。食品贮藏的工艺条件如温度、相对湿度和空气流速是决定食品贮藏期和品质的重要因素。冻藏室内冻结食品的堆放情况也会影响到贮藏品质。堆放时要求食品周围有一定量的空气流动，更重要的要使贮藏食品和墙壁间留有适当的间距和空间，以保持食品周围有空气流动，形成隔热层，避免食品直接吸收来自墙壁的热量。

（1）速冻蔬菜制品在冻藏期间的变化　食品经速冻后，只要在适宜条件下贮藏，可有很长时间的贮藏期。但在贮藏期间由于各种因素的影响，总还会发生一些变化，严重的能影响到食品品质。

①冰晶体的增长和重结晶：

a. 冰晶体的增长。刚结束速冻的蔬菜制品，其内部冰晶体的大小并不是完全均匀一致。在冻藏期间，由于冻藏的时间比较长，速冻蔬菜食品内部的冰晶体会相应发生一系列的变化，微细的冰晶体有的会逐步合并，形成大的冰晶体。冰晶体增大的一个原因是其周围存在一定量末冻结的水或水蒸气，这部分水向冰晶体移动、附着并冻结在冰晶体上。

b. 重结晶。重结晶是指冻藏过程中，由于环境温度的波动，而造成冻结食品内部反复解冻和再结晶后出现的冰晶体体积增大的现象。重结晶的程度直接取决于单位时间内温度波动的次数和波动的幅度，波动幅度越大，波动的次数越多，重结晶的程度就越深，对速冻食品的危害就越大。

速冻蔬菜制品在冻藏期间，当贮温上升时，食品内部的冰晶开始融化，使液相增加，导致水蒸气压力差增大，使水分透过细胞膜扩散到细胞间隙中去，而当温度下降时，这部分水就会附着并冻结到细胞间隙的冰晶体上去，使冰晶增大。

为了防止冻藏过程中因冰晶体增大造成食品质量劣变，应采用以下措施：采用深温速冻方式，冻结中使食品内90%的水分来不及移动，就在原位置上变成细微的冰晶体，这样形成的冰晶体的大小及分布都比较均匀。同时由于深温速冻，冻结食品的终温低，食品的冻结率提高，残留的液相少，能够缓和冻藏中冰晶体的增长；贮藏温度要尽量低，并且减少波动，尤其是要避免在 -18℃ 以上时温度发生波动。

②干缩与冻害：速冻食品在冷却、速冻、冻藏过程中都会产生干缩现象。冻藏时间越长，干缩就越突出。干缩的发生主要是速冻食品表面的冰晶直接升华所造成，与冷冻干燥的原理相似。在冻藏室内，由于速冻食品表面温度、室内空气温度和空气冷却器蒸发管表面温度三者之间存在温度差，因而形成了水蒸气压力差。速冻食品表面温度与冻藏室空气温度之间的温差使速冻食品失去热量，进一步受到冷却，同时水蒸气压力差使速冻食品表面的冰晶不断升华，而这部分含水蒸气较多的空气吸收了速冻食品放出的热量，相对密度减小就向上运动，当流经空气冷却器时，由于蒸发管表面的温度很低，该温度下的饱和水

蒸气压也很低，因此空气被冷却，在蒸发管表面达到露点，水蒸气便凝结成霜附着在管的表面。水蒸气含量减少后的空气因相对密度增大就向下运动，当再次遇到速冻食品时，因水蒸气压力差变大，食品表面的冰晶继续升华。如此周而复始，出现以空气为媒介，速冻食品不断干燥的现象，并由此造成重量损失。

为避免和减轻速冻食品在冻藏过程中的干缩及冻害，首先要防止外界热量的传入，提高冷库外围结构的隔热效果，使冻藏室内温度保持稳定。如果速冻蔬菜产品的品温能与库温一致，可基本上不发生干缩。其次是对食品本身附加包装或包冰衣，隔绝产品与外界的联系，阻断物料同环境的汽热交换。另外，在包装内添加一定量的抗氧化剂，对速冻食品的冻藏也会起到保质的作用。常用的抗氧化剂有两类：一类是水溶性抗氧化剂，如抗坏血酸和抗坏血酸钠；另一类是脂溶性抗氧化剂，如丁基羟基茴香醚、二丁基羟基甲苯、天然生育酚。

③变色：速冻蔬菜制品色泽发生变化的原因主要有酶促褐变、非酶褐变、色素的分解以及因制冷剂泄漏造成的食品变色。如氨泄漏时，胡萝卜的红色会变成蓝色，洋葱、卷心菜、莲子的白色会变成黄色等。

蔬菜原料在冻结以前，均要进行烫漂处理，破坏组织内部的氧化酶及其他酶系统。但如果烫漂的温度或时间不够，过氧化物酶没有完全破坏，产品在速冻后的某个时间内会发生褐变，使色泽变成黄褐色。如果烫漂的时间过长，绿色蔬菜也会发生黄褐变。绿色蔬菜内部含有叶绿素，而叶绿素的性质不稳定，会由于环境理化条件的变化而改变结构并改变颜色。当叶绿素变成脱镁叶绿素时，绿色蔬菜就会失去绿色变成黄褐色。处理后的绿色蔬菜组织，经日光照射、在酸性环境下及烫漂加热时间过长等，都能引发黄褐变。因而必须正确掌握蔬菜原料处理的工艺参数，并进行严格控制，才能保证速冻蔬菜制品的质量。

（2）冻藏温度的选择　食品的冻结温度以及在贮运中的冻藏温度应在 -18℃ 以下，这是对食品的质地变化、酶性和非酶性化学反应、微生物学以及贮运费用等所有因素进行综合考虑论证后所得出的结论。

（3）速冻蔬菜的冻藏管理　为了使速冻食品在较长贮藏时间内不变质，并随时满足市场的需要，必须对保藏的速冻食品进行科学的管理，建立健全的卫生制度，产品出入管理严格控制，库内食品的堆放及隔热都要符合规程的要求。

①冻藏库使用前的准备工作：冻藏库应具备可供速冻食品随时进出的条件，并具备经常清理、消毒和保持干燥的条件；冻藏库外室、过道、走廊等场所，都要保持卫生清洁；冻藏库要有通风设施，能随时除去库内异味；库内所有的运输设施、衡器、温度探测仪、脚手架等都要保持完好状态，还应具有完备的消防设备。

②入库食品的要求：凡是进入冻藏库的速冻食品必须清洁、无污染，要经严格检验合格后才能进入库房，如果冻藏库温度为 -18℃，则冻结后的食品入库前温度必须在 -16℃ 以下；在速冻食品到达前，应做好一切准备工作，食品到达后必须根据发货单和卫生检验证，进行严格验收，并及时组织入库。入库时，对有强烈挥发性气味和腥味的食品以及要求不同贮温的食品，应入专库贮藏，不得混放。已经有腐败变质或异味的速冻食品不得入库；要根据食品的自然属性和所需要的温度、湿度选择库房，并力求保持库房内的温度、湿度稳定。库内只允许在短时间内有小的温度波动，在正常情况下，温度波动不得超过1℃，在大批冻藏食品入库出库时，1d升温不得超过4℃。冻藏库的门要密封，没有必要一般不得随意开启；对入库冻藏食品要执行先入先出的制度，并定期或不定期地检查食品

的质量。如果速冻食品将要超过贮藏期，或者发现有变质现象时，要及时进行处理。

③速冻食品贮藏的卫生要求：冻藏食品应堆放在清洁的垫木上，禁止直接放在地面上。货堆要覆盖篷布，以免尘埃、霜雪落入而污染食品。货堆之间应保留 0.2m 的间隙，以便于空气流通。如系不同种类的货堆，其间隙应不小于 0.7m。食品堆码时，不能直接靠在墙壁或排管上。货堆与墙壁和排管应保持以下的距离：距设有顶排管的平顶 0.2m；距设有墙排管的墙壁 0.3m；距顶排管和墙排管 0.4m；距风道口 0.3m。由于库内货物和人员要出入，微生物污染是难以避免的，而且微生物的污染途径多种多样。使用的工具、出入的人员、流动的空气等均可将杂菌传播到食品上，因而必须从多方面着手加强冻藏库的日常卫生管理。第一，库内的所有设施、什物、器具、通道、管线及各处死角要定期消毒。冻藏库通风时吸入的空气也应先过滤，通用的过滤器由陶器圈构成，这种过滤器能除去 80%～90% 的微生物，但过滤器本身也需定期清洗与消毒；第二，当每次冻藏食品出货后，应将垫木用水或热碱水冲洗干净，并经常保持清洁；第三，严禁闲杂人员进出库房，进出人员必须穿戴整齐，经过消毒，并不得乱带杂物入库。

④消除库房异味：库房中的异味一般是由于贮藏了具有强烈气味的食品或是贮藏食品发生腐败所至。各种食品都具有各自独特的气味，若将食品贮藏在具有某种特殊气味的库房里，这种特殊气味就会传入食品内，从而改变了食品原有的气味。因此，必须对库房中的异味进行消除。

除异味除了加强通风排气外，现在库房广泛使用臭氧进行异味的消除。臭氧以其强烈的氧化作用可以用来杀菌，也可以消除异味。但在使用臭氧的过程中一定要注意安全和用量，不得在有人时使用臭氧。

库房内还要及时灭除老鼠和昆虫，它们是除了会造成食品污染外，还会对库内设施造成破坏，因此应设法使库房周围成为无鼠害区。

2. 速冻蔬菜的流通

蔬菜经速冻后，主要是为了进入商业流通渠道，产生社会和经济效益。速冻食品的流通有其特殊性，从运输途中到销售网点，每一个环节都必须维持适宜的低温，即保持不超过 -18℃的温度，这是保证速冻食品的质量必须满足的基本条件。目前许多国内速冻食品生产企业都具有自己的保温运输交通工具，应保证其设施的完好性能，不至于使速冻食品的质量半途而废。速冻食品的经销网点，一般也具备冻藏设施，关键是要维护其有效性，同时销售人员也应保持良好的职业素质，不得经销过期和不合格的速冻食品。

3. 解冻

冷冻蔬菜制品在食用之前要进行解冻复原，解冻的条件对速冻蔬菜有一定的影响。冷冻蔬菜的解冻与冻结是两个相反的传热过程，而且速度也有差异，非流体食品的解冻比冷冻要缓慢。解冻时的温度变化趋于有利于微生物的活动和理化变化的增强。冻藏中残存了不少的微生物，当蔬菜解冻后，组织结构已有损伤，内容物渗出，再加之温度升高，都有利于微生物的活动和食品理化性质的变化；因此，冷冻食品应在食用之前解冻，解冻之后及时食用。切忌解冻过早或室温下搁置时间过长：冷冻水果解冻越快，对色泽和风味的影响越小。

解冻方法，可以在冰箱中、室温下以及在冷水或温水中进行。也可以用射频加热的方法，解冻迅速而均匀，但被处理的产品其组织成分要均匀一致，才能取得良好效果。否则因产品吸收射频能力不一致，会引起局部的损伤。

冷冻蔬菜解冻后，可根据品种形状的不同和食用习惯，不必先进行洗和切，而是直接进行炖、炒、馏、炸或凉拌等多种烹调加工，一般不适于做过多的热处理，烹调时间以短为宜，否则烹调出来的速冻蔬菜汤多过软，口感不佳。

（五） 速冻蔬菜产品加工实例

1. 速冻青椒

（1）工艺流程

原料→ 挑选 → 清洗 → 杀菌 → 漂选 → 切头、尾 → 切丝 → 浸泡 → 沥水 → 复挑选 → 称量 →
装袋 → 装盘 → 冷冻 → 封口包装 → 贮藏

（2）操作要点

①原料要求：青椒果肉鲜嫩肥厚，质地脆嫩，皮呈鲜绿色，有光泽，无机械损伤、病虫害、异色斑点、老化等。

②清洗：用流动清水将青椒表面清洗干净。

③杀菌：将清洗后的青椒投入 0.005% ~0.01% 的次氯酸钠溶液中杀菌，时间为 60s，每次投入的青椒与次氯酸钠溶液的质量比为 1:7。

④切丝：用切丝机将青椒切成宽 5mm 的丝。

⑤浸泡：由于青椒速冻后食用时会产生异味，因而在速冻前要进行处理。浸泡液要提前配制，配制方法如下：

a. 将品质改良剂 A 配成浓度为 50% 的水溶液。

b. 在不锈钢水池中加水 150L，边搅拌边加入品质改良剂 A（50%）溶液 600g，再加入试剂 B 3kg，待完全溶解后加入余下的 150L 水。

c. 静置 3min 后再充分搅拌，待用。300L 的浸泡液可处理 125kg 的青椒丝，浸泡时间为 30min，每隔 10min 搅拌一次，然后取出青椒丝。

品质改良剂 A 的配方为偏磷酸钠 15%、明矾 20%、柠檬酸 10%、维生素 C 3%、富马酸 10%、乳酸钙 10%、乳糖 32%；试剂 B 的配方为碳酸钠 50%、异抗坏血酸钠 50%。

⑥称量、装袋：称取质量为 500g 的青椒丝，装入塑料袋中，增量为 2%，要求内容物距袋边 3cm 以下。然后袋口折叠放入铝盘中轻轻拍平。

⑦冷冻：装盘后放在冻结间进行冻结，冻结间温度在 -35℃ 以下，使冻品中心温度在 -18℃ 以下。

⑧异物探测：青椒丝通过金属探测仪，确保产品中不存在金属异物。

2. 速冻蘑菇

（1）工艺流程

原料→ 挑选、分级 → 清洗 → 烫漂 → 冷却 → 速冻 → 封口包装 → 贮藏

（2）操作要点

①原料要求：选择菌盖完整，色泽洁白，有弹性，菌柄长度不超过 15mm，菌盖直径不超过 30mm 的不开伞的蘑菇。

②挑选与分级：按蘑菇菌盖大小分成 3 级，分别为 40mm 以上、30 ~ 40mm、30mm 以下。

③清洗：用清水清洗 2 ~3 次，以洗去泥沙污物。

④烫漂：在100℃沸水中烫漂3～5min。

⑤冷却：热烫后迅速将蘑菇投入到冷水中，冷却至10℃以下。

⑥速冻：将不同规格的蘑菇分别速冻。采用–35℃的单体快速冻结为宜。为保持蘑菇颜色洁白，切片蘑菇要求在3～5min内使其中心温度达到–23℃以下；整菇要求在20min内达到–23℃。

⑦包装：采用蒸煮袋真空包装。

⑧冻藏：一般在–18℃以下的温度下贮藏，最后在–23℃的温度下贮藏。

四、 蔬菜干制技术

蔬菜的干制加工有非常悠久的历史。据记载，我国早在五千多年前就有了水果、蔬菜和草的干制品。蔬菜干制是指脱出原料中的部分水分，使得到的产品具有良好保藏性能的一种加工方法。制品主要为脱水蔬菜、菜粉等。

（一） 蔬菜干制原理

1. 水分及其变化

水是蔬菜中的主要成分，一般含量在70%～90%，有的蔬菜甚至高达95%。根据在蔬菜中的存在形式这些水可以分为三类。

（1） 游离水　是以游离状态存于蔬菜组织中，是充满在毛细管中的水，又称为毛细管水。游离水是主要的水分存在状态，占蔬菜水分总量的70%～75%，其特点是能溶解糖、酸等多种物质，流动性大，借毛细管和渗透作用可以向外或向内迁移，所以在干制时容易排除。

（2） 胶体结合水　这部分水与蔬菜本身所含的蛋白质、淀粉、果胶等亲水性胶体物质有比较牢固的结合能力，对那些在游离水中易溶解的物质不表现溶剂作用，干制时除非在高温下，不然结合水难于被排除，也不易被微生物利用。由于胶体的水合作用和膨胀的结果，这部分水分比重大，为1.02～1.45，热容量比游离水小，低温下不易结冰。

（3） 化学结合水　又称为化合水，是存在于蔬菜化学物质中与物质分子呈化合状态的水，很稳定，一般不会因干燥作用而被排除，也不能被微生物利用。

也有将胶体结合水和化学结合水合称为结合水，而将蔬菜中的水分分为结合水和游离水的分类方法。

在干燥过程中，按水分是否可以被排除又可将蔬菜中的水分分为平衡水分和自由水分。在一定温湿度条件下，原料中排除的水分与吸收水分相等时，只要外界的温湿度条件不发生变化，这时是含水量称为该温度、湿度条件下的平衡水分，也称作平衡湿度和平衡含水率。平衡水分也就是在该温、湿度条件下，可以干燥的极限。干燥过程中，能除去的水分，即是原料所含水分大于平衡水分的那部分水，称为自由水。自由水主要是蔬菜中的游离水，也有部分是胶体结合水。

2. 干制保藏机理

（1） 水分和微生物的关系　微生物经细胞壁从外界摄取营养物质并向外排泄代谢物时都需要水作为溶剂或媒介，故而水是微生物生长活动所必需的物质。蔬菜中所含的游离水和结合水中，只有游离水才能被细菌、酶和化学反应所触及，此即为有效水分，可用水分活度 A_W 进行估量。水分活度是指溶液中水的逸度与纯水逸度之比。可近似地表示为溶液中水蒸气分压与纯水蒸气压之比。

$$A_W = \frac{P}{P_0} = \frac{\text{ERH}}{100}$$

式中　A_W——水分活度

　　　　P——溶液或食品中的水蒸气分压

　　　　P_0——纯水蒸气分压

　ERH——平衡相对湿度（即物料既不吸湿也不散湿时的大气压相对湿度）

对食品中有关微生物需要的水分活度进行的大量的研究表明，各种微生物都有它自己生长最旺盛的适宜水分活度。水分活度下降，它们的生长率也下降。最后，水分活度还可以下降到微生物停止生长的水平。不同种类的微生物保持生长所需的最低的水分活度值各不相同。

从细菌、酵母、霉菌三大类微生物来比较，当 A_W 接近 0.9 时，绝大多数细菌生长的能力已很微弱；当低于 0.9 时，细菌几乎已不能生长。其次是酵母，当 A_W 下降至 0.88 时，生长受到严重影响，而绝大多数霉菌还能生长。多数霉菌生长的最低的水分活度值为 0.80。可见，一般霉菌生长所要求的 A_W 最低，但总的来看，生长所需最低的 A_W 值的微生物为少数耐渗透压的酵母菌。

微生物生长所需要的 A_W 界限是非常严格的，微生物生命活动的正常进行，必须要求有一定的 A_W 值，A_W 值稍有变化，微生物非常敏感。在微生物所需的最低营养要求能够满足时，尤其在营养条件非常充分时，微生物生长的最低 A_W 值一般是不会变的。

蔬菜干制就是利用了这个原理，通过一定的加工处理，是蔬菜的水分活度降低到微生物可以生活的值以下，干食品的 A_W 值较低的在 0.80 ~ 0.85，像这样含水量的食品，在 1 ~ 2 周内，可以被霉菌等微生物引起变质败坏。若食品的 A_W 值保持在 0.70，就可以较长期防止微生物的生长。A_W 为 0.65 的食品，仅是极为少数的微生物有生长的可能，即使生长，也是非常缓慢，甚至可以延续两年还不引起食品败坏。由此可见，要延长干制品的保藏期，就必须考虑到要求更低的 A_W 值。

但是水分活度的下降，只能抑制微生物的生长，并不能将其杀死，干制品复水后，部分微生物仍可继续生长，造成食品腐败。

（2）水分对酶活力的影响　长期以来，人们已经了解到水能影响食品中酶催化反应的速度，并且早已采用降低食品中的水分的含量的方法来阻滞酶作用引起的变质。水分减少时，酶活力下降。只有干制品的水分降低到 1% 以下时，酶的活性才会完全消失。但当干制品吸湿后，酶仍然会缓慢地活动，从而使干制品品质变劣。

由于酶在湿热条件下处理易钝化，而在干热条件下难于钝化，为此，在干制前常常对原料进行湿热或化学处理（如热、烫、硫处理等），以使酶失活。

3. 干制过程中发生的变化

蔬菜干制过程中发生的变化可以分为两类：物理变化和化学变化。

（1）物理变化　干制时出现的物理变化常有干缩、重量减轻、体积缩小、表面硬化等。

蔬菜组织细胞失去活力后，它仍能不同程度地保持原有的弹性。但是受力过大，超过弹性极限，即使外力消失，它再也难以恢复原来状态。干缩正是物料失去弹性时出现的一种变化，这是食品干制时最常见、最显著的变化之一。弹性完好并呈饱满状态时的物料全面均匀地失水时，物料将随着水分的消失均衡地线形收缩，即物体大小均匀地按比例缩小。实际上物料的弹性并非绝对的，干制品的块片内的水分也难以均匀的排除，故物料干制时均匀干缩极为少见。

食品干制后，重量减轻为原料的20%～30%，体积缩小为原料的20%～35%。

表面硬化是食品物料表面收缩和封闭的一种特殊现象。如果物料表面温度过高，就会因内部水分未能及时转移到物料表面而使表面迅速形成一层硬壳，影响水分的蒸发。这种现象常出现在一些含高浓度糖和可溶性固形物的蔬菜中，而在另一些蔬菜中并不常见。食品内的水分因受热汽化而以蒸汽形式向外扩散，并让溶质残留下来。块片状和浆质态物料还常存在有大小不一的气孔、裂缝和微孔，小的可细到毛细管相同。故食品内的水分也会经微孔、裂缝或毛细管上升，其中不少能上升到物料表面蒸发掉，以致它的溶质残留在表面上。干燥初期某些水果表面上积有糖黏质渗出物，其原因就在于此。这些物质就会将干制时正在收缩的微孔和裂缝加以封闭。在微孔说所和被溶质堵塞的双重作用下终于出现了表面硬化。此时若降低食品表面温度使物料缓慢干燥，一般就能延缓表面硬化。

（2）化学变化　干制时出现的化学变化主要有：营养成分的变化（包括水分、糖、蛋白质和维生素）及色泽的变化。

①水分：蔬菜在干制过程中水分主要会发生蒸发和转移两种变化。

蒸发是指其中的水分由液相变为气相而散失，这种变化会造成原料和产品在水分含量方面的巨大差异。蒸发的发生是由于蔬菜的温度或压力（只有真空冷冻干燥是这个原因，它利用的环境的高真空度而使水分升华）同环境的不相同，造成了其中的水蒸气压也与环境的水蒸气压不相同，当蔬菜中的水蒸气压也大于环境的水蒸气压时，为了达到二者的平衡，蔬菜中的水分就会蒸发，由液态转为气态散出，蔬菜水分减少；反之，即当蔬菜中的水蒸气压也小于环境的水蒸气压时，蔬菜制品会吸湿，造成产品回潮。

②糖：蔬菜中含有糖类物质。这些糖类物质中，果糖和葡萄糖都不稳定，容易分解而损失。糖的损失情况同干燥方法有很大的关系。

自然干燥温度较低，速度缓慢，酶的活力不能很快得到抑制，呼吸作用仍在进行，需消耗一部分糖分，干制时间越长，糖分损失越多。同时，糖分还会和有机酸反应而出现褐变，要用硫处理才可以有效地加以控制。人工干制时，虽然很快抑制酶的活力和呼吸作用，干制时间又短，可减少糖分的损失，但所采用的温度和时间对糖分有很大影响。一般来讲，糖分的损失随温度的升高和时间的延长而增加。

③蛋白质：对蔬菜原料进行持续不断的高温处理，会对产品的蛋白质情况产生巨大的影响。蛋白质是一种热敏性物质，因此对某些物料而言，过度的加热处理会造成蛋白质效率降低，使其不能再被人体利用；同样，对有些有重要生理活性的氨基酸，如，赖氨酸和蛋氨酸，在高温下会发生快速反应。冷冻干燥对蛋白质的损失最小。

④维生素：在多数的蔬菜干制品中，维生素C基本都被破坏了。脂溶性维生素，如维生素A、维生素E在干制过程中也会造成损失，主要由于这些维生素同由脂类所形成的过氧化物和自由基发生反应而引起的。干制过程的时间、温度和氧气量是造成维生素损失的关键因素。同时，不同的蔬菜和不同的维生素其损失情况都不相同。如洋葱和豌豆在干制过程中维生素C不会损失，但是玉米和甘薯损失比较大；硫胺素（维生素B_1）在干制过

程中损失较小，而胡萝卜素则会损失较大，黄玉米和豆角干制过程中胡萝卜素的损失达到 25%，而甘薯会达到 60%。

（二）蔬菜干制品加工技术

1. 工艺流程

（1）热干燥工艺流程

原料→ 挑选、整理 → 清洗 → 切分 → 烫漂（硫处理） → 装盘烘烤 →干制品→ 回软 → 包装

（2）冷冻干燥工艺流程

原料→ 冻干前处理 → 冻干 → 压块 → 包装 → 贮藏

2. 操作要点

（1）蔬菜干制对原料的要求　为了得到高品质的蔬菜干制品，对不同的蔬菜原料必须选择其最佳的成熟期进行采收，而且有些原料需要尽快地仔细地进行加工。为了得到高品质的干制品，需要选择适宜加工成熟期采摘。通常情况下，干制蔬菜所用的原料都需要尽量避免采摘和运输过程中的机械损伤，蔬菜，尤其是叶菜类和豌豆类，采收后极易发生腐败变质，采收后和运输过程中呼吸作用和蒸腾作用都会增加，因此，对这类原料应该在采收后尽快运送到加工厂，采用采收后在田里进行装冰处理或水冷却处理可以适当延缓腐败速度。

（2）清洗　果菜通常是整个地浸泡在冷水中以去除表面的尘土和残留农药。蔬菜也需要整棵清洗，为了去除蔬菜根部附着比较牢固的泥土，通常需要采用高压喷淋或旋转式清洗机进行清洗。

（3）去皮和切分　根茎类蔬菜，干制前需要去皮，如前所述，去皮可以采用多种方法，去皮的过程的损失受诸如成熟度、表皮状况等多方面因素的影响，可以通过采用去皮前热水浸泡或其他溶液浸泡，或者采用氨气熏蒸、酶等方法进行处理，以减少损失。

去皮后，根茎类蔬菜要切分为丁、条或丝；甘蓝切为丝；马铃薯被切为片，或进行切丁等其他处理，以利于制粉；李子、葡萄、樱桃、草莓则直接进行全果干制；苹果要去皮、去核，然后切片进行干燥。

切分通常是靠快速旋转的刀具完成的。所用刀具刀刃越锋利，对蔬菜组织结构损伤就越小，所得到的终产品品质就越高。最近，国外已经在研究将喷射水切分法引如蔬菜加工的技术。

（4）浸泡　有些蔬菜在干制前需要对原料进行浸泡处理，包括碱液浸泡和酸液浸泡。

碱液浸泡主要用于一些整果干制的蔬菜，如李子、亚硫酸漂白的葡萄，浸泡的目的是为使物料表面形成细小的裂纹，以利于干燥过程中水分的排除，加快干制速度，缩短干制时间。通常条件是采用 93.3 ~ 100℃ 0.5% 或更低浓度的碳酸钠或其他碱的水溶液进行浸泡。浸泡液浓度、浸泡温度、浸泡液所用碱的种类、浸泡时间需要根据原料的特性确定。

酸液浸泡是在硫处理前采用酸液浸泡，酸浸泡的目的是为了稳定制品的色泽，防止硫处理时褪色的发生。例如，采用 1% 的抗坏血酸和 0.25% 的苹果酸用于桃的干制，以延缓酶促褐变的发生。另外也有关于采用酸液代替硫处理的研究，目的也是为了得到颜色鲜艳的制品。当然，这样的制品需要在低温下保藏，以防止贮藏中褐变的发生。

（5）硫处理

①水果：二氧化硫处理已经广泛用于食品加工中。切分的水果和葡萄（为了得到浅黄色的葡萄干）在干制之前需要进行熏二氧化硫处理，苹果可以采用亚硫酸及其盐的水溶液或二氧化硫的水溶液浸泡处理。二氧化硫被水果吸收后，就可以保持鲜艳迷人的色泽，防止腐败，同时可以使其中的一些营养物质不流失，直至被购买。为了满足干制和贮藏过程中二氧化硫的流失，硫处理阶段必须使物料成分吸收。

二氧化硫的吸收和滞留情况同处理时，温度、硫处理的时间、二氧化硫的有效浓度以及物料的大小、状况、成熟度和品种有关系。未成熟的水果比已成熟的吸收快，但是滞留时间短；高的处理温度不利于二氧化硫的吸收，但对滞留有利；日晒干燥比传统的阴干损失大。硫处理的水平取决于产品的保存时间和温度。对一些水果最佳的浓度为：杏3000mg/L、桃和油桃2500mg/L、梨2000mg/L、苹果1500mg/L、葡萄干1000mg/L。干制果品二氧化硫的最大使用量各国有各自不同的要求。

②蔬菜：对蔬菜进行硫处理并不很实际。由于二氧化硫对中性的所产生的黏性远远高于对酸性的水果所产生的。

甘蓝、马铃薯和胡萝卜在干制前通常要进行硫处理。用量最高的为甘蓝，一般为750～1500mg/L；马铃薯和胡萝卜为200～500mg/L。

（6）漂烫　如前所述，漂烫也是蔬菜干制中一道非常重要的工序。通常是在干制前采用热水或热蒸汽进行漂烫。漂烫的作用在此不再详细介绍，简单介绍一下组织内的空气的排出对蔬菜干制的作用。对蔬菜而言，在空气排出时会造成细胞组织结构的被破坏，破坏后表皮下面的细胞结构就不会再受到各种作用的保护，而会暴露出来，这些组织细胞暴露后，就比较容易被干燥。这对淀粉含量高的蔬菜（如马铃薯）尤其明显，这也就是淀粉含量高的蔬菜比较容易干制的原因。对水果，空气排出所产生的作用，可以使杏、桃、梨等这样原料的干制产品出现比较透明的外观。漂烫同干制一样，会使蔬菜中纤维晶体化的程度增加，这种增加将对蔬菜干制品的组织结构产生明显的作用。

（7）干制　干制是蔬菜干制中最关键的工序。干制的方法有多种，简单分可以分为自然干制和人工干制两种，详细来分可分为太阳晒干、逆流干燥、顺流干燥、转鼓式干燥、喷雾干燥等。下面简单介绍各种干制方法的原理和优缺点。

①晒干：太阳晒干是最古老的一种干燥方法，它在世界各地都有应用。这种方法的最大优点是利用了最廉价的资源，缺点是物料着水分的排除受气候影响很大，而且不能保证高质量的卫生条件。

多种蔬菜原料，如杏、李子、桃、梨等，都可以采用太阳晒干。完好、成熟的这些蔬菜原料，在经过前述的预处理后，装到干燥所用的托盘上，然后放到太阳晒到的地方，维持一段时间，直至原料七成干为止，然后这些托盘可以摞在一起，放在阴凉处缓慢地排出剩余水分即可。

②气流干燥：气流干燥又有隧道式、柜式、连续传送带式、箱式及流化床等多种形式。

尽管已经出现了很多种连续式干燥设备，隧道式干燥仍然是世界各地蔬菜干制中应用最为广泛的干燥方法。这种干燥方法结构简单，适用性广，不管是处理成多大尺寸，什么形状的蔬菜物料，都可以采用隧道式干燥方法进行干燥。处理过的新鲜物料放置在带托盘的小车上，间歇式推入隧道的一端，干制品从隧道的另一端出来。这种干燥方法可以通过控制装置，调整小车的移动速度，干的热空气以逆流、并流（顺流）、集中喷出或分成几个不同温度段而进入隧道，通过热空气的作用，使物料干制。

柜式干燥的主要优点是它不受物料类型和尺寸的限制，并且它可以保持温度连续变化，使物料的湿度在温度的变化中降低，起热空气可以穿过或透过放置物料的托盘，可以回收再利用。其缺点是生产效率低，需要的人工比隧道式多。

连续式干燥是由连续不断的传送带将所需干燥的物料送入有热空气的隧道中，经过一段时间后从另一端得到干制品。由于自动化操作，这种方法可以节省大量的人力。

流化床式是使用热空气将已经经过一定干燥处理，达半干（但水分还未达到所需水分）的物料吹起来，使物料悬浮起来，达到一种轻微沸腾的状态，使其中剩余的水分缓慢地释放出来。这种干制方法有很多优点：干燥强度大；整个干燥室的温度均匀一致，且易于控制；热效率高；物料在流化床中的时间可以控制，且比其他方法所用时间短；设备小巧，操作、维修简单，并且可以实现全自动化操作；多种其他干燥设备可以和其连用。

③转鼓（滚筒）式干燥：转鼓式干燥适合于处理溶液、果菜泥和糊类物料。可以制作马铃薯粉、苹果片、调味番茄粉等。另外，通过在转鼓上的不同的模具，可以制作人造桃干等产品。

④喷雾干燥：这种干燥方法适合处理液态或浆质态物料，得到的产品为粉状。物料经过特种装置（离心式或压力式喷头）喷成雾状进入干燥室，同时热空气也不断地进入，于是喷散的微细小滴立即干燥成粉，颗粒状干粉和空气分离后，收集在加热的下方承受器内。这种方法只适用于那些能喷成雾状的食品，如果汁、蔬菜汁、番茄酱汤料等。

⑤冷冻升华干燥：又称为冷冻干燥或升华干燥。其对食品品质的保存能力是其他方法所不及的。这种干燥方法是食品在冰点以下冻结，从原料的中心直至表面都结成冰，而后在叫高真空度下使冻结的并由外向内逐渐升华，原料在整个干燥过程中都必须保持冻结状态，冻结水分的升华逐步由表层向里推进。

冷冻升华干燥是在低温下进行的，因此，挥发性物质损失很大，表面不致硬化，蛋白质不易变性，体积不易过分收缩，就能较好地保持干制品的色、香、味和营养，但其生产成本高。

⑥微波干燥：微波干燥是在微波理论和技术以及微电子管成就的基础上发展起来的一项新技术。在欧美和日本已经大量使用，我国近两年也开始使用。微波加热干燥装置是利用整流电源提供高压直流功率给微波管，在微波管上产生微波功率，然后通过波导送到微波加热器中。微波与产品相互作用被吸收而产生热，达到干燥的目的。

微波干燥具有干燥速度快、加热时间短，加热均匀、不会外焦内湿，选择加热效应，热效率高、反应灵敏等优点。

⑦其他干燥技术：其他干燥技术还有泡沫干燥、膜扩散脱水、渗透脱水、远红外干燥和利用太阳能干燥等。

（三）干制品的包装与保藏

食品干制后，虽然给贮藏创造了良好的条件，但仍会发生一些不良变化。因此，干制品在包装前要进行必要的处理，并采用适当的包装材料和适宜的贮藏条件，才能获得较理想的贮藏效果。

1. 干制品包装前的处理

食品干制后，包装的前处理包括回软、分级、防虫等。

（1）回软　通常称为均湿或水分平衡，目的是使干制品内外水分一致，质地变得柔软而有弹性，便于包装。方法是在产品干燥后，剔除过湿、过小、结块及细屑，待冷却后，立即堆集起来，用薄膜或麻袋覆盖，或放于大木箱中，紧密盖好，使水分达到平衡。回软期间，过干的制品从未干透的制品中吸收水分，使所有干制品的含水量达到一致，回软时间一般为 1～5d。

（2）分级　目的是为了使干制品符合规定标准，同时便于包装运输。分级时剔除破碎、软烂、硬结和变褐的次品，并按要求和规定标准进行质量与大小分级。不同种类的产品其规定标准也不同，如新疆葡萄干的商品分级标准，主要是以其色泽来决定的，绿色比率越高，等级越高。

（3）防虫　干制品易遭虫害，这些害虫在干燥期间和贮藏期间侵入产卵，以后再发育成成虫为害，造成损失。防治害虫的方法有以下几种。

①低温杀虫：有效温度在 -15℃以下。

②热力杀虫：在不损害品质的适宜高温下加热数分钟，可杀死其中隐藏的害虫。一般用蒸汽处理 2～4min。

③用熏蒸剂熏杀害虫：常用的熏蒸剂有二氧化硫、二硫化碳（CS_2）、氯化苦（CCl_3N_2，毒性很强，具有催泪性和强烈刺激臭味的一种物质）。

④药剂消毒：保持包装室和贮藏室的清洁，注意清理废弃物，室内和各种器皿都用药剂消毒。

2. 包装

包装容器要求能够密封、防虫、防潮、无毒、无异味，并且不会导致食品变性、变质等。常用的包装容器有木箱、纸箱、锡铁罐等。

（1）普通包装　指纸箱和木箱包装。装箱时，先在箱子四壁和箱底放一层防潮包装材料如蜡纸、羊皮纸以及具有热封性的高密度聚乙烯塑料袋，也有按箱子的规格，先用纸做成口袋放入的。装入制品后，密封好。干制品封口不能用糨糊，以防霉烂。

（2）真空包装　是在柔软的塑料袋中装入内容物后，向袋内喷入一定量的高压过热蒸汽，排除袋内的空气，随后，立即把袋热压密封，蒸汽在袋中凝结而在袋内形成真空。高压过热蒸汽含极少量水分，对制品品质不会有影响。

（3）惰性气体包装　是在塑料袋等容器中装入内容物后，充入惰性气体如二氧化碳、氮气等，使氧气的含量降到2%以下，这种包装方法对于加强维生素的稳定性，防治油脂的氧化变质，降低贮藏期间的损失和防虫有很好的作用。目前，这种方法已在世界各地广泛使用。我国用得比较多的是油炸脱水小食品的包装，这种包装不仅能够保持制品的品质，而且外观饱满，可根据需要制作成各种美丽的图案。

（4）吸氧剂包装　采用葡萄糖氧化酶除氧小袋进行包装，即将酶与葡萄糖以缓冲剂装满在水不渗透但氧气能渗透的小袋中，将这种小袋与干燥食品一起密封在包装容器中，小袋中的内容物很快地吸收了容器中的氧而剩下无氧的空气，对防止因对氧化物作用敏感的干制品的败坏很有效。

3. 干制品的贮藏

影响干制品贮藏效果的因素很多，如干制原料、干制品含水量、贮藏环境、贮藏库等。

（1）干制原料　选择新鲜完整，充分成熟的原料，能提高贮藏效果。

（2）干制品含水量　在不损害制品品质的前提下，制品越干燥，含水量越低，气保藏效果越好。

（3）贮藏环境　环境条件包括温度、湿度、光照等情况。温度应保持低温，一般最好在 0～2℃，不可超过 10～14℃，温度越高，氧化越快，氧化作用不但能促进变色和维生素损失，而且又能氧化亚硫酸为硫酸盐，降低亚硫酸的保藏效果。湿度也是越低越好，一般要求空气相对湿度在 65% 以下，干制品保持的含水量越低，空气相对湿度也必须相应低地降低，增高相对湿度就必须提高平衡水分，从而提高了干制品的含水量，这就为微生物活动提供了条件，同时，酶的作用恢复，引起氧化。因此，制品应尽量贮藏在避光处。

（4）贮藏库　库房要求干燥、通风良好、密闭、有遮阳设备，且有防鼠设备。贮藏干制品时，切忌同时存入潮湿物品。

（四）干制蔬菜加工实例

1. 干豇豆加工

（1）工艺流程

原料→ 分拣 → 清洗 →热汤→ 冷却 → 烘干 → 回软 → 半成品分检 → 包装 → 入库

（2）操作要点

①品种选择：选白荚或翠绿、浅绿色品种作为加工原料，加工后颜色碧绿。

②原料选择、处理：当天采收、色浅绿、荚长、直、匀称、不发白变软、种子未显露的鲜嫩豆荚。去除病虫害、过老过嫩及异色鲜荚。加工时要求同批加工豇豆颜色相同，长短均匀，成熟度一致，摊开堆放，以免发热、发黄影响品质。加工前用自来水洗去原料上的泥沙等杂质，做到当天采收，当天加工。

③热烫：用 8 倍豆荚重量的水放在锅内，加热烧开，每 200kg 水中加入 25g 食用苏打保绿，然后将豆荚倒入沸水中，翻动数次，让豆荚受热均匀，热烫处理一般掌握 3～5min，以豆荚熟而不烂为准，一般每烫 50kg 豆荚加食用苏打一次，一锅水续烫 3 次后须换水，以确保豆干质量。

④冷却：将热烫后的豇豆迅速在竹筛上摊开，趁体软时理直。有条件的地方可水平方向吹冷风，加快冷却。

⑤烘干：豇豆烘干可以用香菇烘灶进行烘干，烘干分为三个步骤。

a. 将冷却后的豇豆连竹筛迅速放入烘灶，每 1m² 竹筛放 6.5kg 豆荚，温度控制在 90～98℃，时间为 40～50min。

b. 将第一次烘干后的豆荚，二筛并一筛，烘干厚度为每 1m² 竹筛放 13kg 豆荚，温度控制在 90～98℃，时间为 30min。

c. 厚度与第 2 步相同，温度控制在 70～80℃，直到烘干为止，时间一般为 3～4h。每个步骤烘干间隔期为 1～2h，烘干过程中火力要均匀，并将上、下、前、后调换竹筛，使其受热均匀，干燥度一致。

⑥回软：烘干后的豇豆干冷却后，堆成堆，用薄膜覆盖，使其回软，达到各部分含水

量均衡，时间一般 3 ~ 5d。

⑦包装：豆干回软后即可加工包装，一般加工成 6cm 长的小段，采用塑膜真空包装。每包 250g 或 500g 定量包装，便于销售和消费者携带。

2. 黄花干制加工

（1）工艺流程

| 原料适时采收 | → | 杀青 | → | 烘干 | → | 回软 | → | 半成品分拣 | → | 包装 | → | 入库 |

（2）操作要点　干制黄花菜有名金针菜，是上档的菜品，市场售价高，供不应求。

①适时采收：适时采收是保证黄花菜干制品质量的关键。应选择在花蕾充分长成但尚未开放前采收，成熟时的花蕾呈黄绿色，花体饱满，花瓣上纵沟明显。采收时间一般以上午 11：00 至下午 17：00 为宜，阴雨天花蕾开放早，可适当提前采摘。采收后按成熟度分级。花蕾应随采随蒸制，以免花蕾继续开放，影响品质。

②杀青：将采收的花蕾放于蒸笼或沸水中处理数分钟，待花蕾颜色由黄色变成淡黄色，用手捏住柄部，花蕾向下垂即可。蒸好的花蕾，不能马上日晒或烘干，须在蒸笼里焖捂 20min 左右，让其自然冷却。

③干制：可采用晒干和人工干制的方法。

a. 晒干。先将竹帘、竹席或晒盘架到离地面高度 30 ~ 60cm 的架子上，再将处理过的花蕾摊放在上面，摊放要均匀，厚度 2 ~ 3cm，每隔 2 ~ 3h 翻动一次。白天曝晒，晚上收起，覆盖防潮。经 2 ~ 3d，即可晒干。待黄花菜的含水量降至 15% ~ 18%，用手捏紧不发脆，松手后又自然散开，相互不粘时为止。天阴无法晒干时，可用 5‰ 的硫黄蒸熏，以免霉烂。一般晒干的可稍蒸熟一点，烘干的可稍生一点

b. 烘干。每 1m² 烘盘可装热烫过的黄花菜 5kg 左右。干制初期黄花菜含水量较高，应先将烘房升温到 80 ~ 85℃后再将黄花菜送入，此时因原料大量吸热，使烘房温度下降，当下降到 60 ~ 65℃时，保持 12 ~ 15h，然后逐渐降低到 50℃，直到干燥结束，为防止黄花菜黏结和焦化，还应及时倒换烘盘，一般翻动 2 ~ 3 次，每 5h 翻动一次，使其干燥程度一致。

晒黄花菜的过程中要揉 2 ~ 3 次，一般在摊晒后第 2 天早上回潮时揉制，每次 5 ~ 10min，作用是压出水分，使其内部脂肪、香脂适当外渗，增加油性、光泽和香味。

④成品：晒制的色泽黄，品质较好，而烘制的一般光泽差，品质档次。每制 250g 干燥的黄花菜，晴天约需鲜花 4kg，雨天约需 5kg。产品制成千后，装在密闭干燥的容器中保藏。在干燥后若用 10% 明矾溶液喷洒使吸收回潮，可防虫蛀和回潮变质，用塑料袋密封保藏。

3. 木耳的干制

（1）工艺流程

| 原料适时采收 | → | 烘干 | → | 回软 | → | 分级 | → | 包装 | → | 入库 |

（2）操作要点

①选料：黑木耳有三种，即春耳、伏耳和秋耳。春耳的耳大，包深，肉厚，吸水量大，质量好；秋耳稍小，吸水量少，品质次于春耳；伏耳色浅，肉薄、质差。

②干燥：木耳采收后应及时干燥。有两种干燥方法，即自然干燥和人工干燥。自然干燥即日晒，将黑木耳薄薄地摊在晒席上或摊在铺有纱布的木框内，晒 1 ~ 2d。晒时不宜翻

动，以免木耳卷成拳耳或破碎，晒干即为成品。人工干燥即烘干，烘烤温度不能超过40℃，以防烤焦或自融。烘烤时要经常通风换气，以除去湿空气，加速水分蒸发。

③分级：根据黑木耳朵形大小、颜色深浅、肉质厚薄进行分级。

④包装：制成的干黑木耳装入塑料薄膜食品袋内，封口舌装箱外运。

⑤质量要求：一般8~10kg鲜木耳制成干木耳1kg，要求制品干硬发脆，无其他杂质，色深形大。

项目七
蔬菜生产技术开发与评估

【教学目标】

知识： 掌握田间试验设计、田间试验的观察记载和测定方法；掌握蔬菜田间试验数据统计假设检验、方差分析等。

技能： 能进行常用蔬菜田间试验设计，能进行田间取样和产量计算；能进行数据的整理、统计假设测验和方差分析。

态度： 培养学生热爱蔬菜的专业情感。

【教学任务与实施】

教学任务： 进行蔬菜田间试验设计和产量计算；进行数据整理、离群数据分析、方差分析。

教学实施： 实习基地、图片、标本、多媒体、计算机房等。

【项目成果】

试验设计方案和图表；相关数据处理结果。

一、 技术开发——田间试验设计

  蔬菜生产要依靠农业科学技术的进步，农业科学试验是促进农业科学进步的重要手段，而田间试验是科学研究的主要形式。蔬菜生产主要在田间、大棚、温室等进行生产，受环境条件和栽培技术影响较大，蔬菜的产量、品质及特征特性的表现，是各种环境条件综合作用的结果。要选育蔬菜新品种、认识蔬菜生长发育规律，或从外地引进的新品种、新技术是否增产显著，都必须在田间条件下进行试验。农业上，一个新品种、一项新技术、一种新产品的推广应用，必须用一种科学的方法验证其优劣或鉴定其使用价值。田间试验是在田间自然、土壤等环境条件下栽培农作物，并进行与作物有关的各种农业科学试验，在解决农业生产实际问题中占有不可替代的地位。

（一） 田间试验概述

1. 田间试验常用术语

（1） 试验指标 用来衡量试验结果好坏或处理效应的高低，在试验中具体测定的性状或观测的项目称为试验指标。在蔬菜试验中其许多数量性状和质量性状都可以作为试验指标，如蔬菜的产量、抗逆性、抗虫性等。

（2）试验因素　试验因素是指试验中由人为控制并能改变的影响试验指标的各种条件。蔬菜田间试验的对象是各种蔬菜，其生长发育、表现特征以及最终产量的形成受多种因素影响，其中有些属于自然条件因素，如光、温度、水分、土壤、病虫害等；有些属于栽培条件，如品种、施肥量、种植密度、播种时间、施药量等。在试验过程中，必须控制非试验因素保持相对不变才能考察试验因素对其的影响。其中被考察的因素或栽培技术称为试验因素。例如，研究番茄产量中，品种、种植密度、施肥量、定植时期等都对产量有影响，若只研究密度的影响作用，则密度为试验因素，其他的生产条件诸如品种、施肥量等条件则固定在同一水平保持不变。试验因素往往是大写字母 A、B、C、…表示。

在同一试验中只研究一个因素的试验称为单因素试验；若同一试验中同时研究两个或两个以上的试验因素对试验指标影响的试验称为多因素试验。

（3）因素水平　对试验因素所设定的量的不同级别或质的不同状态，称为因素水平，简称水平。例如，比较 6 种不同基质对番茄产量的影响，这 6 种不同基质就是基质这个因素的 6 个水平；若研究不同授粉方式（熊蜂授粉和激素蘸花）对番茄坐果率及产量的影响，这 2 种授粉方式就是这个试验的 2 个水平。因素水平可以用代表该因素字母添加下标 1、2、3…表示，如 A_1、A_2、…，B_1、B_2、…。每个因素至少具有两个水平。

同一因素各水平间间距的确定方法主要有以下 4 种。

①等差法：各相邻两个水平数量之差相等。如结球甘蓝全生育期的尿素用量可设 3 个水平，分别为 20、40、60kg/亩，玉米种植密度可设 3500、4000、4500 株/亩。

②等比法：各相邻两个水平的数量比值相同。如结球甘蓝喷施不同浓度硼肥的各水平分别为 7.5、15、30、60mg/kg，相邻两水平之比为 1:2。

③随机法：用随机的方法确定因素内的数量水平。如把喷施调节剂的浓度随机设定为 0、0.5、2、6、9mg/kg。可用 Excel 函数 RANDBETWEEN，如需要 1~10 之间的随机整数，可在单元格中输入"= RANDBETWEEN（1，10）"；若想得到 1~10 之间随机小数，则在单元格中输入"= RANDBETWEEN（1，10）/10"，若想得到多个这样的随机数字，单元格下拉即可。

④选优法：先选出因素水平的两个端点值，再以 G =（最大值 - 最小值）×0.618 为水平间距，用（最小值 + G）和（最大值 - G）的方法确定因素水平。例如喷施调节剂浓度试验，把因素水平的两个端点值定为 0 和 5mg/kg，则水平间距 G =（5 - 0）×0.618 = 3.09，最小值 0 + 3.09 = 3.09，最大值 5 - 3.09 = 1.91。于是，喷施调节剂浓度试验用选优法确定的因素水平为：0（对照），1.91，3.09，5mg/kg。

（4）水平组合　同一试验中各因素不同水平组合在一起而构成的技术措施称为水平组合。水平组合是针对多因素试验而言的；一个水平组合是每个因素各出一个水平构成。一个多因素试验的所有不同的水平组合数是各因素水平数之积。若试验中因素分别为 A、B，A 因素水平为 A_1、A_2，A_3，B 因素水平为 B_1、B_2、B_3，水平组合数 = 3×3 = 9，即 A_1B_1、A_1B_2、A_1B_3、A_2B_1、A_2B_2、A_2B_3、A_3B_1、A_3B_2、A_3B_3。例如用不同砧木和嫁接方法对茄子嫁接苗存活率影响的试验（表 7 - 1），因素砧木分别有砧木英雄、砧木茄子 F_1，水平数为 2；因素嫁接方法分别有针接法、劈接法、插接法，水平数为 3。2×3 = 6，分别是砧木为砧木英雄采用针接法，砧木为砧木英雄采用劈接法，砧木为砧木英雄采用插接法，砧木

为砧木茄子 F_1 采用针接法，砧木为砧木茄子 F_1 采用劈接法，砧木为砧木茄子 F_1 采用插接法（表 7-2）。

表 7-1　　　　不同砧木和嫁接方法对茄子嫁接苗存活率影响试验的因素与水平

因素	水平	水平数
砧木	砧木英雄、砧木茄子 F_1	2
嫁接方法	针接法、劈接法、插接法	3

表 7-2　　　　不同砧木和嫁接方法对茄子嫁接苗存活率影响试验的水平组合

水平组合	砧木	嫁接方法	水平组合	砧木	嫁接方法
1	砧木英雄	针接法	4	砧木茄子 F_1	针接法
2	砧木英雄	劈接法	5	砧木茄子 F_1	劈接法
3	砧木英雄	插接法	6	砧木茄子 F_1	插接法

（5）试验处理　试验中进行比较的试验技术措施即为试验处理，简称处理。单因素试验中一个水平就是一个处理；多因素试验中一个水平组合就是一个处理。如在进行番茄品种比较试验时，因素为品种，是单因素试验，每个处理即实施在试验小区上的具体项目就是种植某一品种番茄。再如同上的不同砧木和嫁接方法对茄子嫁接苗存活率影响的多因素试验，试验处理数为 6 个处理，实施在每个试验小区上的具体项目就是不同砧木与不同嫁接方法嫁接之后的茄子嫁接苗。

（6）试验小区　在田间试验中安排一个实验处理的小块地段称为试验小区，简称小区。

（7）试验方案　同一试验中所有不同处理的总称为试验方案。每个试验在实施前都要编制试验实施方案，即详细的试验方案，作为试验的文字依据，使试验执行人员按照方案规定的目的要求和操作方法进行操作。一般试验方案包括以下内容。

①试验名称：反映试验的主要内容、试验时间和负责试验的单位。例如，2019 年番茄抗根结线虫品种筛选试验（以下简称筛选试验）实施方案，试验单位重庆市万州区甘宁镇，实施时间 2019 年 3 月 1 日。

②试验目的：反映试验要求解决什么问题，达到的目标。例如，筛选的目的是为了筛选适合我区自然和生态条件的抗根结线虫的番茄品种，为推广生产应用提供依据。

③试验材料：它指在试验中所需要的各种试验用材料。例如，品比试验的试验材料为品种，试验安排 6 个品种［耐莫尼塔、FA-593、保罗塔、多菲亚、千禧、FA-189（CK）］。这些品种由××公司××营销部提供。

④试验地点：在何处实施。例如，筛选试验安排在××乡××村××组××人责任田，海拔 385m，成土母质花岗岩，沙壤土，肥力中等，排灌自如，交通便利。也可用 GPS 定位仪测量出经度和纬度。

⑤试验设计：进行该试验采用的试验设计方法，如对比设计、间比设计和随机区组设计等，绘出田间设计图。例如：筛选试验的试验设计方案为：试验共设 6 个处理，3 次重复，共 12 个小区，随机区组排列，每小区面积 $18m^2$，规格为 2.25m × 8m，行株距 0.75m ×

0.5m，试验区四周设保护行 1.5m，小区与小区间设走道 50cm，试验分布详见田间设计图。

⑥试验记载与要求：包括试验地的位置；土壤类型和肥力；播种时间、播种方式和播种密度；施肥种类、数量和各期施用比例；灌溉方式、时间和数量；中耕除草等田间管理；观察记载的项目和要求；分析测定项目和方法；收获计产的方法；资料分析方法；试验总结报告的要求和完成时间等。

2. 田间试验种类

（1）按试验研究的内容分类

①品种试验：将遗传基础不同的作物品种在相同条件下进行比较试验，鉴别各品种的优劣，以选出适合当地的高产品种。品种试验又可分为新品种选育试验、品种比较试验和品种区域试验等。

②栽培试验：将基因型相同的同一品种在不同栽培条件下进行试验，研究比较不同栽培技术的增产效果。例如，蔬菜播种期试验、种植密度试验、肥料施用量和施用时期试验、灌溉试验、复种轮作试验、机械化栽培试验等。

③土壤肥料试验：主要研究各种类型土壤的施肥种类、施肥数量、施肥时期、施肥方式的增产效果。如蔬菜测土配方施肥试验。

④病虫害防治试验：主要研究作物病虫害防止措施和新农药的药效等。

（2）按试验小区大小分类

①小区试验：一般试验小区小于 $60m^2$ 的试验称为小区试验。大多数试验为小区试验，其优点是小区面积小，能减少整个试验地的面积，容易做到肥力均匀的地块进行试验和精细管理，并便于增加试验小区的重复次数，提高试验的精确性。

②大区试验：一般小区面积在 $330m^2$ 以上的试验，多为示范性试验，称为大区试验。其优点是试验地土壤和栽培条件接近于大田，试验结果能够较好地反映处理再生产实际中的表现。但由于小区面积较大，不能设置重复和精细管理，不宜在处理比较多、精确性要求高的试验中采用。一般多在经过初步试验，得到优良处理之后，进一步在生产条件下进行的示范性试验时采用。

（3）按试验场所分类

①田间试验：在田间自然条件下进行的试验，是农业试验的主要形式。田间试验环境条件接近于生产实际，但由于温度、光照、水分及土壤等自然环境难以控制，试验较复杂。

②温室试验：在较严格控制温度、湿度、光照等条件下，观察作物的生长发育规律，比较不同处理的效果。由于温度、光照、水分等条件得到较好的控制，试验误差小，结果准确可靠。

③盆栽试验：利用盆、钵、穴盘等容器作为试验单位栽植农作物并进行处理间的比较，其优点是可以控制试验中光照、温度、水分、土壤等环境条件，特别是能使土壤条件达到最大程度的一致，避免了试验中产生误差的最主要来源，试验误差小同时试验较为灵活，适用于研究作物生长发育或农药药效等方面的试验。

④实验室试验：在严格控制的条件下进行的一些特殊试验，如种子发芽试验、植物组织培养试验、果蔬检测等，对阐明农业生产中的一些理论问题极为有用，在有条件时应充分利用。

3. 田间试验的误差及其控制

田间试验由于常常受到试验因素以外的各种环境因素的影响，使得田间试验处理的真实效应不能正确反映处理出来，这种受非处理因素的影响使观测值与试验处理真值之间产生的偏差称为试验误差。田间试验误差分为系统误差和随机误差两种。

（1）试验误差的种类

①系统误差：系统误差是指有一定来源或遵循某种变化规律的误差。它的特点是产生的原因往往是可知的或可掌握的，它的值或恒定不变，或遵循一定的变化规律，影响试验的准确性。如仪器或器具不准、试验分析药品纯度差、试验地肥力按一定方向有规律的变化或观察记录人员的习惯与偏向等。导致系统误差的原因多种多样，因试验地点、人员、仪器、药品等条件而异，所以实际观测资料的系统误差往往是多种偏差的复合。

②随机误差：随机误差也称为偶然误差，是由多种偶然的、无法控制的因素所引起的误差。它的特点是带有偶然性质，在试验中难以消除，影响试验的精确性。例如，在试验过程中，同一品种、采用相同的栽培技术、种植在土壤肥力相似的邻近几个小区上，由于受到许多无法控制的内在和外在的偶然因素的影响，其产量虽然接近但并不完全相同。这种误差就是随机误差。统计分析中的误差是指随机误差。

试验的正确性由试验的准确性和精确性决定。准确性是指观测值与其理论真值间的符合程度。精确性是指观测值相互之间的符合程度。通常系统误差决定试验的准确性，随机误差决定试验的精确性。

（2）田间试验误差的来源

①试验地土壤肥力的差异：试验地的土壤差异及肥力不均匀所导致的差异，是田间试验误差的最主要来源，也是最难以控制的。

②试验材料固有的差异：在田间试验中供试材料通常是蔬菜等作物，它们在遗传及生长发育等方面往往存在一定差异，如试验用材料的基因型不一致、种子生活力的差别、秧苗素质的差异等，都会造成试验结果的差异。

③试验操作和田间管理技术不一致所引起的差异：试验过程中除试验处理以外的栽培管理和结果观测在操作上存在差异。供试作物在田间的生长周期较长，在试验中各个环节的任何疏忽，都会引起试验误差。如试验地的整理、播种、移栽、施肥、浇灌、中耕除草、病虫害防治、收获等操作与管理技术的不一致；以及对一些性状进行观察和测定时，各处理的观察测定时间、标准、人员和所用工具或仪器等不能完全一致，均会产生试验误差。

④偶然性因素引起的差异：田间试验过程中有时会出现一些无法预见问题，如病虫害侵袭、人畜践踏、鸟兽危害、暴风雨等自然灾害或意外带来的差异，这些偶然现象具有随机性，对各处理的影响也不尽相同，而且这些影响的出现与影响程度是难以预测的，所以难以针对性控制。

在试验过程中误差是不可避免的，只能降低，不能消除。需要我们采取一切措施，有效控制这些不同来源的差异，控制对试验影响较大的主要环境因素。田间试验的核心是提高试验的精确度，即降低试验误差。

（3）控制田间试验误差的途径　为了提高试验的精确性，必须针对试验误差来源采取相应的措施，使误差降低到最小限度。

①选择同质一致的试验材料：必须严格要求试验材料的基因型同质一致；尽量选用均

匀一致的试验材料，不一致的试验材料可分级、分重复使用或充分混合均匀后再使用。与大田作物相比，果树试验误差较大。因此，试验时对试验材料的选择尤为重要。首先要选用有代表性的供试品种，如一般采用当地主栽品种或计划发展的品种，同时要根据试验目的和要求，选用相应的品种；其次，试验用的苗木要求高质量，整齐一致；第三，在现有的果园中进行试验，主要通过生育档案和基础调查，选择相对一致的供试树，至少同一区组内应尽量一致；第四，试验树的管理要一致；第五，要正确选择试验树的年龄时期和结果性状，如以产量为研究指标的试验，则应选盛果期树，并在大年进行试验为佳。

②改进操作和管理技术，使之标准化：总的原则是：操作要仔细，一丝不苟，除各种操作尽可能做到完全一样外，一切管理操作、观察测量和数据收集都应以区组为单位进行控制，减少可能发生的差异。这就是后面要介绍的"局部控制"原理。

③控制外界主要因素引起的差异：试验过程中引起差异的外界因素中，土壤差异是最主要的又是最难控制的。通常采用以下三种措施：正确选择和培养试验地；采用合理的小区技术；应用良好的试验设计和相应的统计分析。

正确选择试验地是使土壤差异减少到最小限度的一项重要措施，对提高试验精确度重要作用，一般应考虑以下几个方面：

a. 试验地要有代表性。要使田间试验具有代表性，首先试验地要有代表性，即试验地的土壤类型、气候条件、土壤肥力、栽培管理水平等应能代表当地的自然条件和农业条件，以便使试验结果能在当地推广应用。

b. 试验地肥力要均匀。试验地肥力均匀是提高试验精确性的首要条件，肥力差异会掩盖处理效应，甚至出现假现象。试验地不同部位的表土、底土、地下水位、耕种历史等力求一致。一般有较严重斑块状肥力差异的田块，最好不选为试验地。

c. 试验地要平坦。水田应严格要求田块平坦，以防灌水深浅不一而影响作物生长；旱作或果树、蔬菜等应尽量选择地势平坦地块，如果必须在坡地进行试验，可选择局部肥力相对比较一致的地段，以便试验时能局部控制。

d. 试验地位置要适当。试验地要尽量避开树木、建筑物、池塘、肥坑、道路等，以免造成土壤肥力和气候条件的不一致性。试验地还要注意家禽、家畜危害，最好离居民点和畜舍远些。

e. 试验地要有足够的面积和适宜的形状。条件允许的话要保证试验地的面积和形状能够合理安排整个试验。

f. 选择的试验地要有土地利用历史记录。这样可通过试验小区技术的妥善设置和排列作适当补救，有利于提高试验精确性。

g. 试验地采用轮换制，使每年的试验能设置在较均匀的地块上。

h. 试验地选定后，某些要求严格的试验，在正式试验前先进行 1~3 年匀地播种，多采用种植密植作物；长期定位试验在匀地播种基础上还要作空白试验。

④另外为减少试验误差还应该遵循田间试验的一些原则：

a. 重复。是试验各处理重复出现的次数，重复的作用是降低试验误差。根据统计学原理误差的大小与重复次数的平方根成反比。

b. 随机。随机指的是一个重复中个处理出现顺序的完全随机化，他是相对于顺序排列而言的，随机排列是进行方差分析的基本前提，通过方差分析可以分析出试验的误差。

c. 局部控制。为了降低试验的误差要设置重复，如 K 个处理，r 个重复，则有 rK 个小区完全随机的排列在试验地上，不如把试验地根据肥力情况分成 r 个局部地段。每区组内各处理再随机排列，这样区组内土壤差异小，各处理在各区组出现的机会均等，排列的次序又是随机的使各处理间的互相比较更合理。将试验处理设置在土壤均匀的局部地段内，可降低误差的方法，称局部控制。

（二）蔬菜常用田间试验设计

1. 顺序排列试验

顺序排列的试验设计主要有对比法和间比法两种。由于各处理顺序排列，不能无偏估计处理效应和试验误差。因此，不宜对试验结果进行方差分析。顺序排列也有一定的优点，如设计简单，播种、观察、收获等工作不易发生差错，可按品种的成熟期、株高等排列，以减少处理间的生长竞争。对此类试验，主要采用百分比法进行统计分析。

（1）对比法设计　对比法是一种最简单的试验设计方法，常用于处理数较少的品种比较试验及示范试验。在田间试验中，对比法的排列特点是：每隔两个小区设置一个对照区，这样，每一个小区均可排列于对照区旁，从而使得每个小区都能与相邻对照区直接进行比较。这种排列使得试验区与对照区相连接，降低了土壤、气候等环境条件差异。因此，对比法不仅有利于观察还可以提高试验种与对照种比较的精确度。

在运用对比法设计田间试验时，必须注意以下两个方面：①由于对照区过多，其面积占试验田面积的 1/3，降低了土地利用率。因此不宜设置过多处理，重复数在 3~6 次即可；②在同一重复内，各小区按顺序排列。但多排式重复时，采用阶梯式或逆向式排列，以避免不同重复内的相同小区排列在同一条直线上（图 7-1）。

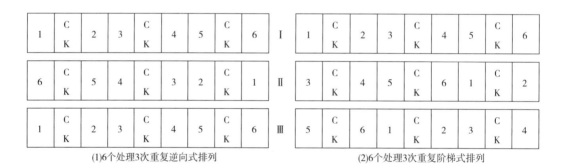

(1)6个处理3次重复逆向式排列　　　　　　　(2)6个处理3次重复阶梯式排列

图 7-1　对比法设计田间试验的小区排列方式

（2）对比法试验结果统计方法　对比法设计试验的产量分析，处理的结果一般都与邻近对照比较，处理间不直接进行比较。结果分析的方法用百分比法，以对照的产量为 100，用处理产量与相邻对照产量相比较，计算出各处理对相邻对照产量的百分比（即相对生产力），用以评定处理的优劣（位次）。

［例1］设有 A、B、C、D、E、F 六个甘蓝品种的比较试验，设标准品种为 CK，采用对比法设计，小区面积 35m²，3 次重复，田间小区排列和产量（kg/35m²）（图 7-2），试进行统计分析。

①列产量结果：将图 7-2 中各品种及对照各次重复的产量列为表 7-3，并计算其产量总和与平均小区产量。

| I | A
26 | CK
21 | B
22 | C
21 | CK
24 | D
30 | E
26 | CK
25 | F
26 |

| II | C
31 | CK
29 | D
27 | E
25 | CK
25 | F
30 | A
30 | CK
25 | B
23 |

| III | E
28 | CK
27 | F
25 | A
29 | CK
25 | B
24 | C
24 | CK
26 | D
30 |

图 7 - 2　甘蓝品种比较试验田间小区排列和产量

②计算各品种占邻近对照产量的百分比：

$$占邻近 CK 的百分比（\%）= \frac{某品种各小区产量总和}{邻近 CK 产量总和} \times 100 \tag{7-1}$$

表 7 - 3　　　　　　　　甘蓝品比试验（对比法）的产量结果分析

品种	各重复小区产量					占邻近 CK 的 百分比/%	矫正产量/ (kg/hm²)	位次
	I	II	III	总和	平均			
A	26	30	29	85	28.33	119.72	86 266.81	1
CK	21	25	25	71	23.67	100.00	72 057.14	(4)
B	22	25	24	71	23.67	100.00	72 057.14	4
C	21	23	24	68	22.67	86.08	62 026.79	6
CK	24	29	26	79	26.33	100.00	72 057.14	(4)
D	30	31	30	91	30.33	115.19	83 002.62	2
E	26	27	28	81	27.00	105.2	75 804.11	3
CK	25	25	27	77	25.67	100.00	72 057.14	(4)
F	26	25	25	76	25.33	98.70	71 120.40	5

例如：A 品种占邻近 CK 的占（%）$= \frac{85}{71} \times 100 = 119.72$

依次类推，将算得各品种与邻近 CK 的百分数填入表 7 - 3。

③计算各品种的矫正产量：各品种的小区产量是在不同土壤肥力条件下形成的，这些产量可能因小区土壤肥力的差异而偏高或偏低，而对照品种在整个试验区分布比较普遍，其平均产量能够代表对照品种在试验区一般肥力条件下的产量水平。又作物产量习惯于用每公顷产量表示，可用对照品种的平均产量为标准，计算各品种在一般肥力条件下的矫正产量（kg/hm²）。

a. 计算对照区的平均产量。

$$对照区平均产量 = \frac{对照区产量总和}{对照区总数} \tag{7-2}$$

本例对照区平均产量 $= \dfrac{71+79+77}{9} = 25.22$

b. 计算对照品种单产。

$$对照品种单产 = 对照区平均产量 \times \frac{10000}{小区面积（m^2）} \qquad (7-3)$$

$$对照品种单产 = 25.22 \times \frac{10\,000}{35} = 72\,057.14$$

c. 计算各品种的矫正产量。

$$品种的矫正产量 = 对照品种单产 \times 品种与邻近CK产量的\% \qquad (7-4)$$

本例 A 品种的矫正产量 $= 72057.14 \times 119.72\% = 86266.81$，…，依此类推。并将算得各品种矫正产量数据列入表 7-3。

④确定位次：按照品种（包括对照）矫正产量的高低排列名次（表 7-3）。

⑤试验结论：相对生产力大于 100% 的品种，其百分数越高，就愈可能优于对照品种。但决不能认为超过 100% 的所有品种，都是显著地优于对照的，因将品种与相邻对照相比只是减少了误差，而不能排除误差。所以，一般田间试验认为：相对生产力比对照超过 10%，可判定处理的生产力确实优于对照；凡相对生产力仅超过 5% 左右的品种，应继续试验再作结论。当然，由于不同试验的误差大小不同，上述标准也仅供参考。

在本例结论：A 品种产量最高，比对照增产 19.72%；D 品种占第二位，比对照增产 15.19%，大体上可以认为他们确实优于对照；E 品种占第三位，比对照增产 5.2%，应继续试验后再作结论；B 与 F、C 品种与对照持平或低于对照，比对照减产，应淘汰。

（3）间比法设计　育种试验的前期阶段，供试品种较多，试验要求较低时采用的试验设计方法。

在运用间比法设计田间试验时，必须注意以下几个方面：①在每一个试验地上，排列的开始和最后一个小区一定是对照区（CK）；②在同一重复内，各小区按顺序排列，每两个对照区之间设置同等数目的处理小区，一般设置 4 个、9 个甚至 19 个；③重复一般为 2~4 次，各重复可以排成一排或多排；④当多排重复时，采用逆向式排列（图 7-3）；⑤如果一块地内不能安排下全部重复的小区，可以在第二块地上接下去，但开始时必须种植一个对照区，这个对照区称为额外对照（Ex. CK）（图 7-4）。

Ⅰ	CK	1	2	3	4	CK	5	6	7	8	CK	9	10	11	12	CK	13	14	15	16	CK	17	18	19	20	CK
Ⅱ	CK	20	19	18	17	CK	16	15	14	13	CK	12	11	10	9	CK	8	7	6	5	CK	4	3	2	1	CK
Ⅲ	CK	1	2	3	4	CK	5	6	7	8	CK	9	10	11	12	CK	13	14	15	16	CK	17	18	19	20	CK

图 7-3　20 个品种 3 次重复的间比法排列（逆向式）

Ⅰ、Ⅱ、Ⅲ代表重复；1、2、3、…、20 代表品种；CK 代表对照

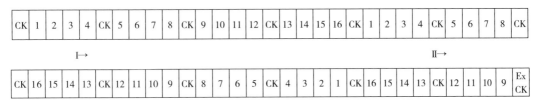

| CK | 1 | 2 | 3 | 4 | CK | 5 | 6 | 7 | 8 | CK | 9 | 10 | 11 | 12 | CK | 13 | 14 | 15 | 16 | CK | 1 | 2 | 3 | 4 | CK | 5 | 6 | 7 | 8 | CK |

Ⅰ→ Ⅱ→

| CK | 16 | 15 | 14 | 13 | CK | 12 | 11 | 10 | 9 | CK | 8 | 7 | 6 | 5 | CK | 4 | 3 | 2 | 1 | CK | 16 | 15 | 14 | 13 | CK | 12 | 11 | 10 | 9 | Ex.CK |

←Ⅲ

图 7 – 4　16 个品种 3 次重复的间比法排列、2 行排列重复及 Ex. CK 的设置

Ⅰ、Ⅱ、Ⅲ代表重复；1、2、3、…、16 代表品种；CK 代表对照；Ex. CK 代表额外对照

间比法设计的优点是：设计简单，操作方便，可按品种的不同特性排列，能降低边际效应和生长竞争影响。缺点是：虽然增设了对照，但各处理在小区内的排列并非随机排列。因此，估计的试验误差有偏差。

（4）间比法试验结果统计方法　与对比法试验设计相比，间比法设计的两个对照区中间一般是隔 4 个、9 个或 19 个处理小区，这样有些处理与对照区不相邻，因此，与各处理相比较的是前后两个对照区指标值的平均数（记作 $\overline{CK}$），该平均数称为理论对照标准。

[**例 2**] 有 12 个品系的马铃薯品种比较试验，以一推广品种为对照，采用二次重复，间比法设计，小区计产面积 15m²，每隔 4 个品系设一对照，田间小区排列和产量（kg/15m²）如图 7 – 5 所示，试分析各品系的相对生产力。

| CK | 1 | 2 | 3 | 4 | CK | 5 | 6 | 7 | 8 | CK | 9 | 10 | 11 | 12 | CK |
| 27.0 | 30.4 | 33.6 | 29.2 | 30.0 | 31.0 | 36.4 | 34.0 | 41.6 | 37.2 | 35.0 | 42.0 | 34.4 | 34.8 | 36.4 | 35.8 |

| CK | 12 | 11 | 10 | 9 | CK | 8 | 7 | 6 | 5 | CK | 4 | 3 | 2 | 1 | CK |
| 27 | 34.4 | 30.8 | 38.0 | 35.2 | 31.0 | 34.0 | 42.4 | 27.6 | 30.0 | 29.8 | 30.0 | 30.8 | 30.0 | 26.0 | 24.2 |

图 7 – 5　马铃薯品系试验田间小区排列和产量

①列制产量结果表：将图 7 – 5 中各品系及对照各重复的产量列为表 7 – 4，并计算各品系及对照产量的总和 T_t 与平均产量 $\bar{x}_t$。

②计算各段平均对照产量 $\overline{CK}$：品系 1、2、3、4 为第一段，其 $\overline{CK} = \dfrac{CK_1 + CK_2}{2} = \dfrac{25.6 + 30.4}{2} = 28.0$。以此类推，逐项计算，列入表 7 – 4。

③计算各品系相对生产力：

$$品系 1 的相对生产力\% = \frac{品系 1 的平均产量}{品系 1 所在段的平均对照产量（\overline{CK}）} \times 100 = \frac{28.2}{28.0} \times 100 = 100.7$$

以此类推，将算得结果列于表 7 – 4。

表7-4　　　　　　　　　马铃薯品系试验（间比法）的产量结果分析

品系代号	各重复小区产量		T_t	$\bar{x}_t$	对照标准 CK	品系占 CK的百分数/%
	Ⅰ	Ⅱ				
CK$_1$	27.0	24.2	51.2	25.6		
1	30.4	26.0	56.4	28.2	28.0	100.7
2	33.6	30.0	63.6	31.8	28.0	113.6
3	29.2	30.8	60.0	30.0	28.0	107.1
4	30.0	30.0	60.0	30.0	28.0	107.1
CK$_2$	31.0	29.8	60.8	30.4		
5	36.4	30.0	66.4	33.2	31.7	104.7
6	34.4	27.6	62.0	31.0	31.7	97.8
7	41.6	42.4	84.0	42.0	31.7	132.5
8	37.2	34.0	71.2	35.6	31.7	112.3
CK$_3$	35.0	31.0	66.0	33.0		
9	42.0	35.2	77.2	38.6	32.2	119.9
10	34.4	38.0	72.4	36.2	32.2	112.4
11	34.8	30.8	65.6	32.8	32.2	101.9
12	36.4	34.4	70.8	35.4	32.2	109.9
CK$_4$	35.8	27.0	62.8	31.4		

④结论：相对生产力超过对照10%以上的有2、7、8、9、10 五个品系，其中品系7增产幅度最大，达到32.5%；超过对照5%以上的有3、4、12 三个品系，有必要作进一步试验观察，其余品系可以淘汰。

2. 完全随机试验

完全随机设计也称成组设计，采用完全随机化的方法将同质的受试对象分配到各处理组，然后观察各组的实验效应。

（1）完全随机试验特点　随机性；灵活机动性（每一处理的重复数可相等也可不等）；富于伸缩性（单因素活多因素试验皆可运用）；分析简便；应用具有局限性（要求试验的环境因素相当均匀），一般用于实验室培养实验及网、温室的盆钵试验。

（2）完全随机设计的主要优点　设计容易，处理数与重复数都不受限制，适用于试验条件、环境、试验动物差异较小的试验；统计分析简单，无论所获得的试验资料各处理重复数相同与否，都可采用 t 检验或方差分析法进行统计分析；完全随机设计灵活机动的试验单元安排，适用于单因素或多因素试验。

（3）完全随机设计的主要缺点　由于未应用试验设计三原则中的局部控制原则，非试验因素的影响被归入试验误差，试验误差较大，试验的精确性较低。因此，这种试验设计只是适合在土壤肥力、试验材料等均匀一致，供试小区在20个左右的情况下使用；在试验条件、环境、试验对象差异较大时，不宜采用此种设计方法；同品种或处理小区的分布，没有规律，比较凌乱，不便于观察记载。

[例3] 某食品厂为提高橘粒的收率，选择了三个主要因素进行试验研究，即反应温度（A）、反应时间（B）和用碱量（C），并确定了它们的试验范围：A：80~90℃；B：90~150min；C：5%~7%。

对因素 A、B 和 C 在试验范围内分别选取三个水平：

A：A1 = 80℃、A2 = 85℃、A3 = 90℃

B：B1 = 90min、B2 = 120min、B3 = 150min

C：C1 = 5%、C2 = 6%、C3 = 7%

完全随机设计法共有 $3^3 = 27$ 次实验（图7-6），立方体包含了 27 个节点，分别表示 27 次试验（表7-5）。

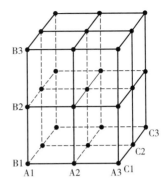

图7-6 完全随机设计法试验设计

表7-5 完全随机设计试验

试验号	A因素	B因素	C因素	试验号	A因素	B因素	C因素
1	A1	B1	C1	15	A2	B2	C3
2	A1	B1	C2	16	A2	B3	C1
3	A1	B1	C3	17	A2	B3	C2
4	A1	B2	C1	18	A2	B3	C3
5	A1	B2	C2	19	A3	B1	C1
6	A1	B2	C3	20	A3	B1	C2
7	A1	B3	C1	21	A3	B1	C3
8	A1	B3	C2	22	A3	B2	C1
9	A1	B3	C3	23	A3	B2	C2
10	A2	B1	C1	24	A3	B2	C3
11	A2	B1	C2	25	A3	B3	C1
12	A2	B1	C3	26	A3	B3	C2
13	A2	B2	C1	27	A3	B3	C3
14	A2	B2	C2				

3. 正交试验

考虑兼顾全面实验法和简单比较法的优点，利用根据数学原理制作好的规格化表-正交表来设计试验不失为一种上策。

用正交表来安排试验及分析实验结果，这种方法称作正交试验设计法。

事实上，正交设计的优点不仅表现在试验的设计上，更表现在对试验结果的处理上。

正交试验的优点：①试验点代表性强，试验次数少；②不需做重复试验，就可以估计试验误差；③可以分清因素的主次；④可以使用数理统计的方法处理试验结果，展望好条件。

正交试验法（表）的特点：①均衡分散性——代表性；②整齐可比性——可以用数理统计方法对试验结果进行处理。

采用正交表安排试验时，对于例3，则只需要9次试验（表7-6）。

（1）用正交表安排试验 试验需要考虑的结果称为试验指标（简称指标），可以直接用数量表示的称作定量指标，不能用数量表示的称作定性指标。定性指标可以按评定结果打分或者评出等级，可以用数量表示，称为定性指标的定量化。

对试验指标可能有影响的变量称为因素，用大写字母A、B、C、…表示。

每个因素可能出现的状态（取值）称为因素的水平（简称水平）。

（2）正交表符号的意义

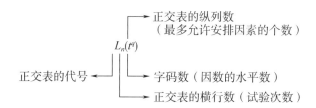

（3）正交表的正交性 以L_9（3^4）为例，正交表如表7-6所示。

表7-6

列号 试验号	1	2	3	4
1	1	1	1	1
2	1	2	2	2
3	1	3	3	3
4	2	1	2	3
5	2	2	3	1
6	2	3	1	2
7	3	1	3	2
8	3	2	1	3
9	3	3	2	1

正交表的特点：①每个列中，"1""2""3"出现的次数相同；②任意两列，其横方向形成的9个数字对中，恰好（1，1）、（1，2）、（1，3）、（2，1）、（2，2）、（2，3）、（3，1）、（3，2）和（3，3）出现的次数相同。

这两点称为正交性：均衡分散（试验点在试验范围内排列规律整齐），整齐可比（试验点在试验范围内散布均匀），代表性强，效率高。

4. 随机区组设计试验

随机区组试验设计是把试验各处理随机排列在一个区组中，区组内条件基本上是一致的，区组间可以有适当的差异。随机区组试验由于引进了局部控制原理，可以从试验的误差方差中分解出区组变异的方差（即由试验地土壤肥力、试材、操作管理等方面的非处理效应所造成的变异量），从而减少试验误差，提高F检验和多重比较的灵敏度和精确度。随机区组试验也分为单因素和复因素两类。本节只介绍单因素和二因素随机区组试验的方差分析方法。

随机区组设计是根据"局部控制"和"随机排列"原理进行的，将试验地按肥力程度等性质不同划分为等于重复次数的区组，使区组内环境差异最小而区组间环境允许存在差异，每个区组即为一次完整的重复，区组内各处理都独立地随机排列。这是随机排列设计中最常用、最基本的设计。

区组内各试验处理的排列可采用抽签法或随机数字法。如采用随机数字法，可按照如下步骤进行。

（1）当处理数为一位数时，这里以 8 个处理为例，首先要将处理分别给以 1、2、3、4、5、6、7、8 的代号，然后从随机数字表任意指定一页中的一行，去掉 0 和 9 及重复数字后，即可得 8 个处理的排列次序。如在该表 1 页第 26 行数字次序为 0056729559、3083877836、8444307650、7563722330、1922462930，去掉 0 和 9 以及重复数字而得到 56723841，即为 8 个处理在区组内的排列。完成一个区组的排列后，再从表中查另一行随机数字按上述方法排列第二区组、第三区组……，直至完成所有区组的排列。

（2）当处理数多于 9 个为两位数时，同样可查随机数字表。从随机数字表任意指定一页中的一行，去掉 00 和小于 100 且大于处理数与其最大整数倍相乘所得的数字及重复数字后，将剩余的两位数分别除以处理数，所得的各余数即为各处理在此区组内的排列。然后按同样方法完成其他区组内的处理排列。例如，有 14 个处理，由于 14 乘以 7 得数为 98，故 100 以内 14 的最大整数倍为 7，其与处理数的乘积得数为 98，所以，除了 00 和重复数字外，还要除掉 99。如随机选定第 2 页第 34 行，每次读两位，得 73、72、53、77、40、17、74、56、30、68、95、80、95、75、41、33、29、37、76、91、55、27、17、04、89，在这些随机数字中，除了将 99、00 和重复数字除去外，其余凡大于 14 的数均被 14 除后得余数，将余数记录所得的随机排列为 14 个处理在区组内的排列，值得注意的在 14 个数字中最后一个，是随机查出 13 个数字后自动决定的。

随机区组在田间布置时，考虑到试验精确度与工作便利等方面的因素，通常采用方形区组和狭长形小区以提高试验精确度。此外，还必须注意使区组划分要与肥力梯度垂直，而区组内小区的长边与梯度平行（图 7-7）。这样既能提高试验精确度，同时也能满足工作便利的要求。如处理数较多，为避免第一小区与最末小区距离过远，可将小区布置成两排（图 7-8）。

I	II	III	IV
7	4	2	1
6	3	1	7
3	6	8	5
4	8	7	3
2	1	6	4
5	2	4	8
8	7	5	6
1	5	3	2

肥力梯度 ⟶

图 7-7 8 个品种 4 次重复的随机区组排列

3	8	1	10	7	15	14	9								
6	13	4	16	11	2	12	5								

图 7 - 8　16 个品种 3 次重复的随机区组设计（小区布置成两排）

随机区组设计的优点是：设计简单，容易掌握；富于伸缩性，单因素、复因素以及综合试验等都可应用；能提供无偏的误差估计，在大区域试验中能有效地降低非处理因素等试验条件的单向差异，降低误差；对试验地的地形要求不严，只对每个区组内的非处理因素等试验条件要求尽量一致。因此，不同区组可分散设置在不同地段上。缺点是：这种设计方法不允许处理数太多。因为处理多，区组必然增大，局部控制的效率降低，所以，处理数一般不要超过 20 个，最好在 10 个左右。

（三）蔬菜田间试验的小区技术

1. 试验小区的面积

在田间试验中，安排一个处理的小块地段称试验小区，简称小区。小区面积的大小对于减少土壤差异的影响和提高试验的精确度有相当密切的关系。在一定范围内，小区面积增加，试验误差减少，但减少不是同比例的，试验小区太小也有可能恰巧占有较瘦或较肥的斑块状地段，从而使小区误差增大。但必须指出，试验精确度的提高程度往往落后于小区面积的增大程度。小区增大到一定程度后，误差的降低就较不明显，如果采用很大的小区，并不能有效降低误差，却要多费人力和物力，不如增加重复次数有利。对于一块一定面积的试验田，增大小区面积，重复次数必然要减少。因而，精确度是由于增大小区面积而提高，但随减少重复次数而有所损失。总之，增加重复次数可以预期能比增大小区面积更有效地降低试验误差，从而提高准确度。

试验小区面积的大小，一般变动范围为 6～60m²。而示范性试验的小区面积通常不小于 330m²。在确定一个具体试验的小区面积时，可以从以下各方面考虑。

（1）试验种类　如机械化栽培试验，灌溉试验等的小区应大些，而品种试验则可小些。

（2）作物的类别　种植密度大的作物如稻麦等的试验小区可小些；种植密度小的大株作物如棉花、玉米、甘蔗等应大些。稻、麦品比试验，小区面积变动范围一般为 5～15m²；玉米品比试验为 15～25m²，可供参考。

（3）试验地土壤差异的程度与形式　土壤差异大，小区面积应相应大些；土壤差异较小，小区可相应小些。当土壤差异呈斑块时，也就是相邻小区的生产力相关比较低时，应该用较大的小区。

（4）育种工作的不同阶段　在新品种选育的过程中，品系数由多到少，种子数量由少到多，对精确度的要求从低到高，因此在各阶段所采用的小区面积是从小到大。

（5）试验地面积　有较大的试验地，小区可适当大些。

（6）试验过程中的取样需要　在试验的进行中需要田间取样进行各种测定时，取样会影响小区四周植株的生长，也影响取样小区最后的产量测定，因此要相应增大小区面积，以保证所需的收获面积。

（7）边际效应和生长竞争 边际效应是指小区两边或两端的植株，因占较大空间而表现的差异，小区面积应考虑边际效应大小，边际效应大的相应需增大小区面积。小区与未种植作物的边际相邻，最外面一行，即毗连未种植作物的空间的第一行的产量比在中间的各行更高，产量的增加有时可超过100%。边第二行的产量则比中间各行的平均效有时增、有时减，但相差不太大。生长竞争是指当相邻小区种植不同品种或相邻小区施用不同肥料时，由于株高、分蘖力或生育期的不同，通常将有一行或更多行受到影响。这种影响因不同性状及其差异大小而有不同。对这些效应和影响的处理办法，是在小区面积上，除去可能受影响的边行和两端，以减少误差。一般地讲，小区的每一边可除去1~2行，两端各除去0.3~0.5m，这样留下准备收获的面积称为收获面积或计产面积。观察记载和产量计算应在计产面积上进行。

2. 小区的形状

小区的形状是指小区长度与宽度的比例。适当的小区形状在控制土壤差异提高试验精确度方面也有相当作用。在通常情形下，长方形尤其是狭长形小区，容易调匀土壤差异，使小区肥力接近于试验地的平均肥力水平，也便于观察记载及其农事操作（图7-9）。不论是呈梯度或呈斑块状的土壤肥力差异，采用狭长小区均能较全面地包括不同肥力的土壤，相应减少小区之间的土壤差异，提高精确度。如已知试验田呈肥力梯度时，小区的方向必须是使长的一边与肥力变化最大的方向平行，使区组方向与肥力梯度方向垂直如下图，这样可提供较高的相确度。

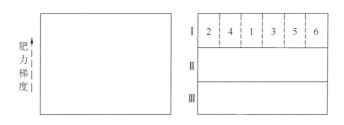

图7-9 按土壤肥力变异趋势确定小区排列方向
Ⅰ、Ⅱ、Ⅲ代表重复；1、2、…、6代表小区

小区的长宽比可为（3~10）:1，甚至可达20:1，依试验地形状和面积以及小区多少和大小等调整决定。采用强种机或其他机具时，为了发挥机械性能，长宽比还可增加，其宽度则应为机具的宽度或其倍数。在喷施杀虫剂、杀菌剂或根外追肥的试验中，小区的宽度应考虑到喷雾器喷施的范围。

在边际效应值得重视的试验中，方形小区是有利的。方形小区具有最小的周长、计产面积占小区面积的比率最大。进行肥料试验，如采用狭长形小区，处理效应往往会扩及邻区，采用方形或近方形的小区就较好。当土壤差异表现的形式确实不知时，用方形小区较妥，因为虽不如用狭长小区那样获得较高的精确度，但也不会产生最大的误差。

3. 重复次数

重复次数即每一处理的试验小区数，试验设置重复次数越多，试验误差越小。多于一定的重复次数，误差的减少很慢，精确度的增进不大，而人、物力的花费大大增加，并不经济。

重复次数的多少，一般应根据试验所要求的精确度、试验地土壤差异大小、试验材料如种子的数量、试验地面积、小区大小等而具体决定。对精确度要求高的试验，重复次数应多些。试验田土壤差异较大的，重复次数应多些，土壤差异较为一致的可少些。在育种工作的初期阶段，由于试验材料的种子数量较少，重复次数可少些；但在后期测产，种子数量较多，精度要求高，重复次数应多些。试验地面积大时，允许有较多重复。小区面积较小的试验，通常可用 3～6 次重复；小区面积较大的，一般可重复 3～4 次。进行面积大的对比试验时，2 次重复即可，最好能由几个地点联合试验，对产量进行综合计算和分析。

4. 对照区的设置

田间试验应设置对照区，作为处理比较的标准。对照应该是当地推广良种或最广泛应用的栽培技术措施。设置对照区的目的是：①便于在田间对各处理进行观察比较时作为衡量品种或处理优劣的标准；②用以估计和矫正试验田的土壤差异。通常在一个试验中只有一个对照，有时为了适应某种要求，可同时用两个各具不同特点的处理作对照。如品种比较试验中，可设早、晚熟两个品种作对照。对照区的设置多少及方式由各类设计而定。

5. 保护行的设置

在试验地周围设置保护行的作用是：①保护试验材料不受外来因素如人、畜等的践踏和损害；②防止靠近试验田四周的小区受到空旷地的特殊环境影响即边际效应，使处理间能有正确的比较。

保护行的数目视作物而定，如禾谷类作物一般至少应种植 4 行以上的保护行。小区与小区之间一般连接种植，不种保护行。重复之间不必设置保护行，如有需要，也可种 2～3 行。

保护行种植的品种，可用对照种，最好用比供试品种略为早熟的品种，以便在成熟时提前收割，既可避免与试验小区发生混杂，也能减少鸟类等对试验小区作物的为害，也便于试验小区作物的收获。

6. 重复区（或区组）和小区的排列

小区技术还应考虑整个重复区或区组怎样安排以及小区在区组内的位置问题。将全部处理小区分配于具有相对同质的一块土地上，这称为一个区组。一般试验需设置三、四次重复，分别安排在 3～4 个区组上，这时重复与区组相等，每一区组或重复包含有全套处理，称为完全区组。也有少数情况，一个重复安排在几个区组上，每个区组只安排部分处理，称为不完全区组。设置区组是控制土壤差异最简单而有效的方法之一。在田间重复或区组可排成一排，也可为两排或多排，这决定于试验地的形状、地势等，特别要考虑土壤差异情况。原则是同一重复或区组内的土壤肥力应尽可能相对一致，而不同重复之间可存在差异。区组间的差异大，并不增大试验误差，因可通过统计分析扣除其影响；而区组内的差异小，能有效地减少试验误差，因而可增加试验的精确度。

小区在各重复内的排列方式，一般可为顺序排列或随机排列。顺序排列，可能存在系统误差，不能做出无偏的误差估计。随机排列是各小区在各重复内的位置完全随机决定，可避免系统误差，提高试验的准确度，还能提供无偏的误差估计。

（四） 蔬菜田间试验的实施

田间试验的布置与管理的主要内容是正确地、及时地把试验的各处理按要求布置到试验田块，并正确进行各项田间管理和观察记载，以保证田间供试作物的正常生长，获得可靠的试验数据。

1. 田间试验计划的制订

田间试验计划是试验实施的依据，更是试验成败的关键，必须慎重考虑，认真制订，保证试验任务的完成。

一般田间试验划的内容包括项目有：试验目的及其依据，包括现有的科研成果、发展趋势以及预期的试验结果；试验名称；试验时间、地点、材料（包括供试土壤、作物等）；试验处理方案；试验方法设计内容，包括小区面积、长宽比例、重复次数及排列方法等；田间观察记载和室内考种、分析测定项目及方法；收获计产方法；试验资料的统计方法和要求；试验地面积、试验经费、人力及主要仪器设备；项目负责人、执行人；附件、试验布置图及各种记载表等。

2. 种植计划书的编制

种植计划书的目的是为把试验安排到田间做好准备。肥料、栽培、品种、药剂比较等试验的种植计划书一般比较简单，内容包括处理种类（或代号）、种植区号（或行号）、田间记载项目等；育种试验由于材料较多，而且是多年连续的，一般应包括当年种植区号（或行号）和往年种植区号（或行号）、品种或品系名称（或组合代号）、来源以及田间记载项目等田间种植图应附于种植计划书前面，它是试验地区划和种植的具体依据。旱作试验种植图除必须考虑小区、保护行设置外，还应设置走道。一般小区间连片种植，每个小区扣除边行后得实际计产面积，边行宽度多为0.5m，其田间种植图如图7-10所示。

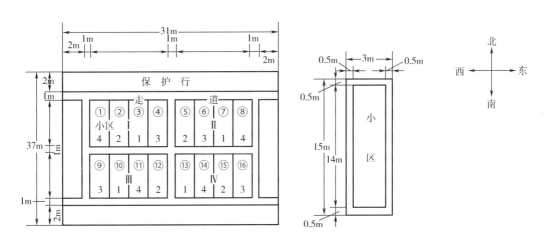

图7-10　旱作田间试验布置示意图

Ⅰ、Ⅱ、Ⅲ、Ⅳ表示区组，①②…表示小区编号，1、2…表示处理代号

小区播种面积 $15m \times 3m = 45m^2$，小区计产面积 $14m \times 2m = 28m^2$（边行宽0.5m）

3. 试验地的准备和田间规划

试验地在进行区划前，应做好充分准备，以保证各处理有较为一致的环境条件。试验地应按试验要求施用基肥，且应施得均匀，并最好采用分格分量方法施用，以达到均匀施肥。试验地在犁耙时要求做到犁耕深度一致，耙匀耙平。犁地的方向应与将来作为小区长边的方向垂直，使每一重复内各小区的耕作情况一致。因此，犁耙工作应延伸到将来试验区边界外几米，使试验范围内的耕层相似。

试验地准备工作初步完成后，即可按田间试验计划与种植计划书进行试验地区划。试验地区划主要是确定试验小区、保护行、走道、灌排水沟等在田间的位置，区划时，首先沿试验区较长一边定好基线，两端用标杆固定，然后在两端定点处按照勾股定理各作一条垂直线，作为试验区的第二边和第三边，同时可得第四边。试验区轮廓确定后，划分出区组间走道或灌排水沟，同时划出区组，继而划分每个区组内的各个小区，最后逐一检查，以保证纵横各线的垂直及长度准确。

试验地区划后，即可按试验要求作小田埂，灌排水沟等，最后在每小区前插上标牌，标明处理名称。

4. 种子的准备播种和移栽

在品种试验及栽培或其他措施的试验中，须事先测定各品种种子的干粒重和发芽率。各小区（或各行）的可发芽种子数应基本相同，以免造成植株营养面积与光照条件的差异。育种试验初期阶段、材料较多，而每一材料的种子数较少，不可能进行发芽试验，则应要求每小区（或每行）的播种粒数相同。移栽作物（如水稻等）的秧田播种量，也应按这一原则来推算。

按照种植计划书（即田间记载本等）的顺序准备种子，避免发生差错。根据计算好的各小区（或各行）播种量，称量或数出种子，每小区（或每行）的种子装入一个纸袋，袋面上写明小区号码（或行号）。水稻种子的准备，可把每小区（或每行）的种子装入穿有小孔的尼龙丝网袋里，挂上编号小竹牌或塑料牌，以便进行浸种催芽。

需要药剂拌种以防治苗期病虫害的，应在准备种子时作好拌种，以防止苗期病虫害所致的缺苗断垄。准备好当年播种材料的同时，须留同样材料按次序存放仓库，以便遇到灾害后补种时应用。

如人工操作（这是当前田间试验基本采用的方法），播种前须按预定行距开好播种沟，并根据田间种植计划的区划插上区号（或行号）木牌，经查对无误后才按区号（或行号）分发种子袋，再特区号（或行号）与种子袋上号码核对一次，使木牌行号（区号）、种子袋上行号（区号）与记载本上行号（区号）三者一致。无误后开始播种。

播种时应力求种子分布均匀，深浅一致，尤其要注意各处理同时播种，播完一区（行），种子袋仍放在小区（行）的一端，播后须远行检查、如有错漏，应立即纠正，然后覆土。整个试验区播完后再复查一次，如发现错误，应在记载簿上作相应改正并注明。

如用播种机播种，小区形状要符合机械播种的要求。先要按规定的播种量调节好播种机；在播种以后，还须核定每区的实际播种量（放入箱中的种子量减去剩下的种子量），并记录下来；播种机的速度要均匀一致，而且种子必须播在一条直线上。无论人工或机械播种后，必须作全面检查，有无露子，并作及时覆盖。

出苗后要及时检查所有小区的出苗情况，如有小部分露播或过密，必须及时设法补救；如大量缺苗，则应详细记载缺苗面积，以便以后计算产量时扣除，但仍须补苗，以免空旷时邻近植株发生影响。

如要进行移栽，取苗时要力求挑选大小均匀的秧苗，以减少试验材料的不一致；如果秧苗不能完全一致，则可分等级按比例等量分配子各小区中，以减少差异。运苗中要防止发生差错，最好用塑料牌或其他标志物标明试验处理或品种代号，随秧苗分送到各小区，经过核对后再行移栽。移栽时要按照预定的行穴距，保证一定的密度，务使所有秧苗保持相等的营养面积。移栽后多余的秧苗可留在行（区）的一端，以备在必要时进行补栽。

整个试验区播种或移栽完毕后，应立即播种或移栽保护行。将实际播种情况，按一定比例在田间记载簿上绘出田间种植图，图上应详细记下各重复的位置、小区面积、形状、每条田块上的起讫行号、走道、保护行设置等，以便日后查对。

5. 田间管理

试验田的栽培管理措施可按当地丰产田的标准进行，在执行各项管理措施时除了试验设计所规定的处理间差异外，其他管理措施应保持一致，使对各小区的影响尽可能没有差别。例如，棉花防治棉铃虫试验，每小区的用药量及喷洒要求质量一致，数量相等，并且分布均匀。还要求同一措施能在同一天完成，如遇到特殊情况（如下雨等）不能一天完成，则应坚持完成一个重复。田间管理的措施主要包括中耕、除草、灌溉、排水、施肥、防治病虫害等，各有其技术操作特点，要尽量做到一致，从而最大限度地减少试验误差。

6. 收获与烤种

收获是田间试验数据收集的关键环节，必须严格把关，要及时、细致、准确，尽量避免差错。收获前要先准备好收获、脱粒用的材料和工具，如绳索、标牌、编织袋或网袋、脱粒机、晒场等。收获试验小区之前，如保护行已成熟，可先行收割。为了减少边际效应与生长竞争，设计时预定要割去小区边行及两端一定长度的，则也应照计划先行收割。查对无误后，先将以上两项收割物运走。然后在小区中按计划随机采取作为室内考种或其他测定所用植株样本挂上标牌，写明处理重复号，并进行校对，以免运输脱粒时发生差错，此项工作应在计产收获前一天进行。最后收获计产部分，采取单收单放，挂上标牌，严防混杂。

收获完毕后应严格按小区分区脱粒，分别晒干后称重，还应将作为考种、测定等取样的那部分产量加到各有关小区，以求得小区实际产量。若为品种试验，则每一品种脱粒完毕后，必须仔细清扫脱粒机及容器，避免品种间的机械混杂。

有时为使小区产量能相互比较或与类似试验的产量比较，最好能将小区产量折算成标准湿度下的产量。折算公式如下：

$$标准湿度产量 = \frac{小区实际产量 \times （100 - 收获的湿度）}{100 - 标准湿度}$$

考种是将取回的考种样本，进行植物形态的观察、产量结构因子的调查，或收获物重要品质的鉴定的方法。考种的具体项目可因作物种类不同、试验任务不同而做不同选择如玉米可考察穗长、穗粗、穗粒数、千粒重、穗行数、秃尖等指标；黄瓜可考察单株结瓜数、单株产量、单瓜重、瓜长、瓜粗、瓜把长等指标；苹果则可考察果色、单果重、硬度、一级果或二级果比率、坐果率等指标。

考种结果的正确与否，主要取决于两方面：一方面是要认真仔细测量数据，力求准确；另一方面是要合理取样，提高样本的代表性。

（五）蔬菜田间试验结果观测及记载

1. 试验项目观察、记载和测定

田间试验的观察和测定的项目，因试验目的的不同而有差异，但有一些基本项目对于任何田间试验都常采用。

（1）气候条件的观察记载　任何环境条件的变化都会引起作物的相应变化，最后由产量做出反映。缺乏气候记载，往往不能明确某些处理产量低的原因。正确记载气候条件，注意作物生长动态，研究两者之间的差异，就可以进一步探明原因，得出正确的结论。气候观察可在试验所在地进行，也可引用附近气象台（站）的资料。有关试验地的小气候，则必须由试验人员自行观摩记载。对于特殊的气候条件，如冷、热、雨、霜、雪、雹等灾害性气候以及由此而引起的作物生长发育的变化，试验人员应及时观察并记载下来，以供日后分析试验结果时参考。

（2）田间农时操作的记载　任何田间管理。任何田间管理和其他农时操作都在不同程度上改变作物生长发育的外界条件，因此，详细记载整个试验过程的农时操作，如整地、施肥、播种、中耕除草、病虫害防治等，将每一项操作的日期、数量、方法等记录下来，有助于正确分析试验结果。

（3）作物生育动态的记载和测定　这是田间观察记载的主要内容。要整个试验过程中，要观察作物的各个物候期（生育期）、形态特征、特性、生长动态、经济性状等。还要作一些生态生理、生化等方面的测定，以研究不同处理对作物内部物质变化的影响。

田间观察记载必须有专人负责，做到及时、并持之以恒，才能掌握全面而可靠的资料。

（4）收获物的室内考种及测定　考查在田间不易或不能进行而须在作物收获后方能观察记载和测定的一些项目，如千粒重（百粒重）及种子的蛋白质、油分、糖分含量等测定。

首先所观察的样本必须有代表性。其次记载和测定的项目必须有统一的标准和方法。同一试验的一项观察记载工作应由同一工作人员完成。特别是一些由目测法进行观察的项目，如生育期，虽有一定的标准，但各人作出判断时出入较大，由不同人员进行记载，易造成误差，影响试验的精确度。

2. 取样测产

（1）取样测定的要点

①取样方法合理，保证样本有代表性。

②样本容量适当，保证分析测定结果的精确性。

③分析测定方法要标准化，所用仪器要精确，操作要规范。

（2）田间试验的取样方法　取样方法的正确与否，直接关系到样本的代表性，影响由样本所得估计值的准确性。一般按选取观察单位方法的不同而将取样方法分三大类。

①随机取样：在选取单位时，应该使总体内所有各个单位均有同等机会被选取，都具有相等的被选取概率。随机取样分为以下几种方法：简单随取样；分层随机取样；整群取样；两级或多级取样；双重取样。

②典型取样：按研究目的从总体内有意识地、有目的地选取有代表性的典型单位或单位群，至少要求所选取单位能够代表总体的绝大多数。

③顺序取样：又称机械取样，按某一既定的顺序选取一定数量取样单位构成样本。目前取样调查中常用的对角线式、棋盘式、分行式、平行线式以及"Z"形式等的田间取样方法均属这一类。

3. 试验收获

田间试验的收获要及时、细致、准确，决不能发生差错，否则就得不到完整的试验结果，影响试验的总结，甚至前功尽弃。

收获前须先准备好收获、脱粒用的材料和工具，如绳子、牌子、布袋、纸袋、脱粒机械、曝晒工具等。

收获试验小区之前，如保护行已成熟，可先收割。设计时预定要割去小区边行及两端一定长度的，则应照计划先收割。查对无误后将以上两次收割物先运走。然后在小区中按计划采取作考种或作其他测定用的样本，并挂上标签，再按小区成熟情况，顺序收获。每一小区收割完毕后，把预先准备好的纸牌标签挂在捆上，并进行核对，以免运输脱粒时发生误差。

脱粒时应严格按小区分区脱粒，分别曝晒后称重，还要把取作样本的那部分产量加到各有关小区，以求得小区实际产量。

为使收获工作顺利进行，避免了生差错，田间试验收获、运输、脱粒、曝晒、贮藏等工作，必须专人负责，建立验收制度，随机核查核对。

田间试验经过上述一系列步骤，取得了大量试验资料。试验工作者下一步的重要任务就是将试验资料进行整理分析，对试验做出科学的结论。

4. 室内考种

（1）在收获后，每小区选取代表性20株，装入尼龙种子袋中，写好标签，标签内容包括取样人姓名、作物名称、品种、收获日期。然后带回室内风干。

（2）玉米果穗风干后，进行考种，结果填入表7-7。

先测定穗长、穗粗、穗行数、行粒数、秃尖程度、穗质量。然后把所测穗脱粒、称穗粒质量。

$$出籽率 = 穗粒质量/穗质量$$

百粒重测定时，把20穗已脱粒玉米种子混合，随机取一部分样本，放在玻璃板或桌面上，用四分法分成4份，取其中一份数100粒称量，一般重复3次，取其平均数。

表7-7　　　　　　　　　　玉米室内考种数据表

穗号	穗长	穗行数	行粒数	穗粗	秃尖程度	穗质量	穗粒质量	出籽率	干粒重
1									
2									
…									
19									
20									
平均值									

5. 资料收集与整理

试验资料的搜集整理是数据资料处理的首要环节。数据的收集是统计分析的第一步，也是全部统计工作的基础，基础工作做得不好，以后的统计分析就无法开展。

通过试验的观察、测定和记载可以获得大量试验数据，这些数据在未整理之前，一般是分散的、零星的和孤立的，是一堆无序的数字。直接用它，是不能反映任何问题的。只有通过对资料的整理分析，进行归类，使其系统化，才能把数据中蕴含的客观规律挖掘出来。

数据的收集可以通过间接或直接来源获取，间接来源是利用别人调查或试验的数据；直接来源是直接的调查和科学试验。获取的数据要检查与核对，数据本身是否有错误、取样是否有差错、不合理数据进行修订或去除，从而保证数据资料的完整、真实和可靠。

收集来的资料包含很多观察值，这些未加整理的大堆数字很难得到明确的概念。试验资料分为数量性状的资料和质量性状的资料，可以按观察值数值或性状进行分组整理。

6. 试验报告的编写

试验实施完以后，要编写试验报告，这是试验当中最主要的工作。试验报告力求文字精练，逻辑性要强，数据分析精确，结论准确。

试验报告一般包含如下内容：

（1）试验项目的名称。

（2）试验的基本情况和试验目的。

（3）试验材料与方法 包括试验材料及来源、试验方法，试验方法中要交代清楚土地类型、肥力状况、前茬施肥情况。种什么品种、小区的排列方式、设几次重复、播种方法、播种时间、观察记载的内容、小区的收获和室内考种情况等。

（4）结果与分析 这是试验报告的核心内容。包括生育期情况、经济性状、产量表现计的数据整理分析、比较、并进行差异显著性分析。

（5）结论 对试验的结果进行总结而得出结论，以便在农业生产中推广应用。

二、 技术评估——试验数据处理

（一） 蔬菜试验数据整理

1. 异常数据的取舍

当着手整理实验数据时，必须先解决一个重要问题，那就是异常数据取舍的问题。整理实验数据时往往会遇到这种情况，即在一组实验数据里，发现少数几个偏差特别大的数据，这些异常数据应当如何处理呢？如果能确定这几个数据是"坏值"，则将它们舍弃不用才会使结果更符合客观实际情况。但是，在另一种情况下，一组正确测定的分散性本来反映了仪器测量的随机波动特性，如果为了得到精度更高的结果，而人为地舍掉一些偏差大一点、但不属于坏值的值，这是错误的。因为在相同条件下，测定结果一定会再现，甚至再现得更多。所以，正确地解决异常数据的取舍，是数据处理经常碰到而且是很重要的问题。

在测定过程中，对于因读错、记错、算错、仪器震动等等因素影响而造成的坏值可以有充分的理由将其舍弃，这就是所谓的物理判别法。但在通常情况下，得到少数偏差较大的值又看不出明显的原因，一般要用统计判别法。统计判别法是建立在测定值遵从正态分布与随机抽样理论的基础之上的。统计判别法要舍弃的坏值的数目，相对于子样的容量是极少数。如果需舍弃的异常数据较多时，那就要对测定的正确性提出怀疑了。下面介绍几种统计判别法的准则。

（1）拉依达准则 拉依达准则又可称为 $3S$ 准则。根据拉依达准则，在一组等精度独立测定值 x_1，x_2，…，x_n 中，若某个值 x_d 的偏差（$x_d - \bar{x}$）的绝对值大于三倍标准差，即

$$|x_d - \bar{x}| > 3S \tag{7-5}$$

则可以认为 x_d 是坏值，需舍弃之。

$3S$ 又称最大可能误差。根据随机误差的正态分布理论，误差的绝对值大于三倍的标准差的概率只有 0.3%，根据"小概率事件在一次测定中实际上不可能发生"之原理，偏差的绝对值大于三倍标准差的误差已不属于随机误差，而是系统误差或过失误差，这也是我们判断某个测定值的误差是系统误差还是随机误差的根据。

在实际判断中，只要可疑数据 x_d 是在区间 $(\bar{x} - 3S, \bar{x} + 3S)$

以外，则舍弃 x_d。

[例 4] 测量植株高度，整理测量数据如下：102，98，99，97，100，140，95，100，98，96，102，101，101，102，102，99。试用拉依达准则检验测定值 140 是否为坏值？

解：由原始数据计算得

$$\sum_{i=1}^{16} x_i = 1632 \qquad \sum_{i=1}^{16} x_i^2 = 168078$$

$$\bar{x} = \frac{1}{n}\sum_{i=1}^{n} x_i = \frac{1}{16} \times 1\,632 = 102.0$$

$$S = \sqrt{\frac{1}{n-1}\Big[\sum_{i=1}^{n} x_i'^2 - \frac{1}{n}\big(\sum_{i=1}^{n} x_i\big)^2\Big]} = \sqrt{\frac{1}{16-1}\Big(168078 - \frac{1}{16} \times 1\,632^2\Big)} = 10.37$$

$$\bar{x} - 3S = 102.0 - 3 \times 10.37 = 70.9$$

$$\bar{x} + 3S = 102.0 + 3 \times 10.37 = 133.1$$

由于测定值 140 在区间（70.9，133.1）以外，故应舍弃之。

拉依达准则使用方便，不需查表，当测定次数较多，即子样容量较大时，或对检验的要求不高时，可以应用它。但当测定次数较少时，如 $n \leq 10$，一组测定值中即使有坏值也无法剔除。故当要求较高时，可用 $2S$ 准则，但当测定次数在 5 次以内时，也无法剔除测定值中混入的坏值。

[例 5] 用分光光度法测定果实中的铁含量，5 次测定值分别为 2.63、2.50、2.65、2.63、2.65，试用拉依达准则判断测定值 2.50 是否是坏值。

解：由原始数据计算得

$$\sum_{i=1}^{5} x_i = 13.06 \qquad \sum_{i=1}^{5} x_i^2 = 34.1288$$

$$\bar{x} = \frac{1}{n}\sum_{i=1}^{n} x_i = \frac{1}{5} \times 13.06 = 2.612$$

$$S = \sqrt{\frac{1}{n-1}\Big[\sum_{i=1}^{n} x_i'^2 - \frac{1}{n}\big(\sum_{i=1}^{n} x_i\big)^2\Big]} = \sqrt{\frac{1}{5-1}\Big(34.1288 - \frac{1}{5} \times 13.06^2\Big)} = 0.063$$

$$\bar{x} - 3S = 2.612 - 3 \times 0.063 = 2.423$$

$$\bar{x} + 3S = 2.612 + 3 \times 0.063 = 2.801$$

测定值的可信区间为（2.423，2.801），尽管测定值 2.50 明显地偏离其余测定值，但由于 2.50 在区间（2.423，2.801）以内，故不能认为 2.50 是坏值。若改用 $2S$ 准则，可信区间变为 $(\bar{x} - 2S, \bar{x} + 2S)$，通过计算，得该区间为（2.49，2.74），故也不能将 2.50 剔除。

下面从理论上证明一下，当 $n \leq 10$ 时，用拉依达准则是无法剔除坏值的。

证：当 $n \leq 10$ 时：

$$S = \sqrt{\frac{1}{n-1}\sum_{i=1}^{n}(x_i - \bar{x})^2} = \sqrt{\frac{1}{10-1}\sum_{i=1}^{10}(x_i - \bar{x})^2}$$

$$3S = \sqrt{\sum_{\substack{i=1}}^{10} (x_i - \bar{x})^2} = \sqrt{\sum_{\substack{i=1 \\ i \neq d}}^{10} (x_i - \bar{x})^2 + (x_d - \bar{x})^2}$$

因为

$$\sum_{\substack{i=1 \\ i \neq d}}^{10} (x_i - \bar{x})^2 > 0$$

所以

$$3S > |x_d - \bar{x}|$$

即当 $n \leqslant 10$ 时，不管可疑数据 x_d 偏离平均值多远，用拉依达准则都不能判定该值为坏值。

（2）格拉布斯（Grubbs）准则　考虑到置信概率（置信度），格拉布斯严格地推导出，当

$$|x_d - \bar{x}| > G_{\alpha,n} \cdot S \tag{7-6}$$

或等价地有，当 x_d 落在区间 $(\bar{x} - G_{\alpha,n} \cdot S, \bar{x} + G_{\alpha,n} \cdot S)$ 以外，则可认为 x_d 是坏值，应舍弃之。$G_{\alpha,n}$ 取决于子样容量 n 和小概率事件的概率 α，可从表 7-8 中查出。这里需要说明的是，查表时 α 不宜取得过小，因为 α 值小，固然将不是坏值的数据错判为坏值的概率减小了，但反过来，这就意味着将确实混入的坏值判定为不是坏值，从而犯错误的概率增大了。在用格拉布斯准则时，通常取 $\alpha = 0.05$。

表 7-8　　　　　　　　　格拉布斯 $G_{\alpha,n}$ 数值表

n	α 0.01	0.05	n	α 0.01	0.05	n	α 0.01	0.05
3	1.15	1.15	12	2.55	2.29	21	2.91	2.58
4	1.49	1.46	13	2.61	2.33	22	2.94	2.60
5	1.75	1.67	14	2.66	2.37	23	2.96	2.62
6	1.94	1.82	15	2.70	2.41	24	2.99	2.64
7	2.10	1.94	16	2.74	2.44	25	3.01	2.66
8	2.22	2.03	17	2.78	2.47	30	3.10	2.74
9	2.32	2.11	18	2.82	2.50	35	3.18	2.81
10	2.41	2.18	19	2.85	2.53	40	3.24	2.87
11	2.48	2.24	20	2.88	2.56	50	3.34	2.96

[例 6] 测樱桃番茄果质量（g），其结果如下：0.60，1.56，1.70，1.76，1.78，1.87，1.95，2.06，2.10，2.18，2.20，2.39，2.48，2.63，3.01。使用格拉布斯准则判断其中有无坏值。

解：选定 $\alpha = 0.05$，查表 7-8 得 $G_{0.05,15} = 2.41$，由原始数据计算得：

$$\sum_{i=1}^{15} x_i = 30.27 \qquad\qquad \sum_{i=1}^{15} x_i^2 = 65.3345$$

$$\bar{x} = \frac{1}{n} \sum_{i=1}^{n} x_i = \frac{1}{15} \times 30.27 = 2.018$$

$$S = \sqrt{\frac{1}{n-1}\Big[\sum_{i=1}^{n} x_i^2 - \frac{1}{n}\Big(\sum_{i=1}^{n} x_i\Big)^2\Big]} = \sqrt{\frac{1}{15-1}\Big(65.3345 - \frac{1}{15} \times 30.27^2\Big)} = 0.55$$

$$\bar{x} - G_{\alpha,n} \cdot S = 2.018 - 2.41 \times 0.55 = 0.692$$

$$\bar{x} + G_{\alpha,n} \cdot S = 2.018 + 2.41 \times 0.55 = 3.344$$

由于测定值 0.60 落在区间（0.692，3.344）以外，故根据格拉布斯准则，可将 0.60 舍弃。

从上例的原始数据可以看出，除 0.60 可疑外，3.01 也是可疑的，那么，它是不是坏值呢？这就需要在剔除一个坏值以后，对余下的数据进行检验。注意：对上例问题，剔除 0.60 以后，则子样容量变为 $n = 15 - 1 = 14$，查表 7-8 得 $G_{0.05,14} = 2.37$。

$$\sum_{i=1}^{14} x_i = \sum_{i=1}^{15} x_i - x_d = 30.27 - 0.60 = 29.67$$

$$\sum_{i=1}^{14} x_i^2 = \sum_{i=1}^{15} x_i^2 - x_d^2 = 65.3345 - 0.60^2 = 64.9745$$

$$\bar{x} = \frac{1}{n}\sum_{i=1}^{n} x_i = \frac{1}{14} \times 29.67 = 2.119$$

$$S = \sqrt{\frac{1}{n-1}\Big[\sum_{i=1}^{n} x_i^2 - \frac{1}{n}\Big(\sum_{i=1}^{n} x_i\Big)^2\Big]} = \sqrt{\frac{1}{14-1}\Big(64.9745 - \frac{1}{14} \times 29.67^2\Big)} = 0.40$$

$$\bar{x} - G_{\alpha,n} \cdot S = 2.119 - 2.37 \times 0.40 = 1.171$$

$$\bar{x} + G_{\alpha,n} \cdot S = 2.119 + 2.37 \times 0.40 = 3.067$$

由于可疑数据 3.01 在区间（1.171，3.067）以内，故不能作为坏值剔除。于是，可根据余下的 14 个数据整理实验报告。

2. 次数分布表

数据是了解事物和研究事物的第一手宝贵资料，含有许多有用的信息，有待人们采用特定的方式进行揭示和开发。从技术上讲，就要采用一些必要的统计手段对数据进行整理与分析，以便揭示数据内部规律性，获取有价值的教育信息。次数分布表是常用于整理数据的一种方法。

研究一批数据时，我们首先关心的是这批数据中最小的是多小、最大的是多大，以及这批数据从小到大是如何演变的，这就是数据的分布。简单地把所有数据按照高低顺序一一排列加以整理的方法，难以简要地表达一批数据的次数分布，使人阅读后难以达到印象深刻、一目了然的统计效果。特别是对于一批为数众多的数据来讲，这种方法更是不能有效地达到整理数据的目的。为此，常从计数角度统计与整理出数据的次数分布。

简单次数分布表，通常简称为次数分布表，其实质是反映一批数据在各等距区组内的次数分布结构。

[例7] 测量某果园金冠苹果盛果期 100 个枝条生长量（cm），见表 7-9，请将这 100 个数据整理成次数分布表。

表 7-9　　　　　　　　　　　　金冠苹果盛果期 100 个枝条生长量

枝条生长量/cm									
60	62	64	44	21	50	45	39	36	49
57	21	21	46	25	53	48	36	39	46
24	25	46	46	30	23	50	34	40	42
29	22	49	40	34	28	54	31	42	40

续表

枝条生长量/cm									
32	32	51	37	37	31	54	28	45	39
35	35	46	35	39	34	51	23	49	36
36	37	51	33	40	36	46	23	51	34
39	39	49	29	41	39	45	29	54	32
40	40	55	25	44	40	42	32	58	29
43	44	49	21	48	42	41	34	55	25

（1）全距 所谓全距乃是一批数据中最大值与最小值之间的差距。观察全部数据，找出其中的最大值（X_{max}）和最小值（X_{min}），以符号 R 表示全距，则全距的计算公式为：

$$R = X_{max} - X_{min} \tag{7-7}$$

故，全距在有的书中也称为两极差。以表7-9中的数据为例，显然这批数据的全距是：$R = 64 - 21 = 43$。

（2）组数 定组数就是要确定把整批数据划分为多少个等距的区组。组数用符号 K 表示，它的大小要看数据的多少而定，见表7-10。一般来说，当一批数据的个数在100个以内时，组数可取8～10组。

表7-10   样本含量与组数

样本含量（n）	组数	样本含量（n）	组数
60～100	7～10	200～500	12～17
100～200	9～12	500以上	17～30

就表7-9中的数据而言，$N = 100$。

（3）组距

$$i = R/K \tag{7-8}$$

在知道全距 R 和组数 K 之后，就可以来确定分组的组距。用符号 i 表示，其一般原则是取奇数或5的倍数，如1、3、5、7、9、10等。具体的取值办法，可通过全距 R 与组数 K 的比值来取整确定。对于本例来讲，由于 $R/K = 43/9 = 4.78 \approx 5$，故可把组距 i 确定为整数5。

（4）组限 各组的最大值与最小值称为组限。最小值称为下限，最大值称为上限。每一组的中点值称为组中值，它是该组的代表值。组中值与组限、组距的关系如下：

组中值 =（组下限 + 组上限）/2 = 组下限 + 1/2 组距 = 组上限 - 1/2 组距

组距确定后，首先要选定第一组的组中值。在分组时为了避免第一组中观察值过多，一般第一组的组中值以接近或等于资料中的最小值为好。第一组组中值确定后，该组组限即可确定，其余各组的组中值和组限也可相继确定。

（5）制表 分组结束后，将资料中的每一观测值逐一归组，统计每组内所包含的观测值个数，制作次数分布表。

编制统计表的总原则：结构简单，层次分明，内容安排合理，重点突出，数据准确，便于理解和比较分析。

统计表编制具体要求如下：

①标题：标题要简明扼要、准确地说明表的内容，有时须注明时间、地点。

②标目：标目分横标目和纵标目两项。横标目列在表的左侧，用以表示被说明事物的主要标志；纵标目列在表的上端，说明横标目各统计指标内容，并注明计算单位，如%、kg、cm等。

③数字：一律用阿拉伯数字，数字以小数点对齐，小数位数一致，无数字的用"—"表示，数字是"0"的，则填写"0"。

④线条：表的上下两条边线略粗，纵、横标目间及合计用细线分开，表的左右边线可省去，表的左上角一般不用斜线。例如：

表号		标题	
总横标目（或空白）	纵标目1	纵标目2	……
横标目1			
横标目2		数字资料	
……			

3. 特征数及其函数举例

算数平均数	AVERAGE
中位数	MEDIAN
众数	MODE
几何平均数	GEOMEAN
极差	MAX（　　）– MIN（　　）
方差	VAR
标准差	STDEV
变异系数	STDEV（　　）/AVERAGE（　　）

（二）蔬菜试验数据统计假设检验

1. 统计假设测验的基本原理

（1）统计假设测验的基本概念　由一个样本或一系列所得的结果去推断总体，即统计推断。

$$\text{统计推断}\begin{cases}\text{参数估计：由样本的结果对总体参数做出点估计和区间估计。}\\\text{假设测验}\end{cases}$$

$$\text{参数估计}\begin{cases}\text{点估计：以统计数估计相应的参数，例如以}\ \bar{x}\ \text{估计}\ \mu;\\\text{区间估计：以一定的概率作保证估计总体参数位于某两个数之间。}\end{cases}$$

但是试验工作更关心的是有关估计值的利用，即利用估计值去作统计假设测验。此法首先是根据试验目的对试验总体提出两种彼此对立的假设，然后由样本的实际结果，经过计算做出在概率意义上应接受哪种假设的推断。这就是统计假设测验。

小概率实际不可能原理：概率小的事件发生的可能性小。若事件发生概率小于0.05（或0.01），则称为该事件为小概率事件。小概率事件在一次实验中看做是实际不可能出现的事件，称为"小概率事件实际不可能性"原理，简称小概率原理。其中，0.05（或0.01）称为小概率标准。

（2）统计假设测验的意义　在科研中得到的数据资料，要深入反复地进行分析，从中找出科学的结论，防止作绝对肯定和绝对否定的简单的结论这是十分重要的。

[例8]　某苹果园土壤肥力一致，品种 A 调查了 6 株，品种 B 调查了 7 株，其单株结果量见表 7 – 11。

表 7 – 11　　　　　　　　　　苹果品种单株结果量比较表　　　　　　　　单位：kg/株

品种	单株产量	总和	$\bar{x}$	s
A	88　84　79　87　92　86	516	86	4.34
B	84　93　83　91　88　94　90	623	89	4.14

从表 7 – 11 看，$\bar{x}_A - \bar{x}_B = 89 - 86 = 3$kg/株。

问题1：A、B 本身单株产量就很不一致；

　　　2：A 的个别单株也有高于 B 的，说明 A、B 二品种是互有高低。因为受试验误差的影响，就不能做出肯定或绝对否定的简单结论。要从试验的表面效应中分析，是试验处理（或品种）的效应，还是试验误差的效应，要在这两者中权衡主次，再做出结论。

（3）统计假设测验的基本方法　某地区金红苹果多年种植记录的平均单果质量 60g（μ_0），其标准差为 5g（σ_0），从中选出一个新品种，经设有 16 次重复（$n = 16$）的小区试验结果得知其平均单果重 $\bar{x} = 65$g，为辨明 $\bar{x} - \mu_0 = 5$g 这一差异是否反映新品种与原品种的总体平均数间的真实差异，在统计上，应作如下步骤的假设测验。

①提出统计假设：首先对样本所属的未知总体提出某种假设，通常是一对假设：无效假设（H_0 也称零值假设）和备择假设（记作 H_A），两者是对立的。

本例题的 H_0 假设：$\bar{x}$ 所属的未知总体的平均数 μ 是和已知总体的平均数 μ_0 相等。即：

H_0：$\mu - \mu_0 = 0$（或 $\mu = \mu_0$）　　　$\bar{x} - \mu_0 = 5$g 是误差造成的

H_A：$\mu - \mu_0 \neq 0$　　　　　　　　$\bar{x} - \mu_0 = 5$g 不是误差造成的

②测验统计假设：计算 $\bar{x}$ 在假设的已知总体中的概率。本例题中 μ_0、σ_0 已知，故可根据 u 分布去计算 $\bar{x}$ 在平均数为 μ_0 的总体中出现的概率。

a. u 转换。$u = \dfrac{\bar{x} - \mu_{\bar{x}}}{\sigma_{\bar{x}}} = \dfrac{\bar{x} - \mu_0}{\sigma_0 / \sqrt{n}} = \dfrac{65 - 60}{5 / \sqrt{16}} = 4$

b. 查表。正态离差 u 值表（两尾）计算概率，方法是根据实得 $|u|$ 值，查其对应的临界概率 α 值，本例 $|u| = 4 > 2.58$，其对应的概率 < 0.01。

③推断统计假设：根据"小概率事件实际不可能性原理"做出接受 H_0 或否定 H_0 的统计推断。如前所述，农业上常用 $\alpha = 0.05$、$\alpha = 0.01$ 这两个显著水平，作为划分小概率事件的临界概率值，并据此划定了接受 H_0 的区域（接受区）和否定 H_0，接受 H_A 的区域（否定区），其几何意义如下：

-1.96	-1	0	1	1.96
否定区		接受区域		否定区

$\alpha = 0.05$

否定区：$P < 0.05$ 即 $|u| > u_{0.05}$（1.96）

接受区：$P \geq 0.05$ 即 $|u| \leq u_{0.05}$（1.96）

$\alpha = 0.01$

否定区：$P < 0.01$ 即 $|u| > u_{0.01}$（2.58）

接受区：$P \geq 0.01$ 即 $|u| \leq u_{0.01}$（2.58）

在推断上，只需将实得 $|u|$ 与查表 u 值表中 u_α 值相比较，就可以作出接受或否定 H_0 的结论。

$|u| \leq u_{0.05}$（1.96）接受 H_0，差异不显著；

$|u| > u_{0.05}$（1.96）否定 H_0，接受 H_A，差异显著；

$|u| > u_{0.01}$（2.58）否定 H_0，接受 H_A，差异极显著。

推断结论：新品种比原品种单果重重，差异达极显著水平。

假设测验的步骤总结如下：建立无效假设和备择假设；确定显著水平；计算 u 值，求得概率；比较计算的 u 值与规定的 u_α 的大小，作出结论。

2. 单个样本平均数的假设测验

（1）总体方差 σ^2 已知，用 u 测验（例8）。

（2）σ^2 未知，但为大样本，也可以用 u 测验。

[例9] 据历年记载，某园国光苹果的株产平均为 $\mu_0 = 225\text{kg}$，采取某种新措施后，随机抽样调查100株，得平均株产 $\bar{x} = 234\text{kg}$，$s = 55\text{kg}$，问这一新措施有无增产效果？

解：$n = 100$，是大样本，故 σ^2 虽未知仍可用 $s_{\bar{x}}$ 代替 $\sigma_{\bar{x}}$，作 u 测验。

假设：$H_0 : \mu = \mu_0 = 225\text{kg}$；$H_A : \mu \neq \mu_0$

计算：$u = \dfrac{\bar{x} - \mu_{\bar{x}}}{s_{\bar{x}}} = \dfrac{\bar{x} - \mu_0}{s / \sqrt{n}} = \dfrac{243 - 225}{55 / \sqrt{100}} = \dfrac{18}{5.5} = 3.273$

查 u 值表得 $u_{0.01} = 2.58$，

因为实得 $|u| = 3.273$ 所以 $|u| > u_{0.01}$，$P < 0.01$

推断：否定 $H_0 : \mu = \mu_0 = 225\text{kg}$ 接受 $H_A : \mu \neq \mu_0$ 差异极显著。新措施对提高国光苹果株产有效果。这一推断有99%的把握。

（3）总体方差 σ^2 未知，且为小样本，此时用 t 测验。

从一个平均数为 μ，方差为 σ^2 的正态总体中抽样，或者非正态总体中抽样，只要样本 N 足够大，则得到一系列样本平均数的分布必然服从正态分布，并且有

$u = \dfrac{\bar{x} - \mu_{\bar{x}}}{\sigma_{\bar{x}}}$，查 u 值表，计算概率。但是在实际工作中，往往碰到 σ^2 未知，又是小样本，这时，以 s^2 估计 σ^2，$\bar{x}$ 转换的标准化离差 $\dfrac{\bar{x} - \mu}{s_{\bar{x}}}$ 的分布不呈正态分布，而是作 t 分布，具有自由度 $\upsilon = n - 1$。

$$t = \frac{\bar{x} - \mu}{s_{\bar{x}}}$$

t 分布是1908年 W. S. Gosset 提出来的，它是具有一个单独的参数 υ 以确定其特定分布，υ 为自由度。

t 分布概率的密度函数为：

$$f_v(t) = \frac{(v - 1/2)!}{\sqrt{\pi v}[(v - 2)/2]!}(1 + \frac{t^2}{v})^{-\frac{v+1}{2}}$$

t 分布有以下特点：

①t 分布受自由度的制约，每一个自由度都有一条 t 分布曲线；

②t 分布曲线以 $t = 0$ 为中心，左右对称分布；

③t 分布曲线中间比较陡峭，顶峰略低，两尾略高，自由度越小，这种趋势越明显。而自由度越大，t 分布趋近于正态分布，当 $n > 30$ 时，t 分布与标准正态分布的区别很小，$n \to \infty$ 时，t 分布与标准正态分布完全一致。t 分布受自由度的制约，所以，t 值与其相应的概率也随着自由度的不同，而不同，它是小样本假设测验的理论基础，为了便于应用已将各种自由度的 t 分布，按照各种常用的概率水平制成 t 值表。

[**例 10**] 竹丝茄株高平均 $\mu_0 = 75$cm。引进一品种，随机抽样调查 10 株，得平均株高 $\bar{x} = 70$cm，标准差 $s = 6$cm，试测验引进品种的株高与竹丝茄的株高有无显著差异？

解：$n = 10$，是小样本；σ^2 未知，用 $s_{\bar{x}}$ 估计 $\sigma_{\bar{x}}$，进行 t 测验。

假设：$H_0 : \mu - \mu_0 = 0$ $H_A : \mu - \mu_0 \neq 0$

计算：$s_{\bar{x}} = \frac{s}{\sqrt{n}} = \frac{6}{\sqrt{6}} = 1.8974$ $t = \frac{\bar{x} - \mu_0}{s_{\bar{x}}} = \frac{70 - 75}{1.8974} = -2.635$

查 t 值表，当 $v = n - 1 = 10 - 1 = 9$

$t_{0.05,9} = 2.262$，$t_{0.01,9} = 3.250$

所以 $|t| = 2.635 > t_{0.05,9} = 2.262$，即 $P < 0.05$

推断否定：$H_0 : \mu - \mu_0 = 0$ 接受 $H_A : \mu - \mu_0 \neq 0$，差异显著。即引进品种的株高比竹丝茄矮，此推断的可靠性为 95%。

3. 两个样本平均数的假设测验

（1）成组数据平均数的假设测验

①样本成组数据的 u 测验：

a. 在两个样本的总体方差 σ_1^2 和 σ_2^2 已知时可以用 u 测验。

两样本平均数 $\bar{x_1}$ 和 $\bar{x_2}$ 的差数标准误 $\sigma_{(\bar{x_1} - \bar{x_2})}$，在 σ_1^2 和 σ_2^2 已知时为

$$\sigma_{(\bar{x_1} - \bar{x_2})} = \sqrt{\frac{\sigma_1^2}{n_1} + \frac{\sigma_2^2}{n_2}}$$

并有 $$u = \frac{(\bar{x_1} - \bar{x_2}) - \mu_{(\bar{x_1} - \bar{x_2})}}{\sigma_{(\bar{x_1} - \bar{x_2})}} = \frac{(\bar{x_1} - \bar{x_2}) - (\mu_1 - \mu_2)}{\sigma_{(\bar{x_1} - \bar{x_2})}}$$

[**例 11**] 据以往资料，已知某小麦品种每平方米产量的 $\sigma^2 = 0.4$kg。今在该品种的一块地上用 A、B 两种方法取样，A 法取 12 个点，得每平方产量 $\bar{x_1} = 1.2$kg；B 法取样 8 个点，得 $\bar{x_2} = 1.4$kg。试比较 A、B 两法的每平方米产量是否有显著差异？

解：假设 H_0：A、B 两法的每平方米产量相同，即：$H_0 : \mu_1 = \mu_2$，$\bar{x_1} - \bar{x_2} = 1.2 - 1.4 = -0.2$（kg）系随机误差；对 $H_A : \mu_1 \neq \mu_2$。

显著水平 $\alpha = 0.05$，$u_\alpha = 1.96$

$$\sigma^2 = \sigma_1^2 = \sigma_2^2 = 0.4 \text{（kg）}, n_1 = 12, n_2 = 8$$

$$\sigma_{(\bar{x_1} - \bar{x_2})} = \sqrt{\frac{0.4}{12} + \frac{0.4}{8}} = 0.2887 \text{（kg）}$$

$$u = \frac{1.2 - 1.4}{0.2887} = -0.69$$

因为实得 $|u| < u_{0.05} = 1.96$，故 $P > 0.05$

推断：接受 $H_0: \mu_1 = \mu_2$，即 A、B 两种取样方法所得的每平方米产量没有显著差异。

b. 在两个样本的总体方差 σ_1^2 和 σ_2^2 未知时，但两个样本都是大样本（$n_1 \geq 30$，$n_2 \geq 30$）时可以用 u 测验。

因为是大样本，所以可以用 s_1 估计 σ_1，s_2 估计 σ_2，则有

$$s_{\overline{x_1} - \overline{x_2}} = \sqrt{\frac{s_1^2}{n_1} + \frac{s_2^2}{n_2}}$$

故而：

$$u = \frac{(\overline{x_1} - \overline{x_2}) - (\mu_1 - \mu_2)}{s_{\overline{x_1} - \overline{x_2}}}$$

由于 $H_0: \mu_1 = \mu_2$，所以

$$u = \frac{\overline{x_1} - \overline{x_2}}{s_{\overline{x_1} - \overline{x_2}}}$$

如果实得 $|u| > u_\alpha$，否定 H_0，接受 H_A。$|u| < u_\alpha$ 时，接受 H_0。

[例 12] 调查甲、乙两苹果品种的新梢生长量，甲品种测定 200 个新梢（$n_1 = 200$），得 $\overline{x_1} = 45$、4cm，$s_1 = 5.4$cm，乙品种测定 150 个新梢（$n_2 = 150$）得 $\overline{x_2} = 47.8$cm，$s_2 = 6.6$cm。问这两个品种新梢生长量差异是否显著？

解：$H_0: \mu_1 = \mu_2$

$H_A: \mu_1 \neq \mu_2$。

计算

$$s_{\overline{x_1} - \overline{x_2}} = \sqrt{\frac{s_1^2}{n_1} + \frac{s_2^2}{n_2}} = \sqrt{\frac{5.4^2}{200} + \frac{6.6^2}{150}} = 0.6605$$

$$u = \frac{\overline{x_1} - \overline{x_2}}{s_{\overline{x_1} - \overline{x_2}}} = \frac{45.4 - 47.8}{0.6605} = -3.63$$

推断：$|u| > u_{0.01} = 2.58$，所以，否定 H_0，接受 H_A，即两品种新梢生长量有极显著差异。

②小样本成组数据的 t 测验：在两个样本的总体方差 σ_1^2 和 σ_2^2 未知时，又都是小样本时，可假设

$\sigma_1^2 = \sigma_2^2 = \sigma^2$，用 t 测验。

$$t = \frac{(\overline{x_1} - \overline{x_2}) - (\mu_1 - \mu_2)}{s_{\overline{x_1} - \overline{x_2}}} = \frac{\overline{x_1} - \overline{x_2}}{s_{\overline{x_1} - \overline{x_2}}}$$

由于假定 $\sigma_1^2 = \sigma_2^2 = \sigma^2$，$s_1^2$ 和 s_2^2 都是 σ^2 的无偏估计值。所以用两个方差 s_1^2 和 s_2^2 的加权值 s_e^2 来估计 σ^2。

$$s_e^2 = \frac{s_1^2(n_1 - 1) + s_2^2(n_2 - 1)}{(n_1 - 1) + (n_2 - 1)} = \frac{\sum(x_1 - \overline{x_1})^2 + \sum(x_2 - \overline{x_2})^2}{(n_1 - 1) + (n_2 - 1)}$$

式中 s_e^2 为合并均方，$\sum(x_1 - \overline{x_1})^2$ 和 $\sum(x_2 - \overline{x_2})^2$ 分别为两样本的平方和，求 s_e^2 得后，其两样本平均数的差数标准误为：

$$s_{\overline{x_1} - \overline{x_2}} = \sqrt{s_e^2\left(\frac{1}{n_1} + \frac{1}{n_2}\right)}$$

当 $n_1 = n_2 = n$ 时，则上式变为 $s_{\overline{x_1} - \overline{x_2}} = \sqrt{\frac{2s_e^2}{n}}$，于是有

$$t = \frac{(\overline{x_1} - \overline{x_2}) - (\mu_1 - \mu_2)}{s_{\overline{x_1} - \overline{x_2}}} = \frac{\overline{x_1} - \overline{x_2}}{s_{\overline{x_1} - \overline{x_2}}}$$

[例 13] 某辣椒品种在甲乙两地做小区试验。甲地重复 5 次（$n_1 = 5$），乙地重复 7

次，得产量数据（kg/小区）如下：

甲地（x_1）：12.6　13.4　11.9　12.8　13.6

乙地（x_2）：13.1　13.4　12.8　13.5　13.5　12.7　12.4

试测验此辣椒品种的小区平均产量在两地有无差异。

解：小样本资料，σ_1^2 和 σ_2^2 未知，且事先无法判断产量以何地为高，故做两尾 t 测验。

假设：$H_0 : \mu_1 = \mu_2$

　　　　$H_A : \mu_1 \neq \mu_2$。

计算：已知 $n_1 = 5$，$n_2 = 7$，则 $\upsilon_1 = n_1 - 1 = 5 - 1 = 4$，$\upsilon_2 = n_2 - 1 = 7 - 1 = 6$

$$\overline{x_1} = \frac{\sum x_1}{n_1} = \frac{12.6 + 13.4 + \cdots + 13.6}{5} = 12.86$$

$$\overline{x_2} = \frac{\sum x_2}{n_2} = \frac{13.1 + 13.4 + \cdots + 12.4}{7} = 13.06$$

$$s_1 = \sqrt{\frac{\sum (x_1 - \overline{x_1})^2}{n_1 - 1}} = 0.6768$$

$$s_2 = \sqrt{\frac{\sum (x_2 - \overline{x_2})^2}{n_2}} = 0.4353$$

$$s_e^2 = \frac{s_1^2 (n_1 - 1) + s_2^2 (n_2 - 1)}{(n_1 - 1) + (n_2 - 1)} = \frac{4 \times 0.6768^2 + 6 \times 0.4353^2}{4 + 6} = 0.2969$$

$$s_{\overline{x_1} - \overline{x_2}} = \sqrt{s_e^2 \left(\frac{1}{n_1} + \frac{1}{n_2} \right)} = \sqrt{0.2969 \left(\frac{1}{5} + \frac{1}{7} \right)} = 0.3191$$

$$t = \frac{(\overline{x_1} - \overline{x_2}) - (\mu_1 - \mu_2)}{s_{\overline{x_1} - \overline{x_2}}} = \frac{\overline{x_1} - \overline{x_2}}{s_{\overline{x_1} - \overline{x_2}}} = \frac{12.86 - 13.06}{0.3191} = -0.6268$$

查 t 值表，$\upsilon = \upsilon_1 + \upsilon_2 = 4 + 6 = 10$，$t_{0.05} = 2.306$

推断：实得 $|t| = 0.6268 < t_{0.05, 10} = 2.281$　即 $P > 0.05$

接受 H_0，差异不显著。某辣椒品种在两地产量无显著差异。

（2）成对数据平均数假设测验　采用配对试验设计的试验所得到的数据称为成对数据。它是一种只有两个处理的随机区组的设计。其特点是两个样本各个体间配偶成对，并设有多个配对，每对个体除处理不同外，其余条件一致。如：在相近的两个小区内各自进行两种不同处理，或者在同一叶片分为两部分各自进行不同处理，或者在同一株树上，选择生长一致的两个枝条，每个枝条进行一种处理（随机），凡此等等所得资料都是成对数据资料。其优点是精确性高。适应于土壤肥力差异大、试材不一致等试验条件和适于安排只有两个处理的单因子试验。

设两个样本的观察值分别为 x_1 和 x_2 共配成 n 对，各个对的差数为 $d = x_1 - x_2$，差数的平均数为 $\overline{d} = \overline{x_1} - \overline{x_2}$，差数的标准差为

$$s_d = \sqrt{\frac{\sum (d - \overline{d})^2}{n - 1}}$$

差数平均数的标准误 $s_{\overline{d}} = \frac{s_d}{\sqrt{n}} = \quad = \sqrt{\frac{\sum (d - \overline{d})^2}{n(n - 1)}} = \sqrt{\frac{\sum d^2 - \dfrac{d^2}{n}}{n(n - 1)}}$

$t = \dfrac{\overline{d} - \mu_d}{s_{\overline{d}}}$ 服从 $\upsilon = n - 1$ 的 t 分布。由于假设 $\mu_d = 0$，所以有

$$t = \frac{\bar{d}}{s_{\bar{d}}}$$

因此，当实际得到的 $|t| \geqslant 0.05$，可否定 H_0，接受 H_A：$\mu_d \neq 0$，两个样本平均数有显著差异。

[**例 14**] 选生长期、发育进度、植株大小和其他方面都比较一致的两株番茄构成一组，共 7 组，每组中一株接种 A 处理病毒，另一组接种 B 处理病毒，以研究不同处理病毒的方法对病毒纯化的效果，得结果为病毒在番茄上产生的病痕数目，见表 7 - 12。试测验两种处理的方法的差异显著性。

表 7 - 12　　　　　　　　　　　　　　番茄处理数据

组别	x_1（A 法）	x_2（B 法）	d
1	10	25	-15
2	13	12	1
3	8	14	-6
4	3	15	-12
5	5	12	-7
6	20	27	-7
7	6	18	-12

假设 H_0：$\mu_d = 0$　　H_A：$\mu_d \neq 0$　　显著水平 $\alpha = 0.01$

计算：$\bar{d} = 8.3$，$s_{\bar{d}} = 1.997$（个）

$$t = \frac{-8.3}{1.997} = -4.16$$

查附录，$\upsilon = n - 1 = 7 - 1 = 6$ 时，$t_{0.01} = 3.307$，$|t| > t_{0.01}$，故 $P < 0.01$。

推断：A、B 两法对纯化病毒的效应有极显著的差异。

（三） 蔬菜试验数据方差分析

3 个或以上样本平均数的假设测验方法即为方差分析。方差分析就是将总变异剖分为各个变异来源的相应部分，从而发现各变异原因在总变异中相对重要程度的一种统计分析方法。其中，扣除了各种试验原因所引起的变异后的剩余变异提供了试验误差的无偏估计，作为假设测验的依据。因而，方差分析如 t 测验一样也是通过将试验处理的表面效应与其误差的比较来进行统计推断的，只不过这里采用均方来度量试验处理产生的变异和误差引起的变异而已。方差分析是科学的试验设计和分析中的一个十分重要的工具。

1. 自由度和平方和的分解

方差是平方和除以自由度的商。要将一个试验资料的总变异分解为各个变异来源的相应变异，首先必须将总自由度和总平方和分解为各个变异来源的相应部分。因此，自由度和平方和的分解是方差分析的第一步。下面先从简单的类型说起。设有 k 组数据，每组均有 n 个观察值，则该资料共有 nk 个观察值，其数据分组见表 7 - 13。

表 7 - 13 每组具 n 个观察值的 k 组数据的符号表

组别	观察值 (y_{ij}, i=1, 2, $\cdots$, k; j=1, 2, $\cdots$, n)						总和	平均	均方
1	y_{11}	y_{12}	$\cdots$	y_{1j}	$\cdots$	y_{1n}	T_1	$\bar{y}_1$	s_1^2
2	y_{21}	y_{22}	$\cdots$	y_{2j}	$\cdots$	y_{2n}	T_2	$\bar{y}_2$	s_2^2
$\vdots$	$\vdots$	$\vdots$	$\cdots$	$\vdots$	$\cdots$	$\vdots$	$\vdots$	$\vdots$	$\vdots$
i	y_{i1}	y_{i2}	$\cdots$	y_{ij}	$\cdots$	y_{in}	T_i	$\bar{y}_i$	s_i^2
$\vdots$	$\vdots$	$\vdots$	$\cdots$	$\vdots$	$\cdots$	$\vdots$	$\vdots$	$\vdots$	$\vdots$
k	y_{k1}	y_{k2}	$\cdots$	y_{kj}	$\cdots$	y_{kn}	T_k	$\bar{y}_k$	s_k^2
							$T = \sum y_{ij} = \sum y$	$\bar{y}$	

在表 7 - 13 中,总变异是 nk 个观察值的变异,故其自由度 $\nu = nk - 1$,而其平方和 SS_T 则为:

$$SS_T = \sum_1^{nk} (y_{ij} - \bar{y})^2 = \sum_1^{nk} y_{ij}^2 - C \tag{7-9}$$

式 (7 - 9) 中的 C 称为矫正数:

$$C = \frac{(\sum y)^2}{nk} = \frac{T^2}{nk} \tag{7-10}$$

这里,可通过总变异的恒等变换来阐明总变异的构成。对于第 i 组的变异,有

$$\sum_{j=1}^n (y_{ij} - \bar{y})^2 = \sum_{j=1}^n (y_{ij} - \bar{y}_i + \bar{y}_i - \bar{y})^2 = \sum_{j=1}^n (y_{ij} - \bar{y}_i)^2 + \sum_{j=1}^n 2(y_{ij} - \bar{y}_i)(\bar{y}_i - \bar{y}) + \sum_{j=1}^n (\bar{y}_i - \bar{y})^2$$
$$= \sum_{j=1}^n (y_{ij} - \bar{y}_i)^2 + n(\bar{y}_i - \bar{y})^2$$

总变异为第 1,2,$\cdots$,k 组的变异相加,利用上式总变异可以剖分为:

$$SS_T = \sum_{i=1}^k \sum_{j=1}^n (y_{ij} - \bar{y})^2 = \sum_{i=1}^k \sum_{j=1}^n (y_{ij} - \bar{y}_i)^2 + n \sum_{i=1}^k (\bar{y}_i - \bar{y})^2 \tag{7-11}$$

即 总平方和 SS_T = 组内 (误差) 平方和 SS_e + 处理平方和 SS_t

组间变异由 k 个 $\bar{y}_i$ 的变异引起,故其自由度 $\nu = k - 1$,组间平方和 SS_t 为:

$$SS_t = n \sum_1^k (\bar{y}_i - \bar{y})^2 = \sum T_i^2 / n - C \tag{7-12}$$

组内变异为各组内观察值与组平均数的变异,故每组具有自由度 $\nu = n - 1$ 和平方和 $\sum_1^n (y_{ij} - \bar{y}_i)^2$;而资料共有 k 组,故组内自由度 $\nu = k(n - 1)$,组内平方和 SS_e 为:

$$SS_e = \sum_1^k \left[\sum_1^n (y_{ij} - \bar{y}_i)^2 \right] = SS_T - SS_t \tag{7-13}$$

因此,得到自由度分解式为:

$$nk - 1 = (k - 1) + k(n - 1) \tag{7-14}$$

总自由度 DF_T = 组间自由度 DF_t + 组内自由度 DF_e

求得各变异来源的自由度和平方和后,进而可得:

$$\left. \begin{array}{l} \text{总的均方 } MS_T = s_T^2 = \dfrac{\sum \sum (y_{ij} - \bar{y})^2}{nk - 1} \\[3mm] \text{组间的均方 } MS_t = s_t^2 = \dfrac{n \sum (\bar{y}_i - \bar{y})^2}{k - 2} \\[3mm] \text{组内均方 } MS_e = s_e^2 = \dfrac{\sum \sum (y_{ij} - \bar{y}_i)^2}{k(n - 1)} \end{array} \right\} \tag{7-15}$$

　　若假定组间平均数差异不显著（或处理无效）时，MS_t 与 MS_e 是 σ^2 的两个独立估值，均方用 MS 表示，也用 s^2 表示，两者可以互换。其中组内均方 MS_e 也称误差均方，它是由多个总体或处理所提供的组内变异（或误差）的平均值。

　　[例15] 以 A、B、C、D 四种药剂处理水稻种子，其中 A 为对照，每处理各得 4 个苗高观察值（cm），其结果见表 7 – 14，试分解其自由度和平方和。

表 7 – 14　　　　　　　　　　　　水稻不同药剂处理的苗高　　　　　　　　　　　　单位：cm

药剂	苗高观察值				总和 T_i	平均 $\bar{y}_i$
A	18	21	20	13	72	18
B	20	24	26	22	92	23
C	10	15	17	14	56	14
D	28	27	29	32	116	29
					$T = 336$	$\bar{y} = 21$

进行总自由度的剖分：

$$总变异自由度\ DF_T = (nk-1) = (4 \times 4) - 1 = 15$$
$$药剂间自由度\ DF_t = (k-1) = 4 - 1 = 3$$
$$药剂内自由度\ DF_e = k(n-1) = 4 \times (4-1) = 12$$

进行总平方和的剖分：

$$C = \frac{T^2}{nk} = \frac{336^2}{4 \times 4} = 7056$$

$$SS_T = \sum \sum y_{ij}^2 - C = 18^2 + 21^2 + \cdots + 32^2 - C = 602$$

$$SS_t = n \sum_1^k (\bar{y}_i - \bar{y}) = \sum T_i^2/n - C = (72^2 + 92^2 + 56^2 + 116^2)/4 - C = 504$$

或　　　　$$SS_t = 4 \times [(18-21)^2 + (23-21)^2 + (14-21)^2 + (29-21)^2] = 504$$

$$SS_e = \sum_1^k \sum_1^n (y_{ij} - \bar{y}_i)^2 = \sum_1^{nk} y_{ij}^2 - \sum_1^k T_i^2/n = SS_T - SS_t = 602 - 504 = 98$$

或　　　　药剂 A 内：$SS_{e_1} = 18^2 + 21^2 + 20^2 + 13^2 - 72^2/4 = 38$

　　　　　　药剂 B 内：$SS_{e_2} = 20^2 + 24^2 + 26^2 + 22^2 - 92^2/4 = 20$

　　　　　　药剂 C 内：$SS_{e_3} = 10^2 + 15^2 + 17^2 + 14^2 - 56^2/4 = 26$

　　　　　　药剂 D 内：$SS_{e_4} = 28^2 + 27^2 + 29^2 + 32^2 - 116^2/4 = 14$

所以　　　　$$SS_e = \sum_1^k \sum_1^n (y_{ij} - \bar{y}_i)^2 = 38 + 20 + 26 + 14 = 98$$

误差平方和也可直接计算。

进而可得均方：

$$MS_T = s_T^2 = 602/15 = 40.13$$
$$MS_t = s_t^2 = 504/3 = 168.00$$
$$MS_e = s_e^2 = 98/12 = 8.17$$

以上药剂内均方 $s_e^2 = 8.17$ 系 4 种药剂内变异的合并均方值，它是表 7 – 14 资料的试验误差估计；药剂间均方 $s_t^2 = 168.00$，则是不同药剂对苗高效应的变异。

2. F 分布与 F 测验

在一个平均数为 μ、方差为 σ^2 的正态总体中，随机抽取两个独立样本，分别求得其均方 s_1^2 和 s_2^2，将 s_1^2 和 s_2^2 的比值定义为 F：

$$F_{(\nu_1, \nu_2)} = s_1^2 / s_2^2 \tag{7-16}$$

此 F 值具有 s_1^2 的自由度 ν_1 和 s_2^2 的自由度 ν_2。如果在给定的 ν_1 和 ν_2 下按上述方法从正态总体中进行一系列抽样，就可得到一系列的 F 值而作成一个 F 分布。统计理论的研究证明，F 分布乃具有平均数 $\mu_F = 1$ 和取值区间为 $[0, \infty]$ 的一组曲线；而某一特定曲线的形状则仅决定于参数 ν_1 和 ν_2。在 $\nu_1 = 1$ 或 $\nu_1 = 2$ 时，F 分布曲线是严重倾斜成反向 J 型；当 $\nu_1 \geq 3$ 时，曲线转为偏态（图 7-11）。

若所得 $F \geq F_{0.05}$ 或 $\geq F_{0.01}$，则 H_0 发生的概率小于等于 0.05 或 0.01，应该在 $\alpha = 0.05$ 或 $\alpha = 0.01$ 水平上否定 H_0，接受 H_A；若所得 $F < F_{0.05}$ 或 $F < F_{0.01}$，则 H_0 发生的概率大于 0.05 或 0.01，应接受 H_0。

在方差分析的体系中，F 测验可用于检测某项变异因素的效应或方差是否真实存在。所以在计算 F 值时，总是将要测验的那一项变异因素的均方作分子，而以另一项变异（如试验误差项）的均方作分母。这个问题与方差分析的模型和各项变异来源的期望均方有关，详情见后。在此测验中，如果作分子的均方小于作分母的均方，则 $F < 1$；此时不必查 F 表即可确定 $P > 0.05$，应接受 H_0。

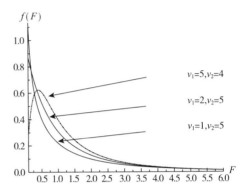

图 7-11　F 分布曲线（随 ν_1 和 ν_2 的不同而不同）

F 测验需具备：（1）变数 y 遵循正态分布 $N(\mu, \sigma^2)$，（2）s_1^2 和 s_2^2 彼此独立两个条件。

[**例 16**] 测定东方红 3 号小麦的蛋白质含量 10 次，得均方 $s_1^2 = 1.621$；测定农大 139 小麦的蛋白质含量 5 次，得均方 $s_2^2 = 0.135$。试测验东方红 3 号小麦蛋白质含量的变异是否比农大 139 为大。

假设 H_0：东方红小麦总体蛋白质含量的变异和农大 139 一样，即 $H_0 : \sigma_1^2 = \sigma_2^2$，对 $H_A : \sigma_1^2 > \sigma_2^2$。显著水平取 $\alpha = 0.05$、$\nu_1 = 9$、$\nu_2 = 4$ 时，$F_{0.05} = 6.00$。

测验计算：

$F = 1.621/0.135 = 12.01$

此 $F > F_{0.05}$，即 $P < 0.05$。

推断：否定 H_0，接受 H_A，即东方红 3 号小麦蛋白质含量的变异大于农大 139。

以上这种比较两个事物变异大小的例子，在农业研究中是常常遇到的。如比较杂种 F_2 代和 F_1 代的变异大小，比较两种处理的草坪冻害程度等，这些比较皆可应用 F 测验，但都必须以大均方作分子而计算 F 值。

[**例 17**] 在例 15 算得药剂间均方 $s_t^2 = 168.00$，药剂内均方 $s_e^2 = 8.17$，具自由度 $\nu_1 = 3$，$\nu_2 = 12$。试测验药剂间变异是否显著大于药剂内变异？

假设 $H_0 : \sigma_t^2 = \sigma_e^2$ 对 $H_A : \sigma_t^2 > \sigma_e^2$，显著水平取 $\alpha = 0.05$，$F_{0.05} = 3.49$。

测验计算：$F = 168.00/8.17 = 20.56$

计算得 $F = 20.56$ 表示处理项的均方为误差项均方的 20.56 倍。查附录一知，$\nu_1 = 3$、$\nu_2 = 12$ 时 $F_{0.05} = 3.49$，$F_{0.01} = 5.95$，实得 $F > F_{0.01} > F_{0.05}$。

推断：否定 $H_0: \sigma_t^2 = \sigma_e^2$，接受 $H_A: \sigma_t^2 > \sigma_e^2$；即药剂间变异显著地大于药剂内变异，不同药剂对水稻苗高是具有不同效应的。

以上通过例 15 说明了对一组处理的重复试验数据经对总平方和与总自由度的分解估计出处理间均方和处理内均方（误差均方），并通过 $F = MS_t/MS_e$ 测验处理间所表示出的差异是否真实（比误差大），这一方法即为方差分析法。这里所测验的统计假设是 $H_0:$ $\sigma_t^2 = \sigma_e^2$ 或 $\mu_A = \mu_B = \mu_C = \mu_D$ 对 $H_A: \sigma_t^2 > \sigma_e^2$ 或 μ_A、μ_B、μ_C 和 μ_D 间存在差异（不一定 μ_A、μ_B、μ_C 和 μ_D 间均不等，可能部分不等）。例 14 和例 16 的分析结果可以归纳在一起，列出方差分析表，如表 7 – 15 所示。

表 7 – 15　　　　　　　　　　　　水稻药剂处理苗高方差分析表

变异来源	DF	SS	MS	F	显著 F 值
药剂处理间	3	504	168.00	20.56＊＊	$F_{0.05(3,12)} = 3.49$
药剂处理内（误差）	12	98	8.17		$F_{0.01(3,12)} = 5.95$
总计	15	602			

3. 多重比较

前述对一组试验数据通过平方和与自由度的分解，将所估计的处理均方与误差均方作比较，由 F 测验推论处理间有显著差异，对有些试验来说方差分析已算告一段落，但对有些试验来说，其目的不仅在于了解一组处理间总体上有无实质性差异，更在于了解哪些处理间存在真实差异，故需进一步做处理平均数间的比较。一个试验中 k 个处理平均数间可能有 $k(k-1)/2$ 个比较，因而这种比较是复式比较，又称为多重比较。通过方差分析后进行平均数间的多重比较，不同于处理间两两单独比较。因为误差由多个处理内的变异合并估计，自由度增大了，因而比较的精确度也增大了；而且由于 F 测验显著，证实处理间总体上有真实差异后再做两两平均数的比较，不大会像单独比较时那样将个别偶然性的差异误判为真实差异。这种在 F 测验基础上再做的平均数间多重比较称为 Fisher 氏保护下的多重比较。显然在无 F 测验保护时，4 个处理作两两比较，每一比较的显著水平 $\alpha = 0.05$，4 个处理间有 6 个比较，若处理间总体上无差异，每一比较误判为有差异的概率为 0.05，则 6 个比较中至少有 1 个被误判的概率为 $\alpha' = 1 - 0.95^6 = 0.2649$。若处理数 $k = 10$，则 $\alpha' = 1 - 0.95^{45} = 0.9006$，因而尽管单个比较的显著水平为 0.05，但从试验总体上 α'（至少有 1 个误判的概率）是很大的，这说明通过 F 测验作保护是非常必要的。

多重比较有多种方法，如最小显著差数法、邓肯（Duncan）氏新复极差法等。

（1）最小显著差数法　最小显著差数法 LSD，LSD 法实质上是第五章的 t 测验。其程序是：在处理间的 F 测验为显著的前提下，计算出显著水平为 α 的最小显著差数 LSD_α；任何两个平均数的差数（$\bar{y}_i - \bar{y}_j$），如其绝对值 $\geqslant LSD_\alpha$，即为在 α 水平上差异显著；反之，则为在 α 水平上差异不显著。这种方法又称为 F 测验保护下的最小显著差数法（Fisher's

Protected LSD，或 $FPLSD$）。

已知：
$$t = \frac{\bar{y}_i - \bar{y}_j}{s_{\bar{y}_i - \bar{y}_j}}(i,j = 1,2,\cdots,k;i \neq j)$$

若 $|t| \geq t_\alpha$，$\bar{y}_i - \bar{y}_j$ 即为在 α 水平上显著。因此，最小显著差数为：

$$LSD_\alpha = t_\alpha s_{\bar{y}_i - \bar{y}_j} \tag{7-17}$$

当两样本的容量 n 相等时，

$$s_{\bar{y}_i - \bar{y}_j} = \sqrt{2s_e^2/n}$$

在方差分析中，上式的 s_e^2 有了更精确的数值 MS_e（因为此自由度增大），因此中的 $s_{\bar{y}_i - \bar{y}_j}$ 为：

$$s_{\bar{y}_i - \bar{y}_j} = \sqrt{2MS_e/n} \tag{7-18}$$

[**例 18**] 试以 LSD 法测验表 7-14 资料中各种药剂处理的苗高平均数间的差异显著性。

由例 17 计算得 $F = 20.56$ 为显著，$MS_e = 8.17$，$DF_e = 12$，

故
$$s_{\bar{y}_i - \bar{y}_j} = \sqrt{\frac{2 \times 8.17}{4}} = 2.02(\text{cm})$$

由附录二知，$\nu = 12$ 时，$t_{0.05} = 2.179$，$t_{0.01} = 3.055$

故　　　　$LSD_{0.05} = 2.179 \times 2.02 = 4.40$（cm）；$LSD_{0.01} = 3.055 \times 2.02 = 6.17$（cm）

然后将各种药剂处理的苗高与对照苗高相比，差数大于 4.40cm 为差异显著，大于 6.17cm 为差异极显著。由表 7-14 可知：药剂 D 与 A、D 与 C 以及 B 与 C 处理平均数差数分别为 11、15 和 9，大于 6.17，说明在 0.01 水平上差异显著；药剂 D 与 B、B 与 A 处理平均数差数分别为 6 和 5，大于 4.40，说明在 0.05 水平上差异显著；药剂 A 与 C 处理平均数差数为 4，小于 4.40，差异不显著。

（2）邓肯氏新复极差法　D. B. Duncan（1955）提出了新复极差法，又称最短显著极差法（SSR）。查得 $SSR_{\alpha,p}$ 后，有

$$LSR_\alpha = SE \cdot SSR_{\alpha,p} \tag{7-19}$$

此时，在不同秩次距 p 下，平均数间比较的显著水平按两两比较是 α，但按 p 个秩次距则为保护水平 $\alpha' = 1 - (1 - \alpha)^{p-1}$。

[**例 19**] 试对表 7-16 资料的各平均数作新复极差测验。

已知 $\bar{y}_D = 29\text{cm}$，$\bar{y}_B = 23\text{cm}$，$\bar{y}_A = 18\text{cm}$，$\bar{y}_C = 14\text{cm}$，$MS_e = 8.17$，$SE = 1.43$（cm）

查附三知，SSR_α 值，由式（7-19）算得在 $p = 2$，3，4 时的 LSR_α 值（表 7-16），即为测验不同 p 时的平均数间极差显著性的尺度值。

表 7-16　　　　　　　　　　　　LSR 值的计算（新复极差测验）

p	$SSR_{0.05}$	$SSR_{0.01}$	$LSR_{0.05}$	$LSR_{0.01}$
2	3.08	4.32	4.40	6.18
3	3.23	4.55	4.62	6.51
4	3.33	4.68	4.76	6.69

当 $p = 2$ 时，　　$\bar{y}_D - \bar{y}_B = 6$（cm）　　5% 水平上显著

　　　　　　　　　$\bar{y}_B - \bar{y}_A = 5$（cm）　　5% 水平上显著

$$\bar{y}_A - \bar{y}_C = 4 \ (\text{cm}) \qquad 不显著$$

当 $p = 3$ 时，
$$\bar{y}_D - \bar{y}_A = 11 \ (\text{cm}) \qquad 1\%水平上显著$$
$$\bar{y}_B - \bar{y}_C = 9 \ (\text{cm}) \qquad 1\%水平上显著$$

当 $p = 4$ 时
$$\bar{y}_D - \bar{y}_C = 15 \ (\text{cm}) \qquad 1\%水平上显著$$

4. 多重比较结果的表示方法

各平均数经多重比较后，应以简洁明了的形式将结果表示出来。常用的表示方法有以下两种。

（1）列梯形表法 将全部平均数从大到小顺次排列，然后算出各平均数间的差数。凡达到 $\alpha = 0.05$ 水平的差数在右上角标一个"*"号，凡达到 $\alpha = 0.01$ 水平的差数在右上角标两个"*"号，凡未达到 $\alpha = 0.05$ 水平的差数则不予标记。若以列梯形表法表示，则成表 7–17。

表 7–17　　　　差异显著性（新复极差测验）

处理	平均数 $(\bar{y}_i)$	差异 $\bar{y}_i - 14$	差异 $\bar{y}_i - 18$	差异 $\bar{y}_i - 23$
D	29	15**	11**	6*
B	23	9**	5*	
A	18	4		
C	14			

该法十分直观，但占篇幅较大，特别是处理平均数较多时。因此，在科技论文中少见。

（2）标记字母法 首先将全部平均数从大到小依次排列，然后在最大的平均数上标上字母 a，并将该平均数与以下各平均数相比，凡相差不显著的，都标上字母 a，直至某一个与之相差显著的平均数，则标以字母 b（向下过程）；再以该标有 b 的平均数为标准，与上方各个比它大的平均数比，凡不显著的也一律标以字母 b（向上过程）；再以该标有 b 的最大平均数为标准，与以下各未标记的平均数比，凡不显著的继续标以字母 b，直至某一个与之相差显著的平均数，则标以字母 c…… 如此重复进行下去，直至最小的一个平均数有了标记字母，且与以上平均数进行了比较为止。这样各平均数间，凡有一个相同标记字母的即为差异不显著，凡没有相同标记字母的即为差异显著。

在实际应用时，往往还需区分 $\alpha = 0.05$ 水平上显著和 $\alpha = 0.01$ 水平上显著。这时可以小写字母表示 $\alpha = 0.05$ 显著水平，大写字母表示 $\alpha = 0.01$ 显著水平。该法在科技论文中常常出现。

先将各平均数按大小顺序排列，并在 $\bar{y}_D$ 行上标 a。由于 $\bar{y}_D$ 与 $\bar{y}_B$ 呈显著差异，故 $\bar{y}_B$ 上标 b。然后以 $\bar{y}_B$ 为标准与 $\bar{y}_A$ 相比呈显著差异，故标 c。以 $\bar{y}_A$ 为标准与 $\bar{y}_C$ 比，无显著差异，仍标 c。同理，可进行 4 个 $\bar{y}$ 在 1% 水平上的显著性测验，结果列于表 7–18。

表 7 -18 差异显著性（新复极差测验）

处理	苗高	差异显著性	
	平均数/cm	0.05	0.01
D	29	a	A
B	23	b	AB
A	18	c	BC
C	14	c	C

由表 7 - 18 就可清楚地看出，该试验除 A 与 C 处理无显著差异外，D 与 B 及 A 与 C 处理间差异显著性达到 α =0.05 水平。处理 B 与 A、D 与 B、A 与 C 无极显著差异；D 与 A、C，B 与 C 呈极显著差异。

多重比较方法很多，可阅读其他参考书籍，以上列举的是常用的方法。

附录
试验设计相关统计表

附录一 F 分布临界值表

$\alpha = 0.01$

F_α k_2 \ k_1	1	2	3	4	5	6	8	12	24	∞
1	4052	4999	5403	5625	5764	5859	5981	6106	6234	6366
2	98.49	99.01	99.17	99.25	99.30	99.33	99.36	99.42	99.46	99.50
3	34.12	30.81	29.46	28.71	28.24	27.91	27.49	27.05	26.60	26.12
4	21.20	18.00	16.69	15.98	15.52	15.21	14.80	14.37	13.93	13.46
5	16.26	13.27	12.06	11.39	10.97	10.67	10.29	9.89	9.47	9.02
6	13.74	10.92	9.78	9.15	8.75	8.47	8.10	7.72	7.31	6.88
7	12.25	9.55	8.45	7.85	7.46	7.19	6.84	6.47	6.07	5.65
8	11.26	8.65	7.59	7.01	6.63	6.37	6.03	5.67	5.28	4.86
9	10.56	8.02	6.99	6.42	6.06	5.80	5.47	5.11	4.73	4.31
10	10.04	7.56	6.55	5.99	5.64	5.39	5.06	4.71	4.33	3.91
11	9.65	7.20	6.22	5.67	5.32	5.07	4.74	4.40	4.02	3.60
12	9.33	6.93	5.95	5.41	5.06	4.82	4.50	4.16	3.78	3.36
13	9.07	6.70	5.74	5.20	4.86	4.62	4.30	3.96	3.59	3.16
14	8.86	6.51	5.56	5.03	4.69	4.46	4.14	3.80	3.43	3.00
15	8.68	6.36	5.42	4.89	4.56	4.32	4.00	3.67	3.29	2.87
16	8.53	6.23	5.29	4.77	4.44	4.20	3.89	3.55	3.18	2.75

续表

F_α k_2 \ k_1	1	2	3	4	5	6	8	12	24	∞
17	8.40	6.11	5.18	4.67	4.34	4.10	3.79	3.45	3.08	2.65
18	8.28	6.01	5.09	4.58	4.25	4.01	3.71	3.37	3.00	2.57
19	8.18	5.93	5.01	4.50	4.17	3.94	3.63	3.30	2.92	2.49
20	8.10	5.85	4.94	4.43	4.10	3.87	3.56	3.23	2.86	2.42
21	8.02	5.78	4.87	4.37	4.04	3.81	3.51	3.17	2.80	2.36
22	7.94	5.72	4.82	4.31	3.99	3.76	3.45	3.12	2.75	2.31
23	7.88	5.66	4.76	4.26	3.94	3.71	3.41	3.07	2.70	2.26
24	7.82	5.61	4.72	4.22	3.90	3.67	3.36	3.03	2.66	2.21
25	7.77	5.57	4.68	4.18	3.86	3.63	3.32	2.99	2.62	2.17
26	7.72	5.53	4.64	4.14	3.82	3.59	3.29	2.96	2.58	2.13
27	7.68	5.49	4.6	4.11	3.78	3.56	3.26	2.93	2.55	2.10
28	7.64	5.45	4.57	4.07	3.75	3.53	3.23	2.90	2.52	2.06
29	7.60	5.42	4.54	4.04	3.73	3.50	3.20	2.87	2.49	2.03
30	7.56	5.39	4.51	4.02	3.7	3.47	3.17	2.84	2.47	2.01
40	7.31	5.18	4.31	3.83	3.51	3.29	2.99	2.66	2.29	1.80
60	7.08	4.98	4.13	3.65	3.34	3.12	2.82	2.50	2.12	1.60
120	6.85	4.79	3.95	3.48	3.17	2.96	2.66	2.34	1.95	1.38
∞	6.64	4.60	3.78	3.32	3.02	2.80	2.51	2.18	1.79	1.00

$\alpha = 0.05$

F_α k_2 \ k_1	1	2	3	4	5	6	8	12	24	∞
1	161.4	199.5	215.7	224.6	230.2	234.0	238.9	243.9	249.0	254.3
2	18.51	19.00	19.16	19.25	19.30	19.33	19.37	19.41	19.45	19.50
3	10.13	9.55	9.28	9.12	9.01	8.94	8.84	8.74	8.64	8.53
4	7.71	6.94	6.59	6.39	6.26	6.16	6.04	5.91	5.77	5.63
5	6.61	5.79	5.41	5.19	5.05	4.95	4.82	4.68	4.53	4.36
6	5.99	5.14	4.76	4.53	4.39	4.28	4.15	4.00	3.84	3.67
7	5.59	4.74	4.35	4.12	3.97	3.87	3.73	3.57	3.41	3.23
8	5.32	4.46	4.07	3.84	3.69	3.58	3.44	3.28	3.12	2.93
9	5.12	4.26	3.86	3.63	3.48	3.37	3.23	3.07	2.90	2.71
10	4.96	4.10	3.71	3.48	3.33	3.22	3.07	2.91	2.74	2.54

续表

F_α k_1 / k_2	1	2	3	4	5	6	8	12	24	∞
11	4.84	3.98	3.59	3.36	3.20	3.09	2.95	2.79	2.61	2.40
12	4.75	3.88	3.49	3.26	3.11	3.00	2.85	2.69	2.50	2.30
13	4.67	3.80	3.41	3.18	3.02	2.92	2.77	2.60	2.42	2.21
14	4.60	3.74	3.34	3.11	2.96	2.85	2.70	2.53	2.35	2.13
15	4.54	3.68	3.29	3.06	2.90	2.79	2.64	2.48	2.29	2.07
16	4.49	3.63	3.24	3.01	2.85	2.74	2.59	2.42	2.24	2.01
17	4.45	3.59	3.2	2.96	2.81	2.70	2.55	2.38	2.19	1.96
18	4.41	3.55	3.16	2.93	2.77	2.66	2.51	2.34	2.15	1.92
19	4.38	3.52	3.13	2.90	2.74	2.63	2.48	2.31	2.11	1.88
20	4.35	3.49	3.10	2.87	2.71	2.60	2.45	2.28	2.08	1.84
21	4.32	3.47	3.07	2.84	2.68	2.57	2.42	2.25	2.05	1.81
22	4.30	3.44	3.05	2.82	2.66	2.55	2.40	2.23	2.03	1.78
23	4.28	3.42	3.03	2.80	2.64	2.53	2.38	2.20	2.00	1.76
24	4.26	3.40	3.01	2.78	2.62	2.51	2.36	2.18	1.98	1.73
25	4.24	3.38	2.99	2.76	2.60	2.49	2.34	2.16	1.96	1.71
26	4.22	3.37	2.98	2.74	2.59	2.47	2.32	2.15	1.95	1.69
27	4.21	3.35	2.96	2.73	2.57	2.46	2.30	2.13	1.93	1.67
28	4.20	3.34	2.95	2.71	2.56	2.44	2.29	2.12	1.91	1.65
29	4.18	3.33	2.93	2.70	2.54	2.43	2.28	2.10	1.90	1.64
30	4.17	3.32	2.92	2.69	2.53	2.42	2.27	2.09	1.89	1.62
40	4.08	3.23	2.84	2.61	2.45	2.34	2.18	2.00	1.79	1.51
60	4.00	3.15	2.76	2.52	2.37	2.25	2.10	1.92	1.70	1.39
120	3.92	3.07	2.68	2.45	2.29	2.17	2.02	1.83	1.61	1.25
∞	3.84	2.99	2.60	2.37	2.21	2.09	1.94	1.75	1.52	1.00

附录二 t 分布临界值表

| n' | P (2)：双侧 | 0.5 | 0.2 | 0.1 | 0.05 | 0.02 | 0.01 | 0.005 | 0.002 | 0.001 |
	P (1)：单侧	0.25	0.1	0.05	0.025	0.01	0.005	0.0025	0.001	0.0005
1		1	3.078	6.314	12.706	31.821	63.657	127.321	318.309	636.619
2		0.816	1.886	2.92	4.303	6.965	9.925	14.089	22.327	31.599
3		0.765	1.638	2.353	3.182	4.541	5.841	7.453	10.215	12.924
4		0.741	1.533	2.132	2.776	3.747	4.604	5.598	7.173	8.61
5		0.727	1.476	2.015	2.571	3.365	4.032	4.773	5.893	6.869
6		0.718	1.44	1.943	2.447	3.143	3.707	4.317	5.208	5.959
7		0.711	1.415	1.895	2.365	2.998	3.499	4.029	4.785	5.408
8		0.706	1.397	1.86	2.306	2.896	3.355	3.833	4.501	5.041
9		0.703	1.383	1.833	2.262	2.821	3.25	3.69	4.297	4.781
10		0.7	1.372	1.812	2.228	2.764	3.169	3.581	4.144	4.587
11		0.697	1.363	1.796	2.201	2.718	3.106	3.497	4.025	4.437
12		0.695	1.356	1.782	2.179	2.681	3.055	3.428	3.93	4.318
13		0.694	1.35	1.771	2.16	2.65	3.012	3.372	3.852	4.221
14		0.692	1.345	1.761	2.145	2.624	2.977	3.326	3.787	4.14
15		0.691	1.341	1.753	2.131	2.602	2.947	3.286	3.733	4.073
16		0.69	1.337	1.746	2.12	2.583	2.921	3.252	3.686	4.015
17		0.689	1.333	1.74	2.11	2.567	2.898	3.222	3.646	3.965
18		0.688	1.33	1.734	2.101	2.552	2.878	3.197	3.61	3.922
19		0.688	1.328	1.729	2.093	2.539	2.861	3.174	3.579	3.883
20		0.687	1.325	1.725	2.086	2.528	2.845	3.153	3.552	3.85
21		0.686	1.323	1.721	2.08	2.518	2.831	3.135	3.527	3.819
22		0.686	1.321	1.717	2.074	2.508	2.819	3.119	3.505	3.792
23		0.685	1.319	1.714	2.069	2.5	2.807	3.104	3.485	3.768
24		0.685	1.318	1.711	2.064	2.492	2.797	3.091	3.467	3.745
25		0.684	1.316	1.708	2.06	2.485	2.787	3.078	3.45	3.725
26		0.684	1.315	1.706	2.056	2.479	2.779	3.067	3.435	3.707
27		0.684	1.314	1.703	2.052	2.473	2.771	3.057	3.421	3.69
28		0.683	1.313	1.701	2.048	2.467	2.763	3.047	3.408	3.674
29		0.683	1.311	1.699	2.045	2.462	2.756	3.038	3.396	3.659

续表

n'	P（2）：双侧 P（1）：单侧	0.5 0.25	0.2 0.1	0.1 0.05	0.05 0.025	0.02 0.01	0.01 0.005	0.005 0.0025	0.002 0.001	0.001 0.0005
30		0.683	1.31	1.697	2.042	2.457	2.75	3.03	3.385	3.646
31		0.682	1.309	1.696	2.04	2.453	2.744	3.022	3.375	3.633
32		0.682	1.309	1.694	2.037	2.449	2.738	3.015	3.365	3.622
33		0.682	1.308	1.692	2.035	2.445	2.733	3.008	3.356	3.611
34		0.682	1.307	1.091	2.032	2.441	2.728	3.002	3.348	3.601
35		0.682	1.306	1.69	2.03	2.438	2.724	2.996	3.34	3.591
36		0.681	1.306	1.688	2.028	2.434	2.719	2.99	3.333	3.582
37		0.681	1.305	1.687	2.026	2.431	2.715	2.985	3.326	3.574
38		0.681	1.304	1.686	2.024	2.429	2.712	2.98	3.319	3.566
39		0.681	1.304	1.685	2.023	2.426	2.708	2.976	3.313	3.558
40		0.681	1.303	1.684	2.021	2.423	2.704	2.971	3.307	3.551
50		0.679	1.299	1.676	2.009	2.403	2.678	2.937	3.261	3.496
60		0.679	1.296	1.671	2	2.39	2.66	2.915	3.232	3.46
70		0.678	1.294	1.667	1.994	2.381	2.648	2.899	3.211	3.436
80		0.678	1.292	1.664	1.99	2.374	2.639	2.887	3.195	3.416
90		0.677	1.291	1.662	1.987	2.368	2.632	2.878	3.183	3.402
100		0.677	1.29	1.66	1.984	2.364	2.626	2.871	3.174	3.39
200		0.676	1.286	1.653	1.972	2.345	2.601	2.839	3.131	3.34
500		0.675	1.283	1.648	1.965	2.334	2.586	2.82	3.107	3.31
1000		0.675	1.282	1.646	1.962	2.33	2.581	2.813	3.098	3.3
∞		0.6745	1.2816	1.6449	1.96	2.3263	2.5758	2.807	3.0902	3.2905

附录三 邓肯氏新复极差检验 SSR 值表（$\alpha = 0.05$）

自由度 （f）	检验极差的平均个数（α）													
	2	3	4	5	6	7	8	9	10	11	12	13	14	15
1	17.97	17.97	17.97	17.97	17.97	17.97	17.97	17.97	17.97	17.97	17.97	17.97	17.97	17.97
2	6.09	6.09	6.09	6.09	6.09	6.09	6.09	6.09	6.09	6.09	6.09	6.09	6.09	6.09
3	4.5	4.52	4.52	4.52	4.52	4.52	4.52	4.52	4.52	4.52	4.52	4.52	4.52	4.52
4	3.93	4.01	4.03	4.03	4.03	4.03	4.03	4.03	4.03	4.03	4.03	4.03	4.03	4.03
5	3.75	3.8	3.81	3.81	3.81	3.64	3.81	3.81	3.81	3.81	3.81	3.81	3.81	3.81
6	3.46	3.59	3.65	3.68	3.69	3.7	3.7	3.7	3.7	3.7	3.7	3.7	3.7	3.7
7	3.34	3.48	3.55	3.59	3.61	3.62	3.63	3.63	3.63	3.63	3.63	3.63	3.63	3.63
8	3.26	3.4	3.48	3.52	3.55	3.57	3.58	3.58	3.58	3.58	3.58	3.58	3.58	3.58
9	3.2	3.34	3.42	3.47	3.5	3.52	3.54	3.54	3.55	3.55	3.55	3.55	3.55	3.55
10	3.15	3.29	3.38	3.43	3.47	3.49	3.51	3.52	3.52	3.53	3.53	3.53	3.53	3.53
11	3.11	3.26	3.34	3.4	3.44	3.46	3.48	3.49	3.5	3.51	3.51	3.51	3.51	3.51
12	3.08	3.23	3.31	3.37	3.41	3.44	3.46	3.47	3.48	3.49	3.5	3.5	3.5	3.5
13	3.06	3.2	3.29	3.35	3.39	3.42	3.44	3.46	3.47	3.48	3.48	3.49	3.49	3.49
14	3.03	3.18	3.27	3.33	3.37	3.44	3.4	3.43	3.46	3.47	3.47	3.48	3.48	3.48
15	3.01	3.16	3.25	3.31	3.36	3.39	3.41	3.43	3.45	3.46	3.47	3.47	3.48	3.48
16	3	3.14	3.24	3.3	3.34	3.38	3.4	3.42	3.44	3.45	3.46	3.47	3.47	3.47
17	2.98	3.13	3.22	3.29	3.33	3.37	3.39	3.41	3.43	3.44	3.45	3.46	3.47	3.47
18	2.97	3.12	3.21	3.27	3.32	3.36	3.38	3.4	3.42	3.44	3.45	3.45	3.46	3.47
19	2.96	3.11	3.2	3.26	3.31	3.35	3.38	3.4	3.42	3.43	3.44	3.45	3.46	3.46
20	2.95	3.1	3.19	3.26	3.3	3.34	3.37	3.39	3.41	3.42	3.44	3.45	3.45	3.46
21	2.94	3.09	3.18	3.25	3.3	3.33	3.36	3.39	3.4	3.42	3.43	3.44	3.45	3.46
22	2.93	3.08	3.17	3.24	3.29	3.33	3.36	3.38	3.4	3.41	3.43	3.44	3.45	3.45
23	2.93	3.07	3.17	3.23	3.28	3.32	3.35	3.37	3.39	3.41	3.42	3.43	3.44	3.45
24	2.92	3.07	3.16	3.23	3.28	3.32	3.35	3.37	3.39	3.41	3.42	3.43	3.44	3.45
25	2.91	3.06	3.15	3.22	3.27	3.31	3.34	3.37	3.39	3.4	3.42	3.43	3.44	3.45
26	2.91	3.05	3.15	3.22	3.27	3.31	3.34	3.36	3.38	3.4	3.41	3.43	3.44	3.45
27	2.9	3.05	3.14	3.21	3.26	3.3	3.33	3.36	3.38	3.4	3.41	3.42	3.43	3.44
28	2.9	3.04	3.14	3.21	3.26	3.3	3.33	3.36	3.38	3.39	3.41	3.42	3.43	3.44
29	2.89	3.04	3.14	3.2	3.25	3.29	3.33	3.35	3.37	3.39	3.41	3.42	3.43	3.44

续表

自由度 (f)	检验极差的平均个数 （α）													
	2	3	4	5	6	7	8	9	10	11	12	13	14	15
30	2.89	3.04	3.13	3.2	3.25	3.29	3.32	3.35	3.37	3.39	3.41	3.42	3.43	3.44
31	2.88	3.03	3.13	3.2	3.25	3.29	3.31	3.37	3.39	3.4	3.42	3.43	3.44	3.45
32	2.88	3.03	3.12	3.19	3.24	3.28	3.32	3.34	3.37	3.39	3.4	3.42	3.43	3.44
33		3.02	3.12	3.19	3.24	3.28	3.31	2.88	3.34	3.36	3.38	3.4	3.41	3.43	3.44
34		3.02	3.12	3.19	3.24	3.28	3.31	2.87	3.34	3.36	3.38	3.4	3.41	3.42	3.43
35	2.87	3.02	3.11	3.18	3.24	3.28	3.31	3.34	3.36	3.38	3.4	3.41	3.42	3.43
36	2.87	3.02	3.11	3.18	3.23	3.27	3.31	3.34	3.36	3.38	3.4	3.41	3.42	3.43
37	2.87	3.01	3.11	3.18	3.23	3.27	3.31	3.33	3.36	3.38	3.39	3.41	3.42	3.43
38	2.86	3.01	3.11	3.18	3.23	3.27	3.3	3.33	3.36	3.38	3.39	3.41	3.42	3.43
39	2.86	3.01	3.1	3.17	3.23	3.27	3.3	3.33	3.35	3.37	3.39	3.41	3.42	3.43
40	2.86	3.01	3.1	3.17	3.22	3.27	3.3	3.33	3.35	3.37	3.39	3.4	3.42	3.43
48	2.84	2.99	3.09	3.16	3.21	3.25	3.29	3.32	3.34	3.36	3.38	3.4	3.41	3.42
60	2.83	2.98	3.07	3.14	3.2	3.24	3.28	3.31	3.33	3.36	3.37	3.39	3.41	3.42
80	2.81	2.96	3.06	3.13	3.19	3.23	3.27	3.3	3.32	3.35	3.37	3.38	3.4	3.41
120		2.95	3.05	3.12	3.17	3.22	2.8	3.25	3.29	3.31	3.34	3.36	3.38	3.39	3.41
240	2.79	2.93	3.03	3.1	3.16	3.21	3.24	3.28	3.3	3.33	3.35	3.37	3.39	3.4
∞	2.77	2.92	3.02	3.09	3.15	3.19	3.23	3.27	3.29	3.32	3.34	3.36	3.38	3.4

参 考 文 献

［1］ 于广建，张百俊．蔬菜栽培技术．北京：中国农业科技出版社，1998．

［2］ 韩世栋，黄晓梅，徐小芳．设施园艺．北京：中国农业大学出版社，2011．

［3］ 陈杏禹．蔬菜栽培．北京：高等教育出版社，2010．

［4］ 刘世琦．蔬菜栽培学简明教程．北京：化学工业出版社，2007．

［5］ 中国农业科学院蔬菜花卉研究所．中国蔬菜栽培学．2版．北京：中国农业出版社，2010．

［6］ 胡繁荣，吕家龙．蔬菜栽培学．上海：上海交通大学出版社，2003．

［7］ 于开亮．豆类蔬菜．北京：中国农业大学出版社，2006．

［8］ 吕家龙．蔬菜栽培学各论（南方本）．3版．北京：中国农业出版社，2011．

［9］ 梁称福．蔬菜栽培技术（南方本）．2版．北京：化学工业出版社，2016．

［10］ 樊治成，高兆波，李建友．我国葱蒜类蔬菜种质资源和育种研究现状．中国蔬菜，2004（6）：37－40．

［11］ 刘双全．钾对蔬菜产量和品质影响的研究．黑龙江农业科学，2000（4）：25－26；28．

［12］ 吕家龙，李敏，钱伟等．蔬菜品质、标准和感官鉴定．长江蔬菜，1992（6）：3－5．

［13］ 杨宏福．蔬菜品质感官评定和统计方法．中国蔬菜，1986（2）：46－49．

［14］ 张素瑛，赵兴杰，乔卫东等．无公害蔬菜与普通蔬菜品质分析．山西农业科学，2006（1）：41－43．

［15］ 我国目前的蔬菜氮肥施用量与蔬菜品质现状．湖北科技报，2006－06－06．

［16］ 孙鹤宁．提高速冻果品蔬菜品质的探讨．落叶果树，1997（3）：31－32．

［17］ 全思懋．不同叶面肥配方对蔬菜生长和品质的影响．南京：南京农业大学，2007．

［18］ 李曙轩．蔬菜栽培学总论．北京：中国农业出版社，2004．

［19］ 胡繁荣．蔬菜栽培学．上海：上海交通大学出版社，2003．

［20］ 陈杏禹．蔬菜栽培．北京：高等教育出版社，2005．

［21］ 中国农业科学院蔬菜花卉研究所．中国蔬菜栽培学．北京：中国农业出版社，2010．